应用型本科测绘地理信息类创新规划教材

KONGZHI CELIANGXUE:XIANGMUSHI JIAOXUE

控制测量学:项目式教学

拓万兵◎著

哈爾濱工業大學出版社
HARBIN INSTITUTE OF TECHNOLOGY PRESS

内容简介

本书是作者在教育部提出地方本科高校转型发展的大背景下，结合实际教学经验，应地方本科院校内涵提升和“金课”建设的需要，围绕“应用为本、学以致用”的教育理念，充分考虑现代测绘地理信息行业的岗位需求，以“易、新、实”为编写原则，结合地方本科院校学生培养目标及学习特点，以“易懂、够用”为度，以典型工程案例为背景，围绕工程项目生产过程中控制测量工作流程主线，秉承工作任务教学化，教学任务工作化的课程开发理念，编写的全书共分为9个项目，包括控制测量基本知识、控制网技术方案设计、平面控制网布设与实施、高程控制网布设与实施、地面观测成果归算至高斯平面、坐标转换及建立工程坐标系、控制网数据处理、控制测量技术总结与控制测量成果检查验收。

本书为地方应用型本科院校测绘地理信息类专业教学用书，亦可作为其他高校相关专业师生的参考教材，还可作为工程测量人员的工作参考和自学用书。

图书在版编目(CIP)数据

控制测量学：项目式教学 / 拓万兵著.—哈尔滨：哈尔滨工业大学出版社，2019.6

ISBN 978-7-5603-8202-9

Ⅰ.①控… Ⅱ.①拓… Ⅲ.①控制测量-高等学校-教材 Ⅳ.①P221

中国版本图书馆CIP数据核字(2019)第092789号

策划编辑　常　雨
责任编辑　庞　雪　谢晓彤
封面设计　启　帆
出版发行　哈尔滨工业大学出版社
社　　址　哈尔滨市南岗区复华四道街10号　　邮编　150006
传　　真　0451-86414749
网　　址　http://hitpress.hit.edu.cn
印　　刷　三河市海新印务有限公司
开　　本　787mm×1092mm　1/16　印张16.5　字数300千字
版　　次　2019年6月第1版　2020年9月第1次印刷
书　　号　ISBN 978-7-5603-8202-9
定　　价　62.00元

《控制测量学——项目式教学》编写人员

主　　编：拓万兵

副 主 编：万虹麟　甘梦仙　杨　健　杨　刚

编写人员：(按拼音排序)

董　军(银川市勘察测绘院)

甘梦仙(池州学院)

郝　蓉(山西职业技术学院)

刘向军(宁夏测绘产品质量监督检验站)

拓万兵(中国矿业大学银川学院)

王志有(宁夏遥感测绘勘查院)

万虹麟(河北水利电力学院)

杨　健(商丘学院)

杨　刚(宁夏葡萄酒与防沙治沙职业技术学院)

前　言

我国测绘地理信息产业作为国家新型战略性产业,在国民经济、社会发展及全面建成小康社会的伟大实践中发挥着重要的基础支撑和服务保障作用。新时代国家做出了以创新发展新经济、以改革培育新动能的重要部署,测绘地理信息事业要实现创新发展关键之一就是加快培养具有跨领域复合型的应用型专业人才。地方本科院校作为应用型人才培养的主要阵地,应转变传统以学科专业理论知识为中心的课程建设思路,课程建设应突出教学内容的应用性,着重培养学生转化和应用理论知识的实践能力和创新能力。“控制测量”作为测绘地理信息类本科专业的一门核心课程,在应用型人才培养中起着举足轻重的作用。为顺应当前社会创新发展及国家本科教育教学改革潮流,满足地方经济发展对跨领域应用型人才需求,遵循当代大学生职业成长规律及地方本科院校教育教学规律,编者在总结“基于工作过程系统化”的课程教学改革成果的基础上,参阅国内外大量控制测量学教材,聘请生产一线专家进行多次学术研讨和教学改革交流,围绕应用型人才培养及教育教学规律,紧密结合现代控制测量新技术和新方法,秉承工作任务教学化,教学任务工作化的课程开发理念,在内容选取和编写体例上进行了改革。

全书在编写过程中,充分考虑应用型人才培养的特点,以测绘项目生产过程中控制测量工作流程为主线,采用“典型情境+项目导向+任务驱动”编写体系,结合目前生产过程中控制测量典型情境,提取密切联系实际应用的项目,展开工作任务,通过完成项目任务的方式,使学生掌握相关理论、方法并进行实践。全书有9个项目,包括认识现代控制测量、控制网技术方案设计、平面控制网布设与实施、高程控制网布设与实施、地面观测成果归算至高斯平面、坐标转换及建立工程坐标系、控制网数据处理、控制测量技术总结与控制测量成果检查验收。各项目和任务内容遵循学生的认知规律,循序渐进、由易到难,重要的知识点分散在各任务中逐次展开。每个项目都有项目引入、项目教学目标、项目分析、项目拓展学习和项目讨论,方便教学和学生自修。

本书由中国矿业大学银川学院拓万兵担任主编,河北水利电力学院万虹麟、池州学院甘梦仙、商丘学院杨健、宁夏葡萄酒与防沙治沙职业技术学院杨刚担任副主编。参加编写人员分工如下:项目一、项目七由拓万兵编写,项目二由银川市勘察测绘院董军编写,项目三由商丘学院杨健和池州学院甘梦仙编写,项目四由宁夏葡萄酒与防沙治沙职业技术学院杨刚编写,项目五由山西职业技术学院郝蓉编写,项目六由河北水利电力学院万虹麟编写,项目八由宁夏遥感测绘勘查院王志有编写,项目九由宁夏测绘产品质量监督检验站刘向军编写。各项目、各任务分别编写完成后,拓万兵对部分项目、任务予以补充、修改,并负责统稿定稿。最后由天水三和数码测绘院院长陈重奎主审全书,在此表示衷心的感谢。

同时,为能够在移动互联网环境下更好地为学习者提供丰富的教学资源和在线学习交流、答疑与讨论,将传统课堂教学和移动互联网在线学习优势互补,满足不同学习者个性化学习需求与成长规律,编者借助“云班课 APP”移动信息化教学辅助平台建立了线上资料库,可通过二维码扫码下载安装云班课,本书对应的“课程号”为 985964,请学习者自行加入。课程部分测绘软件及案例可在书中扫描相应二维码进行下载和查阅。

蓝墨云班课下载二维码

本书是宁夏教育厅本科重点建设专业(测绘工程培育)项目的建设成果,作为应用型高校测绘地理信息类专业教学用书,也可供有关工程技术人员学习参考。

本书编写过程中参阅了大量文献,引用了同类书刊中的部分资料,在此,谨向有关作者表示衷心的感谢!由于编者的水平、经验及时间所限,书中难免存在疏漏和不足之处,敬请专家和广大读者提出宝贵意见,以便日后进一步修正与完善。

编　者

2019 年 1 月

目　　录

典型情境

现有某测绘单位接到了“某某城市城镇地籍调查”的测量任务，任务具体情况如下：

1.任务名称

某某城市城镇地籍调查

2.任务内容

(1)建立该城市平面控制网，等级要求不低于国家四等，在测区范围内，平均每平方公里埋设1个GPS D级基础控制点，控制点数约200个；并用全站仪导线或RTK对整个测区进行加密控制，导线等级为城市一级。

(2)建立测区范围内约300 km的高程控制网，要求不低于国家四等水准观测。

3.测区范围

东经××°××′~×××°××′

北纬××°××′~××°××′

测区为城市建成区，北起某某西路，南至某路，西起某街，东至某某北街，测区面积约200 km^2。

4.作业依据

(1)《卫星定位城市测量技术标准》(CJJ/T 73—2019)；

(2)《城市测量规范》(CJJ/T 8—2011)；

(3)《全球定位系统(GPS)测量规范》(GB/T 18314—2009)；

(4)《国家三、四等水准测量规范》(GB/T 12898—2009)；

(5)《测绘技术设计规定》(CH/T 1004—2005).

(6)《测绘成果质量检查与验收》(GB/T 24356—2009).

5.提交资料

(1)《某某市GPS D级控制网、四等水准测量技术设计书》(审批后)；

(2) 控制点点之记；

(3) 外业观测手簿和仪器检验资料；

(4) 内业计算资料和控制网平差计算报告；

(5) 三维成果表及控制点略图；

(6) 控制测量技术总结报告；

(7) 检查验收报告;

(8) 数据及各类电子文档。

某某市规划管理局(章)
20××年××月××日

如果接到上述典型控制测量工作任务的是我们自己,请大家思考如何完成该项工作任务。

大家通过《测量学》或《数字测图原理》等课程学习已经知道,测绘工作的基本目的就是以测绘工作为手段,确定出地面点在空间的位置,并把它表示成数据形式或者描绘在图纸上,供经济社会建设、国防安全、城市规划管理、工程设计施工、导航服务、智慧出行等生产生活所应用。对于小范围的区域,我们可以将地球表面视作平面,忽略地球曲率等多种因素对测量成果的影响,但本项目测绘区域在 200 km^2 左右,我们无法再用普通测量学的方法来完成,需要用测量精度等级更高,工作更加严密的控制测量来设计、实施和完成。那么如何能够准确、完整、合法、合规地按甲方需求高效完成这项工作?按照测量工作"由整体到局部,先控制后碎部"的基本原则,完成项目的控制测量任务是我们测绘生产过程中最普遍的典型工作任务,也是本课程需要大家共同探讨学习的主要内容,希望我们大家通过学习都能掌握现代控制测量生产项目的基本工作流程、技术要求和职业岗位技能。

为了能够让大家更好地掌握现代控制测量工作任务中有关控制测量基本知识、控制网技术方案设计、平面控制网布设与实施、高程控制网布设与实施、地面观测成果归算至高斯平面、坐标转换及建立工程坐标系、控制网数据处理、控制测量技术总结与控制测量成果检查验收等典型工作流程和任务,本书结合上述典型控制测量生产项目为情境,以实际生产过程中控制测量工作流程为主线,提取密切联系实际应用的教学项目,展开教学。学习者通过完成项目任务的方式,更好地理解现代控制测量理论,熟悉控制测量工作流程,掌握现代控制测量新方法和新技术,以缩短理论和实践之间的距离,实现教学内容和岗位工作内容对接,体现"工学结合,知行合一"的应用型人才培养理念。

项目一　初识现代控制测量

[项目引入]

本项目主要介绍控制测量工作的基本知识，包括：控制测量的基本任务与主要内容；控制测量的基准面与基准线，控制网布设的基本形式；国家平面、高程控制网的布设原则和方案等，通过基本知识的学习使学习者初步认识控制测量的基本任务与主要内容，并掌握控制测量布网的基本形式和布网原则。

[项目教学目标]

领域	目标	权重	评价方式
认知领域	通过本项目学习，学生能够界定控制测量的基本知识，可以列举控制测量在工程建设各个阶段的基本任务，并能够用自己的语言总结各知识点。	30%	云班课测评
技能领域	通过学习控制测量基准面、基准线和控制网布设基本形式，学生可以描述并画出基准面、基准线，会判断不同类型的控制网布设形式。	35%	云班课测评
情感领域	通过此次学习，可以将理解和掌握的国家控制网布设方案原则与标准，用于评价别人设计的控制测量项目方案，并给出修改意见。	35%	教师或学生互评

[项目学时]

本项目推荐学时为4学时。

[项目分析]

现实生产过程中，测绘单位为完成一项控制测量工作任务并获得所需控制点精确空间位置成果，一般是按照一个完整的特殊工作程序来进行，也就是说控制测量工作的方式、内容、方法、组织以及工具的历史发展均有它自身的独到之处。要求技术人员熟悉掌握控制测量的任务、作用，熟练所需基本原理和原则，严格遵守国家标准，并学会查阅有关技术标准。本项目将这些内容分成以下五个任务来完成。

任务一 了解现代控制测量的任务及作用
任务二 认识控制测量的基准面与基准线
任务三 掌握建立控制网的基本方法
任务四 掌握国家大地控制网的布设原则与方案
任务五 掌握城市和工程建设控制网的布设原则与方案

任务一 了解现代控制测量的任务及作用

1.1.1 控制测量的含义

在实际工作中,进行某项测量工程项目时,往往需要测定许多地面点的位置。如果从一个已知点出发,逐点进行测量和推导,最后虽可得到待测各点的位置,但这些点坐标位置很可能是不正确的,因为前一点的测量误差将会传递到下一点,这样积累起来,最后可能超过允许的精度范围。因此,测量工作必须依照国家有关规范规定的原则和方法来防止测量误差的积累。

测量工作应遵循的基本原则是:在测量布局上要"从整体到局部";在测量精度上要"由高级到低级";在测量程序上要"先控制后碎部",其中,"控制"指的就是控制测量。它是整个测量过程中的重要环节,起着控制全局的作用。对于任何一项测量任务,必须先进行整体性的控制测量,然后以控制点为基础进行局部的碎部测量。例如大桥的施工测量,首先建立施工控制网,进行符合精度要求的控制测量,然后在控制点上安置仪器进行桥梁细部构造的放样。

所谓控制测量,是指在一定区域内,按测量任务所要求的精度,精确测定一系列地面标志点(即控制点)的水平位置或高程,建立平面控制网或高程控制网,并监测其随时间变化量的测量工作。

控制测量按照工作用途可以分为大地控制测量和工程控制测量两类:在一个或几个国家及至全国范围内布设足够数量的大地控制点,将这些大地控制点以一定的关系连接构成大地控制网,按照统一的规程、规范所进行的控制测量,称为大地控制测量;为了某项工程的设计、施工、运营管理等需要,在较小区域内布设足够数量的控制点,将控制点以一定的关系连接构成工程控制网,按照国家或部门颁布的规程、规范所进行的控制测量,称为工程控制测量。

随着电磁波、电子测角、计算机等技术的飞速发展,传统的常规测量工作正在向自动化、智能化、一体化、数字化、网络化、可视化等方向发展。控制测量学作为测绘领域中的基础科学,是研究精确测定和描绘地面控制点空间位置及其变化的学科。它与各门学科、各项技术的发展密切相关,现代空间技术、卫星导航定位技术的发展给控制测量工作带来了新的发展空间,远程测量、非接触式测量、全天候测量等新的测量方式正在改变着传统控制测量的工作方式。现代控制测量学是在大地测量学基本理论基础上,伴随科技的进步、技术的改进、工作的需求而快速发展,以工程建设和社会发展与安全保证的测量工作为主要服务对象而形成的,旨在为人类社会活动提供准确、有用的空间信息,是地球科学和测绘学中的一个重要分支,是科学研究、工程建设的基础性学科,其提供精度的高低直接决定着国家基准、工程项目的准确与否。随着当前空间信息技术的快速发展,现代控制测量提供的三维控制网精度将越来越高,功能将越来越强,速度将越来越快,成果的适用性将越来越广,同时在测绘类专业应用型人才培养中的地位也越来越重要。

1.1.2　控制测量的基本任务

从广义上来讲,控制测量学要为研究地球(或其他星体)的形状与大小提供基准与起算数据,而从狭义上来说,控制测量主要为工程建设、城镇建设和土地规划与管理等工作而服务,且在观测手段和数据处理方法上还具有多样化的特点。

根据工程施工的不同阶段,控制测量发挥着不同的作用。在进行过程中,大体上可分为设计、施工和运营三个阶段。每个阶段都对控制测量提出了不同的要求,其基本任务分述如下。

(1)勘察设计阶段。

在设计阶段建立用于测绘大比例尺地形图的测图控制网。各种比例尺地形图是工程勘测规划设计的依据。在这一阶段,设计人员要在大比例尺地形图上进行建筑物的设计或区域规划,以求得设计所依据的各项数据。因此,控制测量的任务是布设作为图根控制依据的测图控制网,以保证地形图的精度和各幅地形图之间的准确拼接。此外,对于地籍与房产测绘工作,这种测图控制网也是相应地籍与房产测量的根据。

(2)工程施工阶段。

施工控制网是工程施工放样的依据。在这一阶段,施工测量的主要任务是将图纸上设计的建筑物放样到实地上去。对于不同的工程来说,施工测量的具体任务也不同。例如,隧道施工测量的主要任务是保证对向开挖的隧道能按照规定的精度贯通,并使各建筑物按照设计的位置修建;放样过程中,仪器所标出的方向、距离都是依据控制网和图纸上设计的建筑物计算出来的。因而在施工放样之前,需建立具有必要精度的施工控制网。

(3)运营管理阶段。

变形观测控制网是进行建筑物变形观测的依据。由于在工程施工阶段改变了地面的原有状态,加之建筑物本身的重量将会引起地基及其周围地层的不均匀变化,此外,建筑物本身及其基础也会由于地基的变化而产生变形,这种变形如果超过了某一限度,就会影响建筑物的正常使用,严重的还会危及建筑物的安全,在一些大城市(如我国的上海、天津),地下水的过量开采也会引起市区大范围的地面沉降,从而造成危害,因此,在竣工后的运营阶段,需对这种有怀疑的建筑物或市区进行变形监测。为此需布设变形观测控制网。由于这种变形的数值一般都很小,为了能足够精确地测出它们,要求变形观测控制网具有较高的精度。

以上三个阶段的划分界线并不是十分明确的。例如在施测阶段,有可能发现技术设计不符合实际,因而需局部地修改设计,这实际上又重新进行了设计与施测;同样在控制网的使用阶段,由于包含了网的维护与补测,因而部分地重复上述前两个阶段的工作也时有发生。

1.1.3 控制测量的作用

从控制测量的工作性质来说,其主要作用在于以下几点:

(1)控制网(点)是进行各项测量工作的基础。控制网的建立是为完成具体测量任务而进行的前期准备工作。为满足地形测绘需要,建立测图控制网;为满足工程施工需要,建立施工控制网;为满足工程运营管理需要,建立变形监测控制网。

(2)控制网具有控制全局的作用。测量的基本原则,要求“从整体到局部,先控制后碎部”,对测图控制网而言,要求所测的各幅地形图具有一定的精度,能够相互拼接成为一个整体;对施工控制网而言,为保证建筑物各轴系之间相关位置的正确性,施工控制网要满足施工放样的精度要求。

(3)控制网可以限制测量误差的传递和积累。建立控制网时采用分级布网、逐级控制的原则,从技术上限制了误差的传递和积累。

从控制测量的服务对象来说,其主要作用在于以下几点:

(1)在国民经济建设和社会发展中,发挥基础性的重要保证作用。我国的交通运输、资源开发、水利水电工程、工业企业建设、农业生产规划、城市管理等事业的建设,都离不开作为规划设计依据的地形图。可以说,地形图是一切经济建设规划和发展必需的基础性资料。为了测绘地形图,就要布设全国范围内及区域性的大地测量控制网,以此为基础布设满足各种比例尺地形图测绘的测图控制网。因此,可以说控制测量在国民经济建设和社会发展中发挥着决定性的基础保证作用。

(2)控制测量在防灾、减灾、救灾及环境监测、评价与保护中发挥着特殊作用。利用行进的 GPS、甚长基线干涉(VLBI)、激光测卫(SLR)等现代测量技术,可自动连续监测全球板块之间的运动,为人类预防地震造福。控制测量还可以在山体滑坡、泥石流及雪崩等灾害监测中发挥作用。利用全球导航卫星系统(Global Navigation Satellite System, GNSS)快速准确定位及卫星通信技术,将遇难的地点及情况通报救援组织,以便及时采取救援行动。

(3)控制测量在发展空间技术和国防建设中,在丰富和发展当代地球科学的有关研究中,以及在发展测绘工程事业中的地位和作用也越来越重要。

1.1.4 控制测量的主要内容

把控制测量看作研究对象,从科学研究的角度来说,控制测量的主要研究内容有:

(1)研究建立和维持高科技水平的工程和国家水平控制网和精密水准网的原理和方法,以满足国民经济和国防建设及地学科学研究的需要。

(2)研究获得高精度测量成果的精密仪器和科学的使用方法。

(3)研究地球表面测量成果向椭球及平面的数学投影变换及有关问题的测量计算。

(4)研究高精度和多类别的地面网、空间网及其联合网的数学处理的理论和方法、控制测量数据库的建立及应用等。

把控制测量看作一项工程，从完成工程项目的角度来说，控制测量的主要内容有：

（1）控制网的技术设计。主要对控制网的精度指标、工艺技术流程、工程进度、质量控制等进行设计。

（2）控制网的施测。依据技术设计报告和文件，完成控制网的选点、埋石、外业观测和数据处理。

（3）控制网的使用与维护。主要是对控制网成果进行有效管理，为工程建设项目的后续工作提供有用资料，并对控制网进行维护，必要时进行复测或补测。

以上概述了狭义控制测量的基本任务和主要内容。本书依据这些基本体系和内容，介绍了控制测量的基本理论、技术和方法，为学生对后续课程的学习及从事测绘事业的专业技术人员打下了坚实的基础。

任务二　认识控制测量的基准面与基准线

由于地球表面高低不平很不规则，要解决在我国 960 万平方公里陆地范围内建立国家大地控制网的问题，必须统一大地测量及其计算的基准，如基准线、基准面、基准点和基准数据等。

1.2.1　铅垂线与大地水准面

地球上的任意一点，都同时受到两个力的作用：地球自转的离心力和地心引力，它们的合力称为重力，重力的方向即为铅垂线方向（图 1-1）。

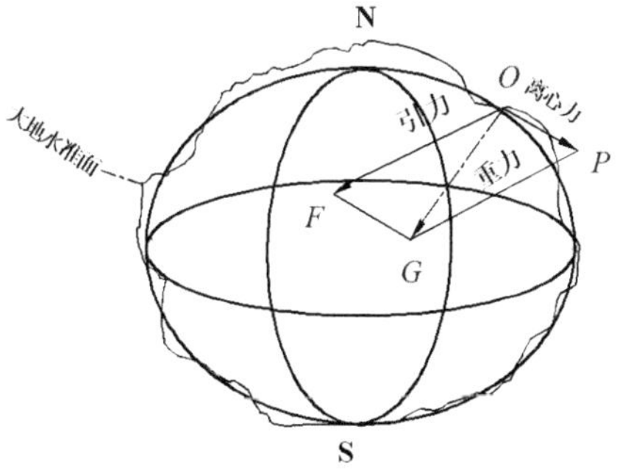

图 **1-1**　铅垂线、大地水准面示意图

处于静止状态的水面，例如平静的湖泊水面，即表示一个水准面。水准面必然处处与重力方向（即铅垂线方向）垂直，否则水就要流动，处于运动状态。在地球引力起作用的空间范围内，通过任何高度的点都有一个水准面。

观测水平角时，置平经纬仪时使仪器的纵轴位于铅垂线方向，从而使水平度盘位于通过度盘中心的水准面的切平面上。因此，所测的水平角实际上就是视准线在水准面上的投影线之间的夹角。此外,用水准测量所求出的两点间的高差,就是过这两点的水准面间的垂直距离。对于边长的观测值,也存在化算到哪个高程水准面上的问题。

上述三类地面观测值,除水平角外,都同水准面的选取有关,特别是水准测量的结果,更是直接取决于水准面的选择。于是,为了使不同测量部门所得出的观测结果能够互相比较、互相统一、互相利用,有必要选择一个最有代表性的水准面作为外业成果的统一基准。

我们知道,海洋面积约占地球总面积的71%,从总体上来说,海水面是地球上最广大的天然水准面。设想把平均海水面扩展,延伸到大陆下面,形成一个包围整个地球的曲面,则称这个水准面为大地水准面,它所包围的形体称为大地体。由于大地水准面的形状和大地体的大小均接近地球自然表面的形状和大小,并且它的位置是比较稳定的,因此,我们选取大地水准面作为测量外业的基准面,而与其相垂直的铅垂线则是外业的基准线。

1.2.2 参考椭球与总地球椭球

如上所述,虽然大地水准面最适合于作为测量外业的基准面,但是控制测量的最终目的是精确测定控制点在地球表面上的位置,为此,必须确知所依据的基准面的形状。也就是说,基准面的形状要能用数学公式准确地表达出来。大地水准面是否能满足这一要求呢?

研究表明,大地水准面是略有起伏的不规则的表面,无法用数学公式精确地表达出来,因而也就不确知其形状。这是由于地表起伏以及地层内部物质密度的变化造成质量分布不均匀的缘故。例如,在图1-2中,山体的右侧是一片谷地,且山体下部有重金属矿体,因而造成左、右两侧局部质量分布的较大差异,以致左侧引力增加,铅垂线向左偏斜,大地水准面稍微隆起,呈现出不规则的变化。

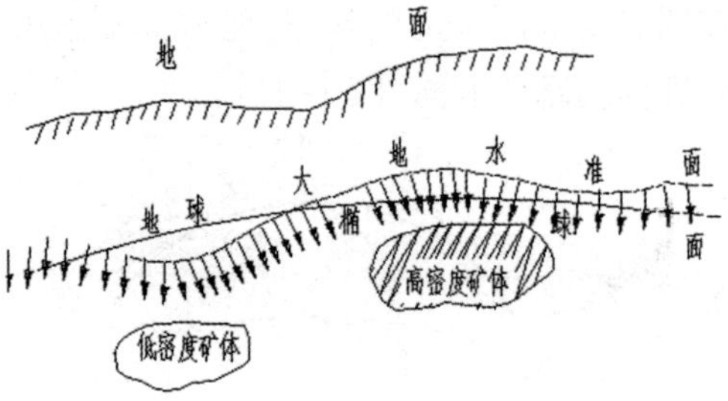

图1-2 大地水准面示意图

随着科学技术的发展,人类逐渐认识到地球的形状近似于一个两极略扁的旋转椭球(一个椭圆绕其短轴旋转而成的形体)。对于这个椭球的表面,可用简单的数学公式将它准确地表达出来,因而世界各国通常都采用旋转椭球代表地球。它的形状和大小与椭球的长短半径a、b有关,也可用和这两个量有关的其他量来表示。

选好一定形状和大小的椭球后,还不能直接在它上面计算点位坐标,这是因为我们的测量成果不是以这个表面为根据的,而应该首先将以大地水准面为基准的野外观测成果化算到这个表面上。要做到这一点,只选定椭球面的形状和大小是不够的,还必须将它与大地水准面在位置上的关系确定下来,这个工作称为椭球定位。

综合以上所述,我们把形状和大小与大地体相近并且两者之间的相对位置确定的旋转椭球称为参考椭球。参考椭球面是测量计算的基准面。椭球面法线则是测量计算的基准线。世界各国都根据本国的地面测量成果选择一种适合本国要求的参考椭球,因而参考椭球有许多个。这样确定的参考椭球在一般情况下和各国领域内的局部大地水准面最为接近,对该国的常规测绘工作较为方便。然而,当我们将各国的测量成果联系起来进行国际间的合作时,参考椭球的不同又会带来不便,因此,从全球着眼,必须寻求一个和整个大地体最为接近的参考椭球,即总地球椭球。

总地球椭球的确定,必须以全球范围的大地测量和重力测量资料为根据才有可能。然而,由于地球上海洋面积约占地球总面积的71%,因而过去只根据占少数的陆地测量成果推算总地球椭球是不可能的。近年来,由于人造卫星大地测量技术的发展,已根据人造卫星和陆地大地测量的成果求出一些总地球椭球的近似数据供使用。人们最终将使用总地球椭球。

1.2 3　垂线偏差和大地水准面差距

如上所述,无论是参考椭球还是总地球椭球,其表面都不可能与大地水准面处处重合,因而在同一点上所作的这两个面的法线,即大地水准面的铅垂线与椭球面的法线也必然不会重合,如图1-3,两者之间的夹角 u 称为垂线偏差。u 在子午线和卯酉线上的投影分量通常分别以 ζ 和 η 表示。大地水准面与椭球面在某一点上的高差称为大地水准面差距,用 N 表示。当前者高于后者时,$N>0$;反之,$N<0$。

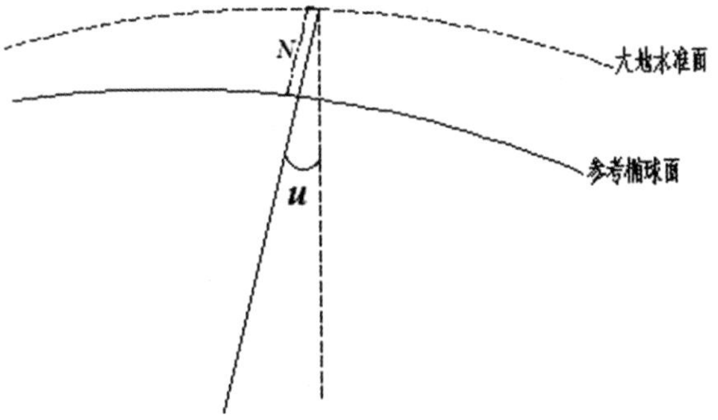

图1-3　垂线偏差及大地水准面差距

1.2.4　大地高、正高及正常高

点的空间位置,除平面位置外,还有高程位置。高程的基准面不同,就会有不同的高程系统,我国常用的高程系统有大地高系统、正高系统和正常高系统。大地高系统是以椭球面为基准的高程系统,正常高系统是以似大地水准面为基准的高程系统,正高系统是以大地水准面为高程基准面的高程系统。似大地水准面十分接近于大地水准面,它们之间相差甚微,在平均海水面上差值为零,在平原地区只有几厘米,西藏高原最大差值为3 m,所以正常高的数值与正高很接近。我国规定采用正常高系统作为计算高程的统一系统。

如图1-4所示,大地高 $H_{大}$ 是地面点沿法线到椭球面的距离 PP_0;正高 $H_{正}$ 是地面点沿实际重力(垂)线到大地水准面的距离 PP_1;正常高 $H_{正常}$是地面点沿正常重力(垂线)线到似

大地水准面的距离 PP_2。由图可知,它们之间有如下关系:

$$\begin{cases} H_{大} = H_{正} + N \\ H_{大} = H_{正常} + \zeta \end{cases} \tag{1-1}$$

式中,N 为大地水准面差距,ζ 为高程异常。

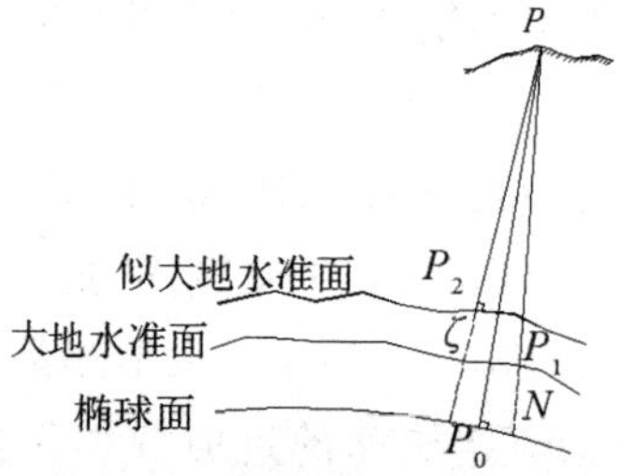

图 1-4　大地高、正高、正常高示意图

任务三　掌握建立控制网的基本方法

1.3.1　平面控制网的布设方法

平面控制网由于受到测区范围、精度要求、通视条件、植被状况等多种因素的影响,有多种布网方法可供选择,目前,平面控制网常用的布网方法主要有 GNSS 测量、导线测量、三角测量等。

(1) GNSS 测量。

GNSS 泛指所有的卫星导航系统。

采用 GNSS 技术建立的平面控制网,称为 GNSS 网。网形的设计主要取决于接收机的数量和作业方式。如果只有两台接收机进行同步观测,则一次只能测定一条基线向量。如果能有三台接收机进行同步观测,则一般可以布设成如图 1-5 所示的点连式控制网。如果能有四台或更多接收机进行同步观测,则一般可以布设成如图 1-6 所示的边连式控制网或者网连式控制网。

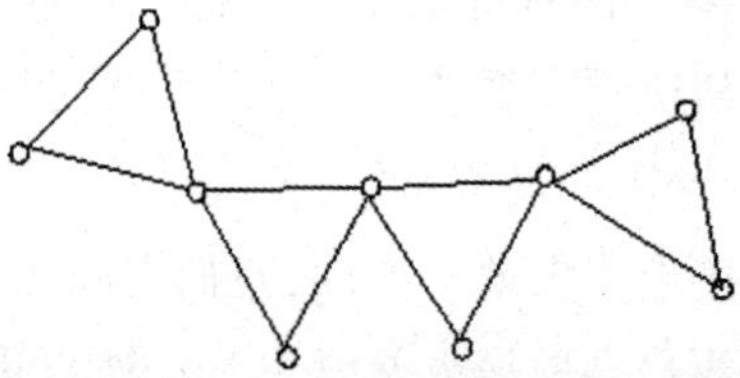

图 1-5　点连式 GNSS 网

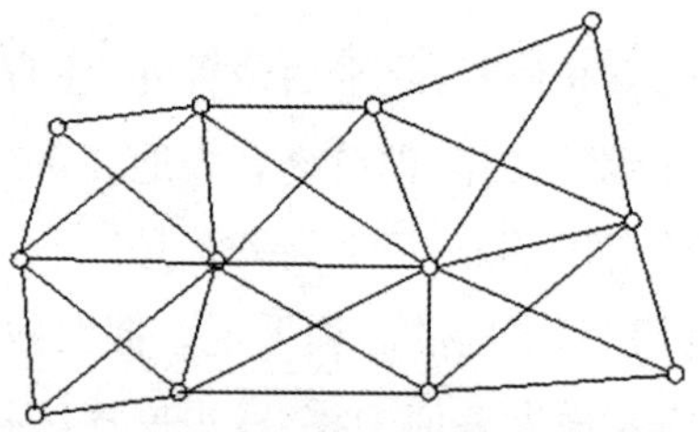

图 1-6　边连式 GNSS 网

在进行 GNSS 测量时,也可以在网的周围设立两个以上的基准点,在观测过程中,基准点上始终安放 GNSS 接收机进行观测,最后取逐日观测结果的平均值,这样可以显著提高基线观测的精度，并以此作为固定边来处理全网的成果，将有利于提高全网的精度。

GNSS测量具有精度高、速度快、全天候、操作简单等优点，而且GNSS网布网较为简单，灵活性较大，控制点间无须通视，对控制网的网形也没有过多的要求，目前已成为建立平面控制网最常用的方法。但是，GNSS测量也存在一定的弊端，如在树木茂密、城市街区、厂房内部等高空遮挡严重的地区，观测效果较差或者无法观测。而且GNSS观测精度受到高电压、强磁场、大面积水域等诸多因素的影响，并不能时时处处都发挥高精度的优势，需要在实际工作中加以注意，尽量避开不利地区，同时可以加强相关理论的研究与改进。

(2)导线测量。

如图1-7所示，将测区内相邻控制点连成直线而构成的折线称为导线。导线测量就是依次测定各导线边的边长和转折角值，再根据起算数据，推算各导线点的坐标。导线包括单一导线和具有一个或多个节点的导线网。导线网中的观测值是角度(或方向)和边长。若已知导线网的起算元素，即至少一个点的平面坐标(x、y)、与该点相连的一条边的边长和方位角，便可根据起算元素和观测元素进行平差计算，获得各边的边长、坐标方位角和各点的平面坐标，并进行导线网的测量精度评定。

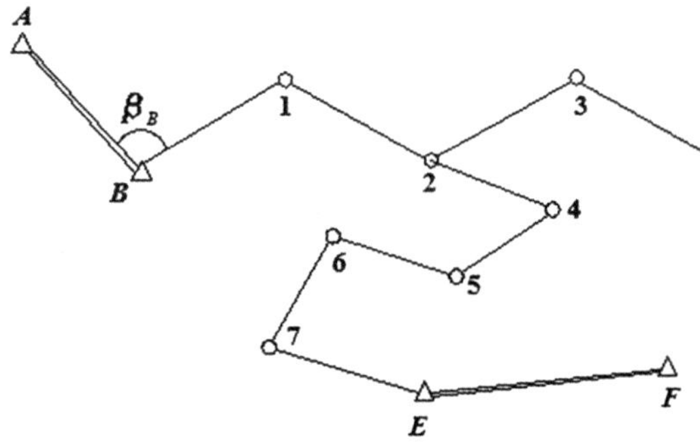

图1-7　导线网示意图

导线网起算元素的获取方法与三角网相同。如果导线网中只有必要的一套起算元素，则该网为独立导线网；如果导线网中的起算元素多于必要的一套，则该网为非独立导线网。当导线网中有多套起算元素时，应对已知点的相容性做适当的检查。

导线网与三角网相比，主要有以下优点：

①导线网中各点上的方向数较少，除节点外，均只有两个观测方向，因此受通视要求的限制较小，易于选点和布网。

②导线网较为灵活，选点时可根据具体情况随时改变，特别适合于障碍物较多的平坦地区或隐蔽地区。

③导线网中的边长都是直接测定的，因此边长的精度较为均匀。

但是导线网也存在着一定的缺点，例如，结构简单、检核条件较少，有时不易发现观测中的粗差，因此其可靠性和精度均比三角网低。由于导线网是采用单线方式推进的，因此其控制面积也不如三角网大。

(3)三角测量。

①网形。

如图1-8所示,在地面上选埋一系列点A、B尽量保持相邻点之间通视,将它们按基本图形即三角形的形式连接起来,构成三角网。图中实线表示对向观测,虚线表示单向观测,单线代表未知边,双线代表已知边。如果观测元素仅为水平角(或方向),该网称为测角网;如果观测元素仅为边长,该网称为测边网;如果观测元素既有水平角(或方向),又有边长,该网称为边角网。边角网的观测元素可为全部角度(或方向)和全部边长、全部角度(或方向)和部分边长、全部边长和部分角度(或、方向)、部分角度(或方向)和部分边长。

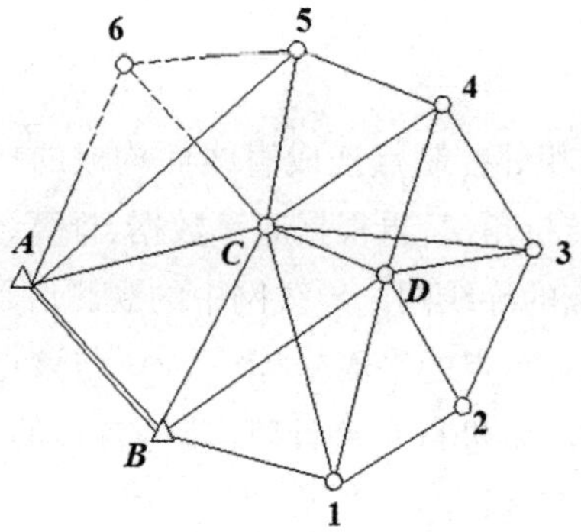

图1-8　三角网示意图

②坐标计算原理。

以图1-8为例,在ΔABC中,已知A点的平面坐标(x_A,y_A)、点A至点B的边长S_{AB}、坐标方位角α_{AB},先根据角度观测值推算三角形各边的坐标方位角,然后根据正弦定理计算AC的边长:

$$S_{AC}=S_{AB}\frac{\sin B}{\sin C} \tag{1-2}$$

最后,根据点A坐标、AC边的边长和坐标方位角求解C点坐标:

$$\begin{cases}x_C=x_A+S_{AC}\cos\alpha_{AC}\\ y_C=y_A+S_{AC}\sin\alpha_{AC}\end{cases} \tag{1-3}$$

③起算数据和推算元素。

为了得到所有三角点的坐标,必须已知三角网中某一点的起算坐标(x_A,y_A)、某一起算边长S_{AB}和某一边的坐标方位角α_{AB},它们统称为三角测量的起算数据或起算元素。在三角点上观测的水平角(或方向)是三角测量的观测元素。由起算元素和观测元素的平差值推算出的三角形边长、坐标方位角和三角点的坐标统称为三角测量的推算元素。

对于控制网的起算数据一般可通过以下几种方法获得。

a.起算坐标。若测区附近有高等级控制点,则可联测已有的控制点传递坐标;若测区附近没有可利用的控制网点,则可在一个三角点上用天文测量方法测定其经纬度,再换算成高斯平面直角坐标作为起算坐标。对于小测区或保密工程,可假定其中一个控制点的坐标,即采用任意坐标系。

b.起算边长。当测区内有高等级控制网点时,若其精度满足项目的要求,则可利用已有网的边长作为起算边长；若已有网的边长精度不能满足测量要求或无已知边长可利用，则可采用高精度电磁波测距仪按照精密测距的方法直接测量控制网中的一条边或几条边边长作为起算边长。

c.起算方位角。当测区附近有高等级控制网点时，可由已有网点传递坐标方位角。若无已有成果可利用，可用天文测量方法测定网中某一条边的天文方位角，再换算为坐标方位角，特殊情况下也可用陀螺经纬仪测定陀螺方位角，再换算为起算坐标方位角。

如果三角网中只有必要的一套起算元素（如一个点的坐标、一条边长、一个坐标方位角），则该网称为独立网；如果三角形网中有多于必要的一套起算元素，则该网称为非独立网。当三角形网中有多套起算元素时，应对已知点的相容性做适当的检查。

④三边网和边角网。

三边网的网形结构与三角网相同，只是观测量不是角度而是边长，三角形各内角是通过三角形余弦定理计算而得到的。而边角网是指在三角网只测角的基础上加测部分或全部边长。

三角网、三边网和边角网中，三角网早在17世纪即被采用。随后经过前人不断研究与改进，无论从理论上还是实践上都逐步形成一套较完善的控制测量方法，称为“三角测量”。由于这种方法主要使用经纬仪完成大量的野外观测工作，所以在电磁波测距仪问世之前，三角网以其图形简单、网的精度较高、有较多的检核条件、易于发现观测中的粗差、便于计算等优点成为布设各级控制网的主要形式。然而，三角网也存在着一定的缺点，例如在平原地区或隐蔽地区易受障碍物的影响，布网困难大，有时不得不建造较高的觇标，布网效率低，平差计算工作量较大等，这些缺点在一定程度上制约着三角网的发展和应用。

随着电磁波测距仪的不断完善和普及，边角网逐渐得到广泛的应用。由于完成一个测站上的边长观测通常要比方向观测容易，因而在仪器设备和测区通视条件都允许的情况下，也可布设完全的测边网。在精度要求较高的情况下，例如精密的变形监视测量，可布设部分测边、部分测角的控制网或者边、角全测的控制网。

1.3.2　高程控制网的布设方法

高程控制网按照精度由高到低可以分为一、二、三、四等四个等级，每个等级有其对应的应用范围。高程控制网主要有水准网、测距三角高程控制网、GNSS高程控制网三种形式。

(1)水准网。

水准网是目前高程控制网中最常用的一种布设形式，包括单一水准路线和具有一个或多个节点的水准网，水准网具有精度高、图形设计灵活、易于选点等优点，可以用于各个等级的高程控制网。

水准网中的高程起算点通常采用已知的高等级高程控制点，如果是小测区且与已知高程控制点联测有困难时，视情况可采用假定高程。如果水准网中只有一个已知高程点，则该网为独立水准网；如果水准网中的已知高程点多于一个，则该网为非独立水准网。在实际工作中，为了确保成果的准确性，一般均要求采用非独立水准网，水准网中的已知高程点个数一般不少于2~3个。当水准网中有多个已知高程点时，应对已知高程点的准确性和稳定性做适当的检查。

(2)测距三角高程控制网。

测距三角高程是指通过观测站点至照准点的竖直角,再用电磁波测距仪测得此两点间的距离,根据平面三角公式计算此两点间的高差,进而推求待定点高程的方法。按照此方法布设的高程控制网称为测距三角高程控制网。

根据控制网的用途和精度要求,测距三角高程控制网主要用于高差较大、水域较多等水准测量实施难度大的测区。测距三角高程控制网可以单独布设,但通常在平面控制网的基础上布设,或在导线网的基础上布设成测距三维导线网。为了提高观测精度,测距三角高程控制网中的点间高差应采用对向观测,当垂直角和水平距离的直觇测量完成后,应即刻迁站进行反觇测量。当仅布设高程导线时,也可采用全站仪中点法测量高差。

随着精密电磁波测距仪的出现与发展,测距精度越来越高,测距三角高程测量的精度也逐步提高,使得测距三角高程控制网替代三、四等水准测量成为可能。当其替代四等水准时,测距三角高程导线应起算于不低于三等水准的高程点;当其替代三等水准时,测距三角高程导线应起算于不低于二等水准的高程点。而在上述两种情况下,测距边长都不应大于1km,高程导线的路线长度不应超过相应等级水准路线的长度限值。目前,随着技术的发展和仪器的进步,人们正在研究如何利用精密测距三角高程测量替代二等水准测量。

(3)GNSS 高程控制网。

GNSS 高程控制网一般用于四等或等外的高程控制测量。GNSS 高程控制网宜在平面控制网的基础上布设,与平面控制点共用一个测量标志。GNSS 高程控制网应与三等及以上的水准点联测,对联测的水准点应进行可靠性检验,联测的 GNSS 高程点应覆盖整个测区。联测点数应大于高程拟合计算模型中未知参数个数的 1.5 倍,高差较大的测区应适当增加联测点数。GNSS 高程测量应遵循 GNSS 测量的技术要求。

GNSS 高程拟合应充分利用当地的重力大地水准面模型及资料,GNSS 高程拟合模型应进行优化,拟合点不应超过拟合模型所覆盖的范围。对 GNSS 高程拟合点应进行检测,检测点数一般不少于全部高程点的 10%且不少于 3 个点,高差检测可采用相应等级的水准测量或测距三角高程测量,高差较差不应大于 $30\sqrt{D}$ mm,其中,D 为检测路线的长度,单位为 km。

任务四　掌握国家大地控制网的布设原则与方案

1.4.1　国家平面控制网的布设原则

在一个国家范围内,按照国家统一颁布的法式、规范建立统一坐标系统的平面控制网,称为国家平面控制网。用三角测量方法建立的国家平面控制网,称为国家三角网。我国的国家平面控制网采取以三角网为主,以导线网为辅(在青藏高原困难地区)的方法布设。国家平面控制网最主要的技术任务是控制测图。现以控制测图为出发点，讨论国家平面控制网的布设原则。

(1)分级布网，逐级控制。

我国幅员辽阔，自然地理状况复杂，如果以最高的精度、最大的密度，用一个等级的三角网或导线网布满全国，需要很长的时间，造成极大的困难与浪费，甚至是难以做到的。因此，我国的国家平面控制网采取分级布网、逐级控制的原则，即控制点的密度是先疏后密，逐级加大；精度是先高后低，逐级递降。国家三角网和导线网分为一、二、三、四 4 个等级。首先以高精度、稀疏的一等三角网或一等导线网，尽量沿经纬线方向纵横交叉地迅速布满全国，形成统一坐标系统的骨干网。然后，根据各个地区控制测图的实际需要，分区、分期地在一等三角网和一等导线网内，布设精度稍低、密度较大的二等三角网或二等导线网，成为继续加密控制的全面基础。最后，在二等三角网或二等导线网的基础上，视测图需要，加密精度更低一些、布设密度更大的三等和四等三角网或导线网，直接控制 1∶2 000 比例尺地形图测图。这样既可简化国家平面控制网的布设工作，又可以及时科学地提供大地控制测量成果，以满足各地区的不同比例尺测图的需要。

在用 GPS 技术布设控制网时，也是采用从高到低，分级布设的方法。《全球定位系统(GPS)测量规范》规定，GPS 测量控制网按其精度划分为 A、B、C、D、E 五级，其中 A 级网建立我国最高精度的坐标框架，B、C、D、E 级分别相当于常规大地测量的一、二、三、四等级。

(2)应有足够的精度。

国家平面控制网是控制测图的基础，它的精度必须保证测图的实际需要。各种比例尺测图规范规定：以国家大地点(包括三角点和导线点)为基础加密的解析图根点，相对于起算的大地点的点位中误差，表现在图上时，应不超过 ±0.1 mm，表现在实地上，应不超过 ±0.1 Nmm(N 为测图比例尺分母)。

由于图根点的这种误差不但取决于解析图根点测量本身的技术规格，而且和起算的大地点的点位中误差有关。因此，通常规定相邻大地点的点位中误差应小于图根点相对于起算大地点的点位中误差的 1/3，即应小于 $0.1N\times1/3=0.03N$(mm)。这样，大地点的点位中误差对测图来说可以忽略。

因此，若图根点的精度为 ±0.1N mm，则大地点的精度必须不大于 ±0.03N mm，不同比例尺测图对图根点和大地点的精度要求见表 1-1。

表 1-1　不同比例尺测图对图根点和大地点的精度要求

测图比例尺	1∶50 000	1∶25 000	1∶10 000	1∶5 000	1∶2 000
图根点相对于大地点的点位中误差/m	±5.0	±2.5	±1.0	±0.5	±0.2
相邻大地点的点位中误差/m	±1.7	±0.83	±0.33	±0.17	±0.07

按我国现行的《国家三角测量和精密导线测量规范》，三、四等三角点，导线点和采用插

网法或插点法布设的三、四等三角点,其精度可以满足控制 1∶2 000 比例尺测图的要求。

(3)应有一定密度。

为了满足控制测图需要,国家大地点(三角点或导线点)必须有足够的密度。控制点的密度是指每幅图中包含有多少个控制点,而测图比例尺不同,每幅图的面积也不同。所以,大地点的密度也用平均若干平方公里有 1 个三角点来表示。

为保证测图精度所需要的控制点,一部分是国家大地点,另一部分是解析图根点和进一步加密的图解图根点。因为国家大地点的作业过程严密、费用较大,所以在保证测图精度的前提下,可以加密图根点,而国家大地点只要达到必要的精度即可。

(4)应有统一的规格。

国家大地网规模巨大,为加快建网速度,满足各方面的需要,除了国家测绘部门外,水利、地质、地震、工矿、交通、林业等单位都要承担一部分国家大地网的施测工作。如果没有统一的布网方案、精度指标和作业规格,就很难建成合乎要求的国家大地网,而且容易造成重复和浪费。为此,国家测绘主管部门 1974 年颁布了《国家三角测量和精密导线测量规范》(以下简称《规范》),1992 年发布了《全球定位系统(GPS)测量规范》,作为布设国家平面控制网的技术依据。

《大地测量法式》是国家为开展大地测量工作而制定的基本测量法规。根据《大地测量法式》,国家又制定出相应的测量规范,它是国家测绘作业的统一规定,主要有具体的布网方案、作业方法、使用仪器、各种精度指标等内容。全国各测绘部门在进行测量作业时都必须以此为技术依据而遵照执行。

1.4.2 国家平面控制网的布设方案

为了在全国范围内布设统一的高精度国家大地控制网,必须在布网原则指导下,制定统一的布网方案和精度指标,作为各地区、各单位作业的依据。

(1)三角网。

国家平面控制网通常采用将地面上所选控制点组成相互连接的若干个三角形构成三角网,这些控制点称为三角点。一等三角网又称为一等三角锁,是国家平面控制网的骨干,沿经纬线方向布成纵横交叉的锁系,锁长 200~250 km,构成许多锁环。一等三角锁内由近似等边的三角形组成,边长为 20 ~30 km。一等三角网主要为研究地球形状和大小提供重要的科学资料。二等三角网有两种布网形式,一种是由纵横交叉的两条二等基本锁将一等锁环划分成 4 个大致相等的部分,这 4 个空白部分用二等补充网填充,称为纵横锁系布网方案;另一种是在一等锁环内布设全面二等三角网,称为全面布网方案。二等基本锁的边长为 20~25 km,二等网的平均边长为 13 km。一等锁的两端和二等网的中间,都要测定起算边长、天文经纬度和方位角。所以,国家一、二等网合称为天文大地网。我国天文大地网在 1951 年开始布设,1961 年基本完成,1975 年修补测工作全部结束,全国约有 5 万个大地点。三、四等三角网的布设采用插网和插点的方法,作为一、二等三角网的进一步加密,三等三角网平均边长为 8 km,四等三角网平均边长为 2~6 km。四等三角点每点控制面积为 15~20 km^2,可以满足 1∶10 000 和 1∶5 000 比例尺地形测图需要。

(2)导线网。

虽然导线测量在控制面积大小、检核条件多少及控制方位角误差传播等方面不如三角网,但是它具有布设灵活、推进迅速、易克服地形障碍等显著的优点。在20世纪60年代初,我国青藏高原大部分地区就是采用导线法布设稀疏的一、二等控制网。随着全站仪的普及,电磁波测距仪在提高精度、增大测程、减轻重量等方面不断改进,使导线测量的应用越来越广。在低等控制网加密,用来代替三、四等三角网控制大比例尺测图等应用中,导线测量更具优势。另外,导线测量还是军事上阵地联测的重要方法。

导线测量的布设原则和三角测量布设原则基本相同,也分为四个等级,各等级导线测角量边的精度要求,应使导线推算的各元素精度与相应等级三角网推算的精度大体一致。

1.4.3　国家GPS控制网

GPS技术具有精度高、速度快、费用省、全天候、操作简便等优点,因此,它广泛应用于大地测量领域。用GPS技术建立起来的控制网,称为GPS网。一般可把GPS网分为两大类:一类是全球或全国性的高精度的GPS网,另一类是区域性的GPS网。后者是指国家C、D、E级GPS网或专为工程项目而建立的工程GPS网,这种网的特点是控制面积不大、边长较短、观测时间不长。现在全国用GPS技术布设的区域性控制网很多,下面介绍我国主要的几种GPS网。

(1)国家GPS A、B级网。

国家GPS A级网于1992年结合国际IGS′92会战,由国家测绘局、中国地震局等单位布测。全网27个点,在上海、长春、武汉和乌鲁木齐4个跟踪站上用MINI-MAC 2816接收机进行连续观测,采用13台Trimble 4000 SST接收机在西部地区进行观测,采用17台Ashtech MDXⅡ双频接收机在东部地区观测,平差后平均边长约800 km,平差后在ITRF91地心参考框架中的定位精度优于0.1 m,边长相对精度优于1×10^{-8}。1996年国家测绘局进行了A级网复测,复测共采用了53台双频GPS接收机,包括14台Ashtech MD 12接收机、17台Trimble 4000 SSE接收机、8台Leica 200接收机、6台Rogue 8000接收机和8台Ashtech 212接收机。经数据精处理后基线分量重复性水平方向优于$4\ \text{mm}+3\times10^{-6}D$,垂直方向优于$8\ \text{mm}+4\times10^{-6}D$,地心坐标分量重复性优于2 cm。全网整体平差后,在ITRF 93参考框架中的地心坐标精度优于10 cm,基线边长的相对精度优于1×10^{-8}。

国家GPS B级网由国家测绘局于1991—1995年布测,网以A级网点作为参考框架基准,共有818个点(包括A级点)。B级网的结构在东部地区为连续网,点位较密集;中部地区为连续网与闭合环结合,点位密度适中;西部地区为闭合环与导线,点位密度较稀疏。B级网60%的点与我国一、二等水准点重合,其余进行了水准联测。经数据精处理后,点位中误差相对于已知点在水平分量上优于0.07 m,垂直分量上优于0.16 m,平均点位中误差水平方向为0.02 m,垂直方向为0.04 m,基线相对精度达到1×10^{-7},其成果于1998年公布并在全国范围内使用。

(2)全国GPS一、二级网。

全国GPS一、二级网于1991—1997年由总参测绘局布测。全网534个点,在全国陆地

(除台湾省)、海域均匀分布(还包括南沙重要岛礁)。一级网 44 个点,平均边长约 800 km,于 1991 年 5 月至 1992 年 4 月观测;二级网分 7 个测区(南海高礁,东北测区,华北测区,西北测区,华东测区,东南测区,青藏云贵川测区)观测,先后于 1992—1997 年施测。二级网在一级网基础上布测,平均边长约 200 km。一、二级网点均进行了水准联测。平差计算后,一级网的精度约为 3×10^{-8},二级网的精度约为 1×10^{-7}。

(3)中国地壳运动观测网络。

中国地壳运动观测网络是中国地震局、总参测绘局、中国科学院和国家测绘局联合建立的,主要服务于中长期地震预报,兼顾大地测量的需要,布网工作于 1998—2002 年进行。地壳运动观测网络包括:基准网、基本网和区域网。

①基准网。基准网目前共有 29 个 GPS 基准站,相邻点距平均 700 km,主要功能是监测我国大陆一级块体的构造运动,基本上控制了我国大陆上级块体的运动,能有效监测大尺度地壳运动和构造变形。基准站相邻站间 GPS 基线长度年变化率实测精度为 1.3 mm。

②基本网。基本网由 56 个定期复测的 GPS 站组成,作为基准网的补充,用于一级块体本身及块体间的地壳变动的监测,它与基准站一起均匀布设,平均站距 350 km。相邻站间 GPS 基线实测精度水平分量优于 3 mm,垂直分量优于 10 mm。

③区域网。区域网由约 1 000 个不定期复测的 GPS 站组成,分 10 个监测区布设。其中约 700 个站集中分布在主要构造带和地震带上,用于监测它们的活动状况,主要为地震服务。约 300 个站均匀分布在全国各地,作为基准网和基本网的补充,用于监测主要板块的运动,并兼顾大地测量和国防建设的需要。相邻站间 GPS 基线每期测定精度为水平分量优于 3 mm,垂直分量 10 mm。

(4)国家 GPS 控制网布设方案。

我国目前使用的 GPS 控制网是 2000 国家 GPS 大地控制网,它是 2000 国家大地控制网中的一部分,其主要由以下 GPS 网构成:

①国家测绘地理信息局布设的国家高精度 GPS A、B 级网。

②中国人民解放军党参谋部测绘导航局布设的全国 GPS 一、二级网。

③中国地震局、中国人民解放军党参谋部测绘导航局、中国科学院、国家测绘地理信息局共建的中国地壳运动观测网络。

④中国地震局布设的 GPS 地壳运动监测网。

⑤中国地震局布设的若干区域 GPS 地壳形变监测网。

参与平差计算的点经过筛选和相邻点合并,最后选取了国内 2 523 个 GPS 点(其中 CORS 站 25 个)和国外点(站)64 个,共 2 587 个点参加了 2000 国家 GPS 大地控制网的数据处理。通过联合数据处理,将框架点坐标统一归算到一个坐标参考框架下,即 ITRF97 参考框架,考历元为 2000.0。处理后网点的相对精度优于 1×10^{-7},2000 国家大地控制网提供的地心坐标的精度优于 3 mm。2000 国家 GPS 大地控制网的完成,使测量精度满足现代测量技术对地心坐标的需求,同时为建立我国新一代地心坐标系统奠定了坚实的基础。

1.4.3 国家高程控制网的布设原则

国家高程控制网是大地控制网的一部分,主要是用水准测量方法进行国家水准网布测。

水准测量的施测路线称为“水准路线”，水准路线构成水准网。水准网的布设原则与水平控制网布设原则相类似，也采用由高级到低级、从整体到局部的方法分四个等级布设，逐级控制、逐级加密，按次序与精度分为一、二、三、四等水准测量，各等水准路线上每隔一定距离埋设水准标石，该点称为“水准点”，即高程控制点。各级水准路线一般都要求自身构成闭合路线，或闭合到高级水准路线上构成环状，以控制系统误差的积累，并便于低等级水准路线的加密。

1.4.4　国家高程控制网的布设方案

一等水准路线是高程控制网的骨干，同时也是研究地壳垂直移动和解决科学研究的主要依据。因此，一等水准路线应沿地质构造稳定、路面坡度平缓的交通路线布设，以适合高精度水准观测的要求。路线应构成环状，环线周长在平原丘陵地区应为 1 000~1 500 km，山区一般在 2 000 km 左右，这样的密度对于地域辽阔的我国是比较合适的。我国一等水准网由 289 条路线组成，其中 284 条路线构成 100 个闭合环，共计埋设各类标石近 2 万余座。

二等水准测量是国家高程控制网的基础，应沿铁路、公路、河流布设，并构成环状。环线周长一般规定为 500~750 km。在平坦地区，根据建设需要可适当缩短，在山区或地形复杂地区可酌情放宽。我国已有 1 138 条二等水准测量路线，总长为 13.7×10^4 km，构成 793 个二等环。

三、四等水准测量直接为地形测图和工程建设提供必需的高程控制点。三等水准路线是在高等级水准网内加密成闭合环线或附合路线，其环线周长规定不超过 300 km。四等水准路线一般是在高等级水准点间布成附合路线，其长度规定不超过 80 km。

各等级水准测量的精度，用每千米水准测量的偶然中误差 M_Δ 和全中误差 M_W 表示，其限差规定见表 1-2。

表 1-2　国家水准测量精度要求

水准测量等级	一等	二等	三等	四等
M_Δ 的限差/mm	≤0.45	≤1.0	≤3.0	≤5.0
M_W 的限差/mm	≤1.0	≤2.0	≤6.0	≤10.0

任务五　掌握城市和工程建设控制网的布设原则与方案

我们知道，在各种工程建设中，从工程的施工程序而言，工程建设主要分为勘察设计阶段、工程施工阶段和运营管理阶段，各阶段分别要建立图根控制网、施工控制网和变形监测专用控制网。建立这些控制网时，与建立国家控制网相类似，也要遵循同样的原则。工程控制网的范围较小，用途各异，应根据不同工程的具体特点制定相应的布网方案。

1.5.1 城市和工程建设平面控制网的布设原则

图根控制网、施工控制网和变形监测专用控制网三类控制网虽然建网的目的和用途有所不同,但总体上应与国家平面控制网遵守同样的布设原则。

(1)分级布网、逐级控制。

对于平面图根控制网,通常先布设精度要求最高的首级控制网,随后根据测图需要、测区面积的大小再加密若干级较低精度的控制网。用于工程放样的专用控制网,往往分二级布设。第一级做总体控制,第二级直接为建筑物放样而布设。对于变形监测控制网,根据变形监测的范围和变形监测的需要,通常采用一次性布网,特殊情况下可加密少量的二级点。

控制网的加密可以采用插网或者插点的方式进行,根据工程的特点与需求,选用前方交会法、后方交会法、极坐标法、导线测量、GNSS 测量等方法对控制网进行逐级加密,但是在特殊情况下,控制点也可以根据工程实际特点和需要进行越级加密。

(2)具有足够的精度。

工程控制网是为测图、施工或变形监测而服务的,因此,控制网的精度主要取决于工程的等级和精度要求,控制网中的最弱点必须能够满足工程的相应要求。

对于测图控制网来说,一般要求最低一级控制网的点位中误差能满足 1 : 500 比例尺地形图的测图要求。按图上 0.1 mm 的绘制精度计算,相当于地面上的点位精度为 5 cm。由于图根点点位误差是其加密误差和控制点起始误差共同影响的结果,因此从上述精度要求中除去图根点的加密测量误差,就是起始控制点应该达到的最低精度。

对于施工控制网来说,控制网中的最弱点必须能够满足施工放样的最高精度要求。由于放样点的点位误差是其放样误差和控制点起始误差共同影响的结果,因此需要在所要求的施工放样点位误差的基础上去除放样误差后得到首级控制点应该达到的最低精度。如果施工放样只能在加密控制点上进行,还需要考虑加密误差的影响。

变形监测控制网必须要能够发现建筑物的微小变形量,其精度要求更高。变形监测点的点位误差是其监测误差和控制点起始误差共同影响的结果,因此,需要在所要求的变形监测点点位误差的基础上去除监测误差后得到首级控制点应该达到的最低精度。

(3)要有足够的密度。

无论是大比例尺地形图的测绘还是施工放样或变形监测,都要求测区内具有一定数量的控制点,即具有足够的密度,以满足后续工作对控制点的要求。《城市测量规范》(CJJ/T 8—2011)中对图根点密度的要求见表 1-3。

表 1-3 平坦开阔地区图根点的密度

单位:点/km^2

测图比例尺	1 : 500	1 : 1 000	1 : 2 000
模拟测图法图根点密度	≥150	≥50	≥15
数字测图法图根点密度	≥64	≥16	≥4

《工程测量规范》(GB 50026—2007)中对测图控制网、施工控制网和变形监测控制网的控制点密度提出了明确的要求。

测图控制网中点的密度,主要根据测图方法及测图比例尺大小而定。比如,采用传统方法测图时,控制网中点的密度是以每幅图中控制点的数量来体现的,具体要求见表 1-4;采用航测方法测图时,其密度要求的经验数值见表 1-5。

表 1-4　各种比例尺传统方法测图图根点数量要求

测图比例尺	图幅尺寸/ cm×cm	图根点数量/ 个		
		GPS-RTK 测图	全站仪测图	平板测图
1 : 500	50×50	1	2	8
1 : 1 000	50×50	1~2	3	12
1 : 2 000	50×50	2	4	15
1 : 5 000	50×50	3	6	30

注:表中所列数量是指施测该幅图可利用的全部图根点数量。

表 1-5　各种比例尺航测成图时对平面控制点密度要求

测图比例尺	每幅图要求点数	每个三角点控制面积/km^2	三角网平均边长/km	等级
1 : 50 000	3	约 150	13	二等
1 : 25 000	2~3	约 50	8	三等
1 : 10 000	1	约 20	2~6	四等

由于控制网的边长与点的密度有关,所以在布设控制网时,对点的密度要求具体是通过规定控制网的边长而体现出来的。对于三角网而言,边长 s 与点的密度(每个点的控制面积)Q(km^2)之间的近似关系如式(1-4)所示。

$$s=1.07\sqrt{Q} \tag{1-4}$$

将表 1-5 中的数据代入式(1-4)得:

$$s=1.07\sqrt{150}\approx 13\ km$$

$$s=1.07\sqrt{50}\approx 8\ km$$

$$s=1.07\sqrt{20}\approx 5\ km$$

因此,国家规范中规定,国家二、三等三角网的平均边长分别为 13 km 和 8 km。

对于施工控制网来说,应根据工程规模和工程需要分级布设。对于建筑场地大于 1 km^2的工程项目或重要工业区,应建立一级或一级以上精度等级的平面控制网;对于场地面积小于 1 km^2 的工程项目或一般性建筑区,可建立二级精度的平面控制网。平面控制网可采用 GNSS 测量、导线测量、三角测量等方法进行施测,控制点密度一般以平均边长来表示,见表 1-6。

表 1-6　施工控制网平均边长要求　　单位:m

等级	GNSS 测量	导线测量	三角测量
一级	300~500	100~300	300~500
二级	100~300	100~200	100~300

对于变形监测控制网来说,应该根据工程的规模和精度要求布设一等、二等、三等或四等控制网,不同的等级要求控制网的平均边长也各不相同,见表 1-7。

表 1-7　变形监测控制网平均边长要求　　单位:m

等级	一等	二等	三等	四等
平均边长	≤300	≤400	≤450	≤600

(4)要有统一的规格。

尽管一般的工程控制网仅为某一特定工程项目而服务,但是为了使不同的部门或单位施测的控制网能够互相利用、互相协调,使其具有通用性,同时也是为了使布网过程中所有问题均有据可查,国家测绘局和其他的相关部门制定了一系列的规范,规范中规定了布网方案、作业方法、观测仪器、各种精度指标等内容,测量作业时,必须以此为技术依据而遵照执行。

目前常用的工程测量规范主要有《全球定位系统(GPS)测量规范》(GB/T 18314—2009)、《工程测量规范》(GB 50026—2007)、《城市测量规范》(CJJ/T 8—2011)、《建筑变形测量规范》(JGJ8—2016)、《公路勘测规范》(JTG C10—2007)、《精密工程测量规范》(GB/T 15314—1994)、《城市地下管线探测技术规程》(CJJ 61—2003)等。

1.5.2　城市和工程建设平面控制网的布设方案

《工程测量规范》(GB 50026—2007)中规定,工程平面控制网的建立,可采用 GNSS 测量、导线测量、三角形网测量等方法。GNSS 测量控制网按精度依次分为二、三、四等和一、二级,导线及导线网按精度依次分为三、四等和一、二、三级,三角形网按精度依次分为二、三、四等和一、二级。

不同的方法、不同的等级有不同的技术要求。目前常用 GNSS 测量方法的较多,选用 GNSS 测量方法布设控制网时,其主要技术要求见表 1-8。

表 1-8　GNSS 控制网的主要技术要求

等级	平均边长/km	固定误差/mm	比例系数误差/mm/km	约束点间的边长相对误差	约束平差后最弱边相对误差
二等	9	≤10	≤2	≤1/250 000	≤1/120 000
三等	4.5	≤10	≤5	≤1/150 000	≤1/70 000
四等	2	≤10	≤10	≤1/100 000	≤1/40 000

续表

等级	平均边长/km	固定误差/mm	比例系数误差/mm/km	约束点间的边长相对误差	约束平差后最弱边相对误差
一级	1	≤10	≤20	≤1/40 000	≤1/20 000
二级	0.5	≤10	≤40	≤1/20 000	≤1/10 000

表 1-8 中，A，B 为控制网基线精度解算参数，如式(1-5)所示。

$$\sigma=\sqrt{A^2+(B\cdot d)^2} \tag{1-5}$$

式中，σ 为基线长度中误差，mm；d 为平均边长，km。

选用导线测量方法布设控制网时，《工程测量规范》(GB 50026—2007)中规定其主要技术要求如表 1-9 所示。选用三角测量方法布设控制网时，其主要技术要求如表 1-10 所示。

表 1-9　导线网的主要技术要求

等级	导线长度/km	平均边长/km	测角中误差/(″)	测距中误差/mm	测距相对中误差	测回数			方位角闭合差/(″)	导线全长相对闭合差
						1″级仪器	2″级仪器	6″级仪器		
三等	14	3	1.8	20	1/150 000	6	10	—	$3.6\sqrt{n}$	≤1/55 000
四等	9	1.5	2.5	18	1/80 000	4	6	—	$5\sqrt{n}$	≤1/35 000
一级	4	0.5	5	15	1/30 000	—	2	4	$10\sqrt{n}$	≤1/15 000
二级	2.4	0.25	8	15	1/14 000	—	1	3	$16\sqrt{n}$	≤1/10 000
三级	1.2	0.1	12	15	1/7 000	—	1	2	$24\sqrt{n}$	≤1/5 000

注：表中 n 为测站数；当测区测图的最大比例尺为 1∶1 000，一、二、三级导线的导线长度、平均边长可适当放长，但最大长度不应大于表中规定相应长度的 2 倍。

表 1-10　三角网的主要技术要求

等级	平均边长/km	测角中误差/(″)	测边相对中误差	最弱边边长相对中误差	测回数			三角形最大闭合差/(″)
					1″级仪器	2″级仪器	6″级仪器	
三等	9	1	1/250 000	1/120 000	12	—	—	3.5
四等	4	1.8	1/150 000	1/70 000	6	9	—	7
一级	2	2.5	1/10 000	1/40 000	4	6	—	9
二级	1	5	1/2 000	1/10 000	—	2	4	15
三级	0.5	10	1/2 000	1/10 000	—	1	2	30

注：当测区测图的最大比例尺为 1∶1 000，一、二级网的平均边长可适当放长，但不应大于表中规定相应长度的 2 倍。

1.5.3 城市和工程建设高程控制网的布设原则

城市和工程建设高程控制网相对于国家高程控制网来说要较为灵活,布网时有较强的针对性,精度要求各不相同,测区范围情况也较为复杂,因此,其布网的方法也不局限于水准测量,还经常采用三角高程测量、GPS 高程测量等方法进行布网。为了统一水准测量规格,考虑到城市和工程建设的特点,《城市测量规范》(CJJ/T 8—2011)中,将水准测量依次分为二、三、四等 3 个等级,《工程测量规范》(GB 50026—2007)中划分为二、三、四、五等 4 个等级。首级高程控制网一般要求布设成闭合环形,加密时可布设成符合路线和结点图形。各等级水准测量的精度和国家水准测量相应等级的精度一致。

1.5.4 城市高程控制网的布设方案

在《城市测量规范》(CJJ/T 8—2011)中指出,城市高程控制网的等级宜划分为二、三、四等,并宜采用水准测量方法施测。水准测量确有困难的山岳地带及沼泽、水网地区的四等高程控制测量,也可采用高程导线测量方法;平原和丘陵地区的四等高程控制测量可采用卫星定位测量方法。城市首级高程控制网的等级不应低于三等,并应根据城市的面积大小、远景规划和路线的长度确定。

采用高程导线测量方法进行四等高程控制测量时,高程导线应起闭于不低于三等的水准点,边长不应大于 1 km。路线长度不应大于四等水准路线的最大长度。布设高程导线时,宜与平面控制网相结合。高程导线可采用每点设站或隔点设站的方法施测,隔点设站时,每站应变换仪器高度并观测两次,前后视线长度之差不应大于 100 m。

采用卫星定位测量方法建立四等高程控制网时,应包括高程异常模型建立、卫星定位测量、高程计算与检查等过程。卫星定位高程控制测量应采用静态观测方法,按四等平面控制测量的要求施测,并宜与卫星定位平面测量同时进行。

由于城市高程控制网布网范围相对较小,点位较为密集,受城市地面沉降的影响较大,因此,要注重城市高程控制网的复测,以确保高程控制点切实可靠准确。

对于点位的密度,《城市测量规范》(CJJ/T 8—2011)中的规定如表 1-11 所示。

表 1-11 城市高程控制网点的点位密度要求 单位:km

项目	区域或等级	距离
高程控制点间的距离(测段长度)	建筑区	1~2
	其他区域	2~4
环线或附合于高级点间路线的最大长度	二等	400
	三等	45
	四等	15

1.5.5 工程建设高程控制网布设方案

在《工程测量规范》(GB 50026—2007)中规定,工程建设高程控制网按精度等级的划分,依次为二、三、四、五等。各等级高程控制宜采用水准测量,四等及以下等级可采用电磁波测距三角高程测量,五等也可采用 GNSS 拟合高程测量。首级高程控制网的等级,应根据工程规模、控制网的用途和精度要求合理选择,精密工程应以二等水准网为首级高程控制网,并应布设成闭合环形,若有两个或两个以上的国家一、二等水准点,则均应包含在环线之中,以便对期间高差的正确性进行有效的检核。

工程测量高程控制点间的距离,一般地区应为 1~3 km,工业厂区、城镇建筑区应小于 1 km,但一个测区及周围至少应有 3 个高程控制点。

对于工程测量高程控制网的精度要求见表 1-12。

表 1-12 工程建设高程控制网水准测量主要技术要求

等级	每千米高差全中误差/mm	路线长度/km	水准仪型号	水准尺	观测次数		往返较差、附合或环线闭合差	
					与已知点联测	附合或环线	平地/mm	山地/mm
二等	2	—	DS1	因瓦尺	往返各一次	往返各一次	$4\sqrt{L}$	
三等	6	≤50	DS1	铟瓦	往返各一次	往一次	$12\sqrt{L}$	$4\sqrt{n}$
			DS3	双面		往返各一次		
四等	10	≤16	DS3	双面	往返各一次	往一次	$20\sqrt{L}$	$6\sqrt{n}$
五等	15	—	DS3	单面	往返各一次	往一次	$30\sqrt{L}$	—

注:① 结点之间或结点与高级点之间路线的长度不应大于表中规定的 0.7 倍。

② L 为往返测段、附合或环线的水准路线长度,单位 km, n 为测站数。

③ 数字水准仪测量的技术要求和同等级的光学水准仪相同。

四等和五等高程控制网还可以采用电磁波测距三角高程测量的方法布设,但四等网应附合或闭合于不低于三等水准的高程控制点上,五等网应附合或闭合于不低于四等水准的高程控制点上,路线长度不应超过相应等级水准路线长度的限值。在布设时宜在平面控制点的基础上布设成三角高程控制网或高程导线,并满足表 1-13 中的技术要求。

表 1-13 电磁波测距三角高程测量布设工程高程控制网的技术要求

等级	每千米高差全中误差/mm	边长/km	观测方式	对向观测高差较差/mm	符合或环形闭合差/mm
四等	10	≤1	对向观测	$40\sqrt{D}$	$20\sqrt{\sum D}$
五等	15	≤1	对向观测	$60\sqrt{D}$	$30\sqrt{\sum D}$

注:D 为测距边的长度,单位 km。

对于平原或丘陵地区的五等及以下等级高程测量还可以采用 GNSS 拟合高程测量的方法施测,GNSS 拟合高程测量宜与 GNSS 平面控制测量一起进行。GNSS 网应与四等或四等以上的水准点联测。联测的 GNSS 点宜分布在测区的四周和中央。若测区为带状地形,则联测的 GNSS 点应分布于测区两端及中部。联测点数宜大于选用计算模型中未知参数个数的 1.5 倍,点间距宜小于 10 km。地形高差变化较大的地区,应适当增加联测的点数。

GNSS 拟合高程计算时应充分利用当地的重力大地水准面模型或资料,对联测的已知高程点要进行可靠性检验,并剔除不合格点。对于地形平坦的小测区,可采用平面拟合模型,对于地形起伏较大的大面积测区,宜采用曲面拟合模型。

[项目拓展]

控制测量学的发展概况。

控制测量学作为测绘领域中的基础学科之一,与各门学科、各项技术的发展均密切相关,相关领域的任何一项进步与革新均会为控制测量学带来变革。控制测量学的发展主要体现在绘新仪器、新技术的发展及数据计算与管理方法的发展等方面。具体内容请扫以下二维码或在云班课资源库中进行拓展阅读。

控制测量发展现状

[项目小结]

项目一的主要内容可总结为以下框架图,请学习者在框架的基础上完成详细的个人学习总结,并参与蓝墨云班课项目一在线学习小结及讨论。

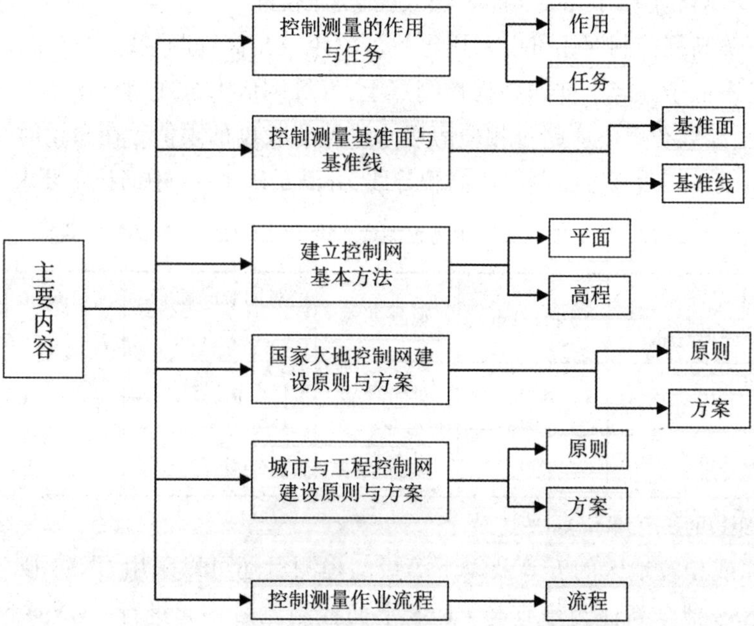

[项目讨论]

1.控制测量有哪些分类方式？按照不同的分类方式各分为哪几类？

2.控制测量在工程建设三个阶段的具体任务是什么？

3.平面控制网的基本方法有哪些？请简述各种方法的优缺点。

4.目前主流的平面控制测量的方法是什么？

5.布设高程控制网的基本方法有哪些？请简述各方法的优缺点。

项目二　控制网技术方案设计

[项目引入]

布设控制网是控制测量工作中重要的一环，无论是布设平面控制网还是高程控制网，都在控制测量工作中占据着举足轻重的地位。布设控制网时，需要遵循一定的原则，结合任务目的和要求，按照一定的技术指标对控制网的网形设计、点位设置、精度评定等多方面因素进行设计。本项目结合情境中需完成的《××市 GPS D 级控制网、四等水准测量技术方案设计书》，主要介绍控制网技术设计的意义、主要任务，基本原则和控制网设计基本内容与方法，以及编写控制网技术设计书。

[项目教学目标]

领域	目标	权重	评价方式
认知领域	通过本项目学习，学生能够理解控制网技术设计的意义，熟悉有关规范(规程)技术要求，能够用自己的语言总结控制网设计的基本步骤。	30%	云班课测评
技能领域	通过学习控制网技术设计的基本内容与方法，可以完成情境中控制测量技术方案的设计。	35%	小组作业
情感领域	通过本项目学习，学习者可以将理解和掌握的控制网技术设计用于完成具体工程任务，并可用于指导生产。	35%	教师或学生互评

[项目学时]

本项目推荐学时为 4 学时。

[项目分析]

测量任务书是测量单位的上级主管部门下达的工作任务和技术要求文件。测量合同书是测量单位与合同甲方共同签订的测量任务和技术要求。这些文件是指令性的，它规定了测量任务的范围、目的、精度和密度要求，提交成果资料的项目、时间以及完成任务的经济指标等。测量单位在接到任务后，要根据任务书和合同约定的内容，结合测区实际情况，以各类测量规范(规程)为依据，首先要编写既合理又经济的技术方案，对项目实施中拟用的施测方案、仪器、人员、所依据的技术规范、成果达到的精度等级以及上交资料做详细的说明与安排,并在精度上做充分的论证,使得设计方案既能保证精度要求,又有良好的经济指标。本项目要完成情境中规定的《××市 GPS D 级控制网、四等水准测量技术方案》设计书,可以通过完成以下三个任务来实现。

任务一　了解控制网技术设计的意义和主要任务

任务二　掌握控制网技术设计的内容和方法

任务三　编写控制网技术设计书

任务一　了解控制网技术设计的意义和主要任务

2.1.1　控制网技术设计的意义和主要任务

1.技术设计的意义

编制技术设计书的主要任务是根据工程建设的要求,结合测区的自然地理条件特征,选择最佳布网方案,保证在所规定的期限内“多、快、好、省”地完成生产任务,保证测绘产品符合技术标准和用户要求,并获得最佳的社会效益。在技术设计书中应明确测量目的、任务和要求,测区的自然地理条件,最佳布网方案的论证和控制网的主要技术指标等。

2.技术设计的主要任务

(1)根据生产任务,结合测区具体情况,拟定最佳控制网布设方案;

(2)确定适宜的精度等级;

(3)拟定建网实施计划。

2.1.2　控制网技术设计的依据和基本原则

由于国家控制网布网范围大、精度要求高、条件复杂多样、不同控制网间联系紧密,因此其建立成为一项系统性强、工作量浩大的工程。在建立国家平面控制网时,必须充分考虑实际情况,全面规划,统筹安排,兼顾数量、质量、经费和时间的关系,拟定出具体的实施细则,作为布网的依据,具体要求在项目一任务四中已提到。而工程控制网的设计和国家控制网设计既有一定的联系,又有其特殊的要求,在设计过程中必须遵守以下技术依据和基本原则。

1.技术设计的依据

(1)上级下达任务的文件或合同书;

(2)国家有关的法规和行业技术标准;

(3)有关测绘产品的生产定额、成本定额和装备标准等。

2.技术设计的基本原则

(1)技术设计方案应先考虑整体而后局部,且顾及发展,要满足用户的要求,重视社会效

益和经济效益;

(2)要从作业区实际情况出发,考虑作业单位的实力(人员技术素质和装备情况),挖掘潜力,选择最佳方案;

(3)广泛收集、认真分析和充分利用已有的测绘产品及资料;

(4)积极采用适用的新技术、新方法和新工艺。

任务二　掌握控制网技术设计的内容和方法

了解了上述控制网技术设计的意义和基本原则之后,可以结合具体工程项目按照下列内容和步骤有针对性地进行控制网技术设计。

2.2.1　资料的搜集和分析

(1)搜集各种比例尺地形图及影像资料。

利用航空摄影测量相片、遥感影像等图像资料可以对测区内的地形、地貌等有初步的了解,并对测区有整体上的认识,而利用各种比例尺的地形图可以较为详尽地了解测区内地物、地貌的基本情况,有助于合理地确定控制点的位置和控制网的结构,并可初步判定控制点间的通视情况。

(2)收集已有控制资料。

需要收集的控制资料主要包括控制点坐标与高程、点之记、控制点所属的坐标系统和高程系统、控制点的等级、控制点的施测方法、完成时间、现场踏勘报告等所有的技术性文件。在收集控制资料时,不要局限于测区之内,应适当地扩大范围,以避免出现由于测区内某些控制点被破坏或无法使用导致控制点数量不足无法布网的现象发生。

(3)了解测区自然概况。

在收集上述测量资料的基础上,还需要了解测区的经纬度、高程、地质条件、水文状况、不同季节的气温、降水量、风向、风速、雾气等信息,以便合理地制定作业计划,有效地调度人员。

(4)了解测区人文概况。

在进场作业之前,要了解测区的行政区划、交通概况等信息,并且要充分了解测区当地的风俗习惯,特别是在一些少数民族地区,作业时一定要尊重其民族习惯,以确保测量工作的顺利进行。

(5)分析搜集的资料。

对搜集到的上述资料进行全面的分析,以确定网的布设形式、起始数据如何获得、网的未来扩展等;其次还应考虑网的坐标系投影带和投影面的选择;此外还应考虑网的图形结构,旧有标志可否利用等问题。

2.2.2　控制网的图上设计

利用上述资料分析结果,按照国家有关规范的技术规定,在中等比例尺图上以“下棋”的方法确定控制点的位置和网的基本形式。主要步骤及注意事项如下。

1.展绘已知点

把收集到可用的控制点展绘到地形图上,展绘时要注意控制点所采用的坐标系统与地形图的坐标系统是否一致,如果不一致,需要首先进行坐标换算,然后再进行展绘。

2.设计控制网

GNSS 以其速度快、精度高、全天候、不受通视条件限制等优点,在测绘作业中得到了广泛应用,特别是在控制测量领域,已成为控制测量最主要的方法。平面控制网技术设计在具体工程中常采用两级布网形式,即:先采用 GNSS 建立测区高等级控制网,然后将 GNSS 网内插导线加密网,从而达到分级布网、逐级控制的目的。各等级高程控制网宜采用水准测量,四等及以下也可采用电磁波测距三角高程测量,或者 GNSS 拟合高程测量。控制网设计时,一般首先以测量任务书提出的精度、密度和经济指标作为根据,再结合规范规定并现场踏勘后,确定具体布网方案和观测方案。

目前,控制网设计所依据的规范(规程)有:

2009 年国家质量监督检验检疫总局发布的国家标准《全球定位系统(GPS)测量规范》(CB/T 18314—2009)。

2019 年中华人民共和国住房和城乡建设部发布的行业标准《卫星定位系统城市测量技术标准》(CJJ/T 73—2019)。

2010 年国家测绘局发布的测绘行业标准《全球定位系统实时动态(RTK)测量技术规范》(CH/T 2009—2010)

2009 年国家质量监督检验检疫总局发布的国家标准《国家三、四等水准测量规范》(GB/T 12898—2009)

2010 年住房和城乡建设部发布的行业标准《城市测量规范》(CJJ/T 8—2011)

2007 年住房和城乡建设部和国家质量监督检验检疫总局联合发布的标准《工程测量规范》(GB 50026—2007)

(1)GNSS 平面控制网技术设计。

①技术设计中需考虑的因素。

技术设计主要是根据上级主管部门下达的测量任务书和 GNSS 测量规范或规程来进行,总的原则是,在满足用户要求的情况下,尽可能减少物资、人力和时间的消耗。在工作过程中,要考虑下面一些因素:

a.精度因素。精度因素是指工程任务建立控制网的目的和精度要求。

b.测站因素。与测站布设有关的技术因素有:网点的密度;网的图形结构;时段分配、重复设站和重合点的布置等。

c.卫星因素。与观测对象卫星有关的因素有:卫星高度角与观测卫星的数目;图形强度因子;卫星信号质量。大部分接收机具有解码并记录来自卫星的广播星历表的能力。

d.仪器因素。与仪器有关的因素有:接收机,用于相对定位至少应有两台;天线质量;记录设备。

e.后勤因素。后勤保障方面的因素有:使用的接收机台数、来源和使用时间;

时段的机组调度;交通工具和通信设备的配置等。

②GNSS 网的精度分级。

对于 GNSS 网的精度要求,主要取决于网的用途和定位技术所能达到的精度。精度指标通常是以相邻点间的距离中误差来表示,即

$$\sigma=\sqrt{a^2+(b\times D)^2} \tag{2-1}$$

式中,σ 为网中相邻点间的距离中误差,mm;a 为固定误差,mm;b 为比例误差系数,mm/km;D 为相邻点间的距离,km。

GNSS 卫星定位网虽然不存在常规控制网的那种逐级控制问题,但是由于不同的 GNSS 网的应用和目的不同,其精度标准也不相同。在《全球定位系统(GPS)测量规范》(GB/T 18314—2009)中规定,GPS 测量按照精度和用途分为 AA、A、B、C、D、E 六个级别,见表 2-1。

表 2-1 《全球定位系统(GPS)测量规范》规定的 GPS 测量精度分级

级别	平均距离/km	固定误差 a/mm	比例误差系数
AA	1 000	≤3	≤0.01
A	300	≤5	≤0.1
B	70	≤8	≤1
C	10~15	≤10	≤5
D	5~10	≤10	≤10
E	0.2~5	≤10	≤20

AA 级主要用于全球性地球动力学研究、地壳形变测量和精密定轨;A 级主要用于区域性地球动力学研究、地壳形变测量;B 级主要用于局部形变监测和各种精密工程测量;C 级主要用于国家大、中城市及工程测量的基本控制网;D、E 级多用于中、小城市,城镇及测图、地籍、土地信息、房产、物探、勘测,建筑施工等控制网测量。

为了进行城市和工程测量,《全球定位系统城市测量技术规程》(CJJ/T 73—2010)规定其 GPS 网按相邻点的平均距离和精度划分为二、三、四等和一级、二级,见表 2-2,并规定在布网时可以逐级布设、越级布设或布设同级全面网。

表 2-2 《全球定位系统城市测量技术规程》规定的 GPS 测量精度分级

等级	平均边长/km	固定误差 a/mm	比例误差系数 b/(mm/km)	约束平差后最弱边相对中误差
二等	9	≤10	≤2	1/120 000
三等	5	≤10	≤5	1/80 000
四等	2	≤10	≤10	1/45 000

续表

等级	平均边长/km	固定误差 a/mm	比例误差系数 b/(mm/km)	约束平差后最弱边相对中误差
一级	1	≤10	≤10	1/20 000
二级	<1	≤15	≤20	1/10 000

在实际工作中,精度标准的确定还要根据用户的实际需要及人力、物力、财力等情况合理设计。由于以载波相位观测量为依据的静态相对定位可以提供很高的定位精度,这种精度对于大多数普通工程定位来说并非必要,所以应根据不同的任务要求,合理地安排精度标准,这对于提高人力和物力的利用率、加快工程进度是十分必要的。

③GNSS 网的设计原则。

为了用户的利益,GNSS 网设计在遵循 1.4.1 节和 1.5.1 节中的基本原则之上,对图形设计时还应遵循以下原则:

a.GNSS 网应根据测区实际需要和交通状况、作业时的卫星状况、预期达到的精度、成果的可靠性以及工作效率,按照优化设计原则进行。

b.GNSS 网一般应通过独立观测边构成闭合图形,例如一个或若干个独立观测环,或者附合路线形式,以增加检核条件,提高网的可靠性。

c.GNSS 网的点与点之间不要求通视,但应考虑常规测量方法加密时的应用,每点应有一个以上通视方向。

d.在可能条件下,新布设的 GNSS 网应与附近已有的 GNSS 点进行联测;新布设的 GNSS 网点应尽量与地面原有控制网点相联接,联接处的重合点数不应少于三个,且分布均匀,以便可靠地确定 GNSS 网与原有网之间的转换参数。

e.GNSS 网点应利用已有水准点联测高程。C 级网每隔 3~6 点联测一个高程点,D 和 E 级网视具体情况确定联测点数。A 和 B 级网的高程联测分别采用三、四等水准测量的方法;C~E 级网可采用等外水准或与其精度相当的方法进行。

④GNSS 网联测设计。

卫星定位所测得的点位坐标属于 WGS-84 世界大地测量坐标系。为了将它们转换成国家或地方坐标系,在设计 GNSS 定位网时,一定要考虑联测一定数量的常规控制点和基准点。

a.联测点(公共点)的精度要求。联测点作为 GNSS 成果转化到常规地面坐标系的基准点,在 GNSS 测量数据处理中具有重要的意义。联测点的地面实用坐标是将 GNSS 定位结果的 WGS-84 坐标系转换至地面坐标系时的起算数据,所以要求联测点的地面坐标具有较高的精度。为此,联测点应是下列几种点:一是测区内现有的最高等级的常规地面控制点;二是地方坐标系中控制网定位、定向的起算点;三是联接国家坐标系和地方坐标系的联接点;四是水准点。

b.联测点的密度和分布。GNSS 网与地面网的联测点最少应有两个,其中一个作为 GNSS 在地面网坐标系内的定位起算点,两个点间的方位和距离作为 GNSS 网在地面坐标系内定向、长度的起算数据。为了更好地解决 GNSS 网与地面网两者成果的转换问题,应有更多的联测点。分析研究和作业实践表明,一个 GNSS 网应联测 3~5 个精度较高、分布合理的地面点作为 GNSS 网的一部分。当测区较大时,还应适当增加联测点。

c.GNSS 网中水准点的选择和分布。GNSS 网一般是求得测站点的三维坐标,其中高程为大地高,而实际应用的高程系统为正常高系统。为此,通常是在 GNSS 网中施测或重合少量的几何水准点,用数值拟合法拟合出测区的似大地水准面,继而内插出其他 GNSS 点的高程异常,再求出其正常高。

⑤GNSS 控制网形设计。

因为 GNSS 控制网有别于传统测量手段布设的控制网,控制点精度与网形关系不大,所以 GNSS 控制网形设计比较方便灵活,主要取决于观测卫星与测站点间构成的几何网形、观测的载波相位信号质量和数据处理模型。因此,GNSS 控制网形设计主要考虑具体工程对控制点位置的要求。在城市或大、中型工程中布设 GNSS 控制网时,控制点数目比较多,由于受接收机数量的限制,难以再选择同步网的测设方案。此时必须将多个同步网相互连接,构成统一整体的 GNSS 控制网。这种由多个同步网相互连接的 GNSS 网称为异步网。

异步网的测设方案决定于投入作业的接收机数量和同步网之间的连接方式。不同的接收机数量决定了同步网的网形结构,而同步网的不同连接方式又会出现不同的异步网的网形结构。由于 GNSS 网的平差及精度评定主要是由不同时段观测的基线组成异步闭合环的多少及闭合差大小所决定的,而与基线边长度和其间所夹角度无关,所以异步网的网形结构与多余观测密切相关。在网形设计时要考虑到观测时段、同步观测等几个基本概念,见表 2-3。

同步图形扩展式是目前控制网布设中最常用的方法,N 台接收机静态同步观测,构成的同步图形如图 2-1 所示。在同步图形中可以选择独立基线(边)$N-1$ 条参与构网。

表 2-3 GNSS 网形设计时要考虑的相关基本概念

名词	含义
观测时段	接收机从卫星信号开始接收到终止接收的连续观测时间段
同步观测	两台或两台以上的接收机,同时对同一组卫星观测
同步观测环	三台或三台以上接收机同步观测所获得的基线向量构成的闭合环,简称同步环
独立基线	由 N 台接收机同步观测,基线向量总数 $J=N(N-1)/2$。其中,相互独立的基线向量为 $N-1$
独立观测环	由独立观测所获得的基线向量构成的闭合环,简称独立环
异步观测环	有非同步观测基线向量的多边形闭合环,简称异步环
重复基线	同一条基线若观测了多个时段,则这个基线就有多个结果

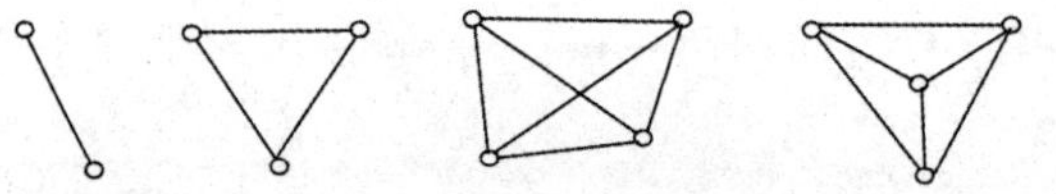

(a) N=2 (b) N=3 (c) N=4

图 2-1 N 台接收机构成的同步图形

在作业时，不同的同步图形之间有公共点相连，直至布满全网。该布网方式操作简单，速度较快，具有较高的图形强度。根据相邻两个同步图形之间公共点的数量，又可分为点连式、边连式、网连式和混连式四种，如图 2-2 所示。

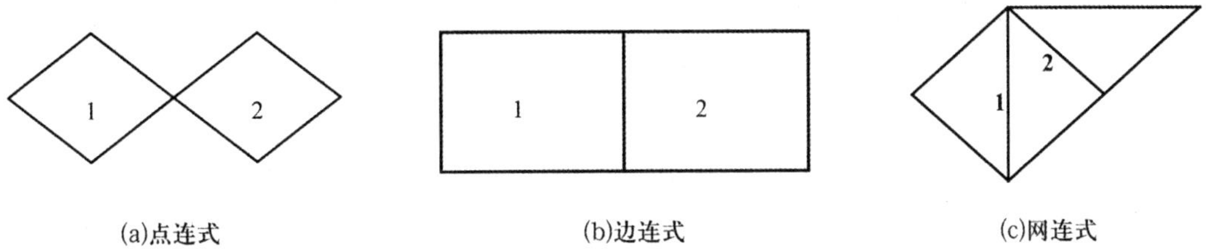

图 **2-2**　**GNSS** 布网形式

点连式是指不同的同步网之间仅有一个点相连接的异步网。边连式是指同步网之间由一条基线边相连接的异步网。网连式是指相邻两个同步图形之间有三个或三个以上的公共点相连接的异步网。在实际工作中，二、三等 GNSS 网可以设计成以三角形为基础的边连式、网连式、混连式；四等和一、二级 GNSS 网也可以按快速静态相对观测设计成星形网，如图 2-3 所示。如果控制网规模较大，一般不会单独采用上述某一布网形式，而是根据现场情况灵活采用各种作业形式，即采用混连式方式布网。

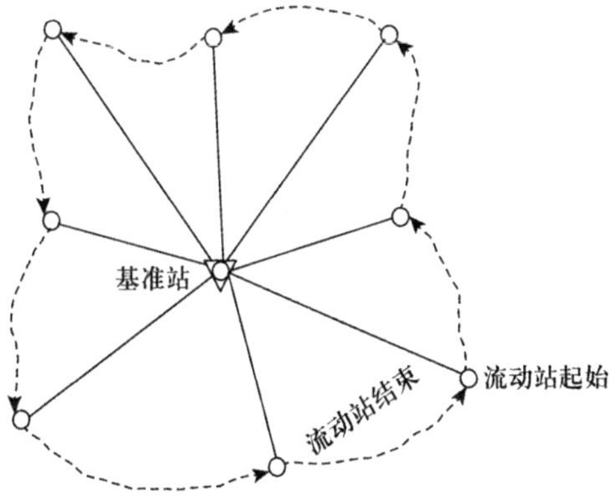

图 **2-3**　星形网

⑥GNSS 网点的密度。

各种不同的任务要求和服务对象对 GNSS 网点的分布有着不同的要求。一般工程测量所需要的网点则应满足测图加密和工程测量的需用，平均边长需要缩短到几公里以内。考虑到这些情况，《全球定位系统(GPS)测量规范》和《全球定位系统城市测量技术规程》(以下简称《规程》)对 GNSS 网中两相临点间距离视其需要做出了规定：相邻点间最小距离应为平均距离的 1/3~1/2；最大距离应为平均距离的 2~3 倍。《规程》还规定，特殊情况下，个别点的间距还允许超出表中规定。由此可以看出，对于城市和工程测量而言，《规程》与《规范》相比有较大的灵活性。

(2)导线网技术设计。

导线测量技术设计的目的和任务在于根据测区面积、现有控制点情况、测量服务对象的具体要求为依据，合理地规划导线网的分级布设，拟定各等级导线网的线路走向、间距和节点的概略位置。据此行精度估算和拟定施测计划，规矩规范要求，技术设计中需要首先考虑

如下因素:

a.城市一、二、三级导线的布设可根据高级控制点的密度、测区具体条件,选用两个级别。

b.城市一、二、三级导线,如果点位中误差要求为 10 cm 时,则导线平均边长及总长可放长至 1.5 倍;如果一级导线的平均边长为 400 m 时,则导线总长可放至 4 km,全长相对闭合差为 1/15 000。

c.导线网中节点与高级点间或节点与节点间的导线长度不应大于附合路线规定长度的 0.7 倍。

d.当附合路线长度短于规定长度的 1/3 时,导线全长的绝对闭合差不应大于±13 cm;如果点位中误差要求为±10 cm 时,则不应大于±26 cm。

e.当导线平均边长较短,附合导线的边数超过 12 时,应适当提高测角精度。

①确定首级网和等级。

在测区范围内第一次布设的某一等级的、具有实质性基础控制作用的 GNSS 网或导线网,称为首级平面控制网,简称首级网。

测区内已建立首级控制网:精度与当前的要求相匹配,点位保存完好,这时可按其等级顺序布设加密网;如原首级网精度与当前的要求不一致,则考虑利用原旧点并加以调整原方案,重新建立首级控制网,然后再考虑进一步加密的问题。

测区内无首级控制网:如测区内及周边附近地区有一定数量的国家高级大地点、具有布设加密网的条件,且其加密网的精度又符合测区测量工作对控制测量的要求,这时应选择布设加密网作为测区的首级控制网。如首级网控制点密度不够,则考虑进一步加密低等网以作为补充。首级网的等级应以高等级点的具体等级顺序选择越级布设。当出现下列情况之一时应选择布设独立网:

a.测区及周边附近无已知的高级控制点,或有,但精度和等级都很低;

b.测区及周边有已知的高级控制点,但数量不够,仅满足必要的起算数据(两个已知坐标,一个已知方位角)或不满足;

c.测区离中央子午线太远,边长的综合变形值大于 2.5 cm/km;

d.测区涉及安全、保密方面的问题;

e.面积小于 25 km^2 的测区。

首级独立导线网等级、控制面积及测图比例尺之间的关系,可参考表 2-4。

表 2-4　城市首级导线网等级与布设面积配置表

(最大测图比例尺 1∶500)

首级控制网等级	三等	四等	一级	二级	三级
控制面积/km	140~320	15~140	6~15	2~6	2

②标定点位、网形设计。

将测区原有的已知点在适当比例尺地形图上标定出来,从控制整个测区的首级网开始。

从导线的单一布网形式上来说，其形式主要包括以下三种，也可根据实际情况布设为导线网。

a.闭合导线。

闭合导线是指起止于同一个已知点和已知方向的导线，如图 2-4 所示。闭合导线是导线测量的一种已知一条边，测量若干个边长和夹角后又闭合到已知边的导线测量方法，通过计算平差后，可计算得到经过的未知点的平面坐标。

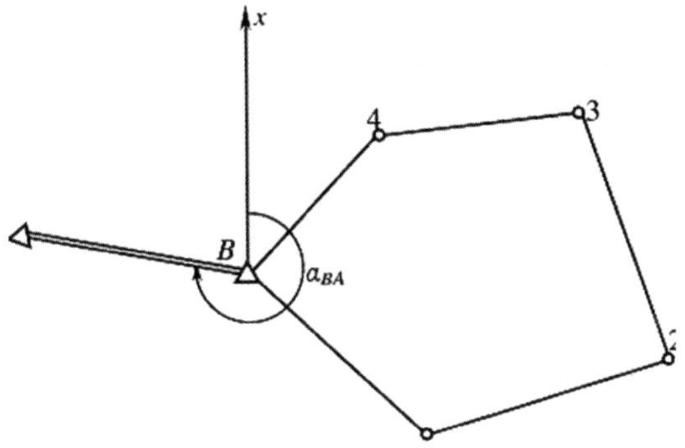

图 **2-4**　闭合导线

b.附合导线。

附合导线是指从一个已知点和一个已知方向依次经过待求点，最后附和到另一个已知点和另一个已知方向上的导线，如图 2-5 所示。附合导线是由一个已知点出发开始测量，经过若干未知点，到达另一个已知点，然后通过平差计算得到未知点平面坐标的导线测量。

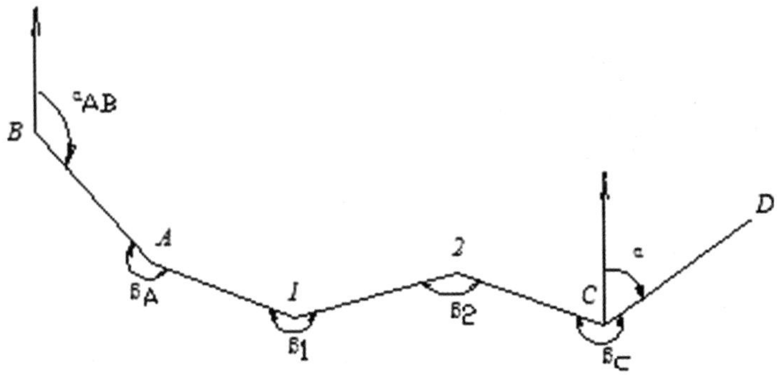

图 **2-5**　附合导线

c.支导线。

支导线是指由已知控制点出发，不附合、不闭合于任何已知点的导线，如图 2-6 所示。对这种导线没有已知点进行校核，错误不易发现，所以点数不得超过两个。

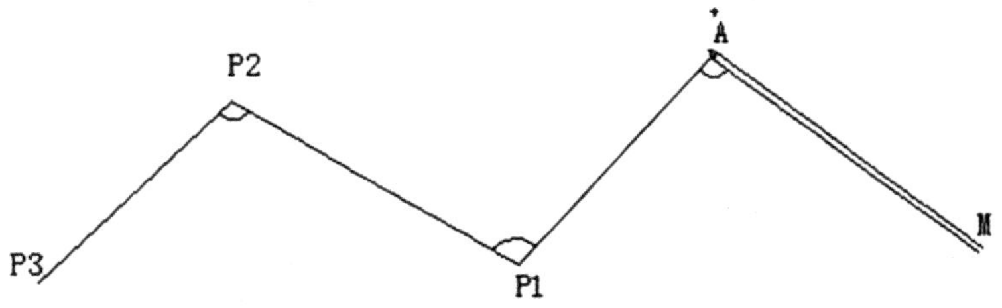

图 **2-6**　支导线

如果布设单一导线,则应考虑其长度是否超过规范的规定;如果布设成导线网,有节点产生,这时其长度可适当增加。上一级导线网设计线路的间距应顾及下一级导线网布设的容许长度,并尽可能留有余地,直到最后一级平面基本控制导线网下能布设预定的最大比例尺测图的图根导线(测区内,在控制测量的基础上直接为测图而建立的导线称为图根导线)为止。

将相邻点位,依不同的等级用不同颜色的线条连接起来,即形成了所设计导线网的网形。在后续的选点过程中,如发现有不当之处,还可以加以修改。

(3)高程控制网技术设计。

高程控制网的技术设计是根据测量任务,按水准测量等有关规范要求,结合测区实际情况,在大比例尺地形图上,拟定出合理的控制网布设方案,根据所使用仪器和施测方法不同,分为水准测量、三角高程测量、GNSS 拟合高程测量等。国家高程控制测量按精度等级划分一、二、三、四等。把用水准测量的方法,按《国家一、二等水准测量规范》(GB/T 12897—2006)和《国家三、四等水准测量规范》(GB/T 12898—2009)的技术要求建立的国家高程控制网,称为国家水准网。它是高程控制的基础。

水准网图上的设计应遵循以下几点原则:

a.水准路线应尽量沿坡度小的道路布设,以减弱前后视折光误差的影响。尽量避免跨越河流、湖泊、沼泽等障碍物。

b.水准路线若与高压输电线或地下电缆平行,则应使水准路线在输电线或电缆 50 m 以外布设,以避免电磁场对水准测量的影响。

c.布设首级高程控制网时,应考虑到便于进一步加密。

水准网应尽可能布设成环形网或结点网,个别情况下亦可布设成附合路线。水准点间的距离,一般为 2~4 km;城市建筑区和工业区为 1~2 km。

d.应与国家水准点进行联测,以求得高程系统的统一。

e.注意测区已有测量成果的利用。

①确定高程控制网的类型和等级。

高程控制网的类型和等级可以依据 1.4.3 节中有关规范(规程)所规定的内容,结合具体工程任务目的与要求,参考 1.5.4 节内容进行确定。在《城市测量规范》(CJJ/T 8—2011)中指出,城市高程控制网的等级宜划分为二、三、四等,并宜采用水准测量方法施测。

②标定点位、网形设计。

水准路线是水准测量施测时所经过的路线。为便于施测,水准路线应尽量沿公路、大道等平坦地面布设。水准路线上两相邻水准点之间的段落称为一个测段。

水准路线的布设分为单一水准路线和水准网两种。单一水准路线的布设形式有以下三种。

a.附合水准路线。

如图 2-7 所示,从一高级水准点 $BM_{\text{Ⅲ}_1}$ 出发,沿各待定高程点 1、2、3、4 进行水准测量,最后测至另一高级水准点 $BM_{\text{Ⅲ}_2}$ 所构成的施测路线,称为附合水准路线。

b.闭合水准路线。

如图 2-8 所示，从一已知水准点 $BM_{Ⅲ_1}$ 出发，沿待定高程点 1、2、3、4 进行水准测量，最后仍回到原水准点 $BM_{Ⅲ_1}$ 所组成的环形路线，称为闭合水准路线。

图 **2-7**　附合水准路线

c.支水准路线。

如图 2-9 所示，从一已知水准点 $BM_{Ⅲ_1}$ 出发，沿待定高程点 1、2 进行水准测量，其路线既不附合也不闭合，称为支水准路线。支水准路线无检核条件，必须往返观测以资校核。

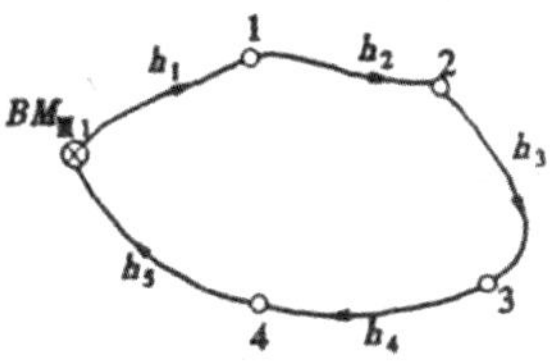

图 **2-8**　闭合水准路线

图 **2-9**　支水准路线

测区面积较大时，采用水准网的形式布网。

③网点的密度。

高程控制网点位的密度，可按有关规范（规程）的要求，结合布网等级和测区情况进行选择。在城市测量工作中，可按照《城市测量规范》（CJJ/T 8—2011）中的规定内容选择，具体参见 1.5.4 节中表 1-12。

3.通视性分析

如果布设传统的导线网或三角网，还要求控制点间必须通视，所以，对图上初步设计完成的三角网或导线控制网的每条边都要进行通视性分析。如果两个控制点连线方向上所有点的高程均小于两个控制点高程时，可以看出两个控制点一定通视；反之，如果两个控制点连线方向上有一个或多个点的高程大于两个控制点中高程较大的点时，则两个点不通视。但是，如果两个控制点连线方向上有一个或多个点的高程值介于两个控制点高程值之间时，需要采用一些方法进行判定。目前常用图解法进行判定。

4 .估算控制网中各推算元素的精度

网形初步确定后，要对控制网中各推算元素的精度进行估算，以初步判定控制网是否能够达到精度要求。

控制网中各推算元素精度的估算，可以根据控制网略图，采用控制网间接平差程序进行计算。设待求的推算元素的中误差、权（或权函数）分别为 M_i、P_i（或 Q_i），后者与网形和边角观测值权的比例有关（如导线网、边角网），不具有随机性。在控制网间接平差程序中，单位权中误差 μ 通常由观测值改正数计算得到，应用于精度估算时应做适当修改，使之不采用观测值改正数计算 μ，而是由计算者直接输入有关规范规定的观测中误差或经验值。程序中要输入的观测值为控制网中的方向和边长，由控制网设计图上直接量取，或通过控制点的概坐标反算获得，观测的精度按设计值给定，如此计算便可得到 M_i。

2.2.3 控制网的优化设计

1.优化设计的定义

在控制网的设计中,精度是一个很重要的指标,对所设计的控制网进行精度估算,确定是否达到规定的要求,是控制网技术设计的重要内容。控制网中的元素可分为起算元素、观测元素和推算元素。起算元素是控制网中的已知数据,如坐标、边长、方位角、高程等;观测元素是指在控制点上用测量仪器实际观测得到的数据,如方向值(水平角)、边长、基线长、高差等;推算元素是指利用起算元素、观测元素通过一定的计算方式计算得到的数据,如待定点的坐标,平差后的边长、坐标方位角、高程等。因此,推算元素是观测元素平差值的函数。精度估算主要是估算网中推算元素的精度,作为技术设计的依据。控制网精度估算的方法就是测量平差中控制网平差后的精度计算方法。控制网精度估算与平差的区别在于:精度估算采用的并非实际观测值而是模拟观测值,模拟观测值是通过网形设计中待定点的图解坐标反算得到的,如通过图解坐标反算得到的边长、坐标方位角、方向值(水平角)等,然后通过观测值的先验中误差来估算控制网中推算元素的精度,如点位中误差、点间中误差等。

所谓的优化设计是指在复杂的科研和工程问题中,从所存在的许多可能决策内选择最好决策的一门科学。进行优化设计,通常有以下三个步骤。第一,建立一个能考察决策问题的数学模型,这个数学模型主要包括有确定变量的有待于实现最优化的目标函数和约束条件。第二,对数学模型进行分析并选择一个合适的求最优解的数值解法。第三,求最优解,并对结果做出评价。一般,优化设计的数学模型如式(2-2)所示。

$$\begin{cases}\min Z(x) \\ g_i(x) \geqslant 0 \quad i=1,2,\cdots,m \\ h_j(x) \geqslant 0 \quad j=1,2,\cdots,m\end{cases} \tag{2-2}$$

式中,x 是设计变量,是实变量 $x_i(i=1,2,\cdots,n)$ 的列向量,可以由设计人员调整,其不同的值表示不同的设计方案,是优化设计问题中最终要确定的变量。$Z(x)$ 称为目标函数,其函数值及大小表示了设计方案的好坏,是优化设计的准则。$g_i(x) \geqslant 0$ 称为不等式约束条件。

假如 $Z(x)$、$g_i(x)$、$h_j(x)$ 全是 x 的线性函数,则称为线性规划;如果其中一个是 x 的非线性函数,则称为非线性规划。优化的含义就是求一个满足式(2-2)的变量 x_0,使目标函数 $Z(x_0)$ 取最小值。

在控制网优化设计中,设计变量 x、目标函数 $Z(x)$ 及约束条件 $g(x)$、$h(x)$ 依控制网优化的目的,即质量要求而定,一般要体现控制网的下列质量标准:

(1)满足控制网的必要精度标准。

(2)满足控制网有较多的多余观测,以控制观测值中粗差影响的可靠性标准。

(3)变形监测网应满足监测出微小位移的灵敏度标准。

(4)布点及观测等应满足一定的费用标准。

2.控制网优化设计的分类

在控制网设计时,一般的做法是先确定网形,再确定观测精度,对于已有的控制网,还存在一个改进和加密的问题。

由间接平差模型

$$l + v = \boldsymbol{A}X \quad \sum l = \delta_0^2\boldsymbol{Q} = \delta_0^2\boldsymbol{P}^{-1}$$

得出设计基本方程为

$$(\boldsymbol{A}^{\mathrm{T}}\boldsymbol{P}A)^{-1} = \boldsymbol{Q}_x \tag{2-3}$$

式中,$\boldsymbol{A}$ 为设计矩阵;$\boldsymbol{P}$ 为观测值权阵;$\boldsymbol{Q}_x$ 为未知数协因数阵。

由 $\boldsymbol{A}$、$\boldsymbol{P}$、$\boldsymbol{Q}$ 的相互关系,可以将控制网的优化设计分为四类:

(1)零类设计,为基准设计。$\boldsymbol{A}$、$\boldsymbol{P}$ 固定,$\boldsymbol{Q}_x$ 可变。它是在网形和观测精度一定的情况下,坐标系和基准的选取和确定问题。该类问题目前的研究已相当完善,采用的主要方法是 S-变换法。它能很方便地实现各种不同基准之间的相互转换,从而达到选择最佳外部配置的目的。

(2)一类设计,即网形优化问题。$\boldsymbol{P}$、$\boldsymbol{Q}_x$ 固定,选择 $\boldsymbol{A}$。它包括网点布置和观测量选择两个方面,是在观测精度和坐标向量协因数一定的情况下,调整网点位置。可用变量轮换法和梯度法来确定网点的最优位置。

(3)二类设计,为观测精度的设计。$\boldsymbol{A}$、$\boldsymbol{Q}_x$ 固定,选择 $\boldsymbol{P}$,即在网形和坐标向量协因数一定的情况下,改变观测精度。这是目前研究最多的优化设计问题。

(4)三类设计,是对已有控制网的改进与加密问题。$\boldsymbol{Q}_x$ 固定,$\boldsymbol{A}$、$\boldsymbol{P}$ 部分地可变。它是一类和二类设计的混合问题。

3.控制网优化设计方法

控制网优化设计的方法可分为解析法和模拟法两种。对于大型、复杂控制网的精度估算与优化设计,现阶段主要利用计算机软件通过人机交互的方式进行模拟优化设计。

模拟法优化设计是利用计算机对一个根据经验设计的初始网,利用平差模型和网的分析模型,对各项质量指标进行评估。若质量指标未达到或高于设计要求,则根据分析结果,采用人机对话形式适当改变原设计方案,再进行分析评估。如此多次修改,直到各项指标都满足设计要求。

按照机助设计的流程来看,一般可分为以下五个部分。

(1)初始方案。模拟法优化设计首先必须确定一个初始方案,它是由网点的位置,点与点之间的关联关系,观测值的数目、类型和精度,网的类型和基准等因素所确定的。初始方案通常由设计人员在设计图纸上(一般为地形图),根据自己的实践经验和对控制网所提出的基本要求初步拟定。

(2)数学模型。数学模型部分由许多个不同功能的程序模块所组成,它能对一项设计方案进行各种加工处理,如各个量的排列秩序和编号,比较大小以及各种数值计算。根设计要求,求出各种反映该方案质量好坏的性能指标,以便设计者了解该方案是否满足设计要求,质量是否过高或过低等。同时,还应提供帮助设计者制订修改方案的有关信息,使修改后的方案优于修改前的方案。

(3)终端显示和人机对话。终端显示和人机对话是两个密切相关的部分,终端显示的内容和方式将受到人机对话部分的控制,并且所显示的信息又为人机对话服务。它的基本功能是,借助于计算机屏幕的显示功能,用字符、数字和图形等方式,将所设计方案的有关信息,在屏幕上直观地显示出来。如控制网图形和各种质量分析图,以及有关的注记说明。通过屏幕上显示的信息,设计者可以很直观地了解到所设计的方案的各种性能和指标,设计者可以选择显示的内容,同时可告诉计算机对所设计的方案是否满意,若不满意,则下一步应该修改哪些内容等。

(4)调整方案。模拟法优化设计是一个对设计方案不断进行调整的过程。对控制网而言,一般需要在以下几个方面对设计进行修改。

①增加或删除一些观测值。

②改变某些观测值的权。

③增加或删除网中某些控制点。

④改变某些网点的位置。

⑤改变网的基准类型。

设计者根据终端显示部分提供的有关信息,结合自己的实践经验来学习一项或若干项修改方案的方式。调整方案部分的功能大小反映了机助设计系统在设计中的灵活性、应用范围的广泛性。可供设计者选择的修改方式的多少是这部分功能强弱的直接反映。

(5)成果输出。模拟法优化设计完成后,便得到了一个设计合理的优化方案,这时按照一定的方式,将优化设计的成果信息或数据整理成表格,绘制成图形,在输出终端打印或绘制出来,使用户对设计结果一目了然。必要时还可打印一份技术设计报告,作为交给用户的一份设计说明书。

任务三　编写控制网技术设计书

像任何工程设计一样,控制测量的技术设计是关系全局的重要环节,技术设计书是使控制网的布设既满足质量要求又做到经济合理的重要保障,是指导生产的重要技术文件。

技术设计的任务是根据控制网的布设宗旨,结合测区的具体情况拟定网的布设方案,必要时应拟定几种可行方案,经过分析、对比确定一种从整体来说为最佳的方案,作为布网的基本依据,在完成设计后,应对设计的方案进行梳理总结,编写为技术设计书。一个完整的控制测量方案技术设计书包括以下几方面的内容。

1.任务概述

在本部分中应说明测区的概况,包括任务的名称、来源、作业区范围、地理位置、行政隶属、项目内容、产品种类及形式、任务量、要求达到的主要精度指标、质量要求、完成期限和产品接收单位。同时还应说明建网的目的、已有的测绘资料和作业单位的技术力量等。

2.测区概况

测区概况包括作业区自然地理概况和测区人文环境概况。具体有地理特征、居民地、交通、气候情况、民族风俗习惯、物质供应情况和作业区困难类别。

3.已有资料的利用情况

说明资料中测绘工程完成情况,主要资料情况及评价、利用的可能性和利用方案等。包括对现有资料进行分析、检查坐标系统及高程系统是否一致、是否需要进行换带计算、点位是否保存完好、等级及精度是否能达到本次工程要求、根据工程要求选择投影带和投影基准面等。

4.主要作业方法和技术规定

主要作业方法和技术规定包括所依据的规范、规程、技术标准等。

5.控制网设计方案论证

针对实际的测量任务,对全面布网和逐级布网的优缺点进行论述,选择合理的布网方法,布设平面控制网和高程控制网。一般在确定布网方案时先选择两种方案,方案包括网形的初步设计、优化计算、可行方案的工作量和经费估算等,然后对它们进行分析比较,得出最佳方案。对于选定的方案列出作业中需要用到的仪器、观测方法及技术指标要求、特殊的技术,采用新技术、新方法、新工艺的依据和技术要求,保证质量的主要措施和要求等。

6.观测方案论证

观测方案论证包括所选的仪器设备、观测纲要的确定等。

7.计划安排和经费预算

(1)作业区困难类别的划分。

(2)工作量统计:根据设计方案,分别计算各程序的工作量。

(3)进度计划:根据工作量统计和计划投入生产实力,参照生产定额,分别列出进度计划和各工序的衔接计划。

(4)经费预算:根据设计方案和进度计划,参照有关生产定额和成本定额,编制经费计,并做必要的说明。

8.主管部门的审批意见。

9.附件

(1)可供利用的已有资料清单。

(2)设计图图纸、附表、作业安排等。

(3)其他。

[动手做] 请结合本项目所学知识和云班课中案例,完成情境中《××市 GPS D 级控制网、四等水准测量技术方案》的设计,并上传至云班课"项目二"的作业区,互相学习与评价。

[项目拓展] 请扫以下二维码或在云班课资源库中"项目二"分组中查看某某项目控制网技术设计案例。

控制网技术设计案例

某县城土地二调控制测量技术方案

[项目小结]

项目二的主要内容可总结为以下框架图,请学习者在框架的基础上完成详细的个人学习总结,并参与蓝墨云班课项目二在线学习小结及讨论。

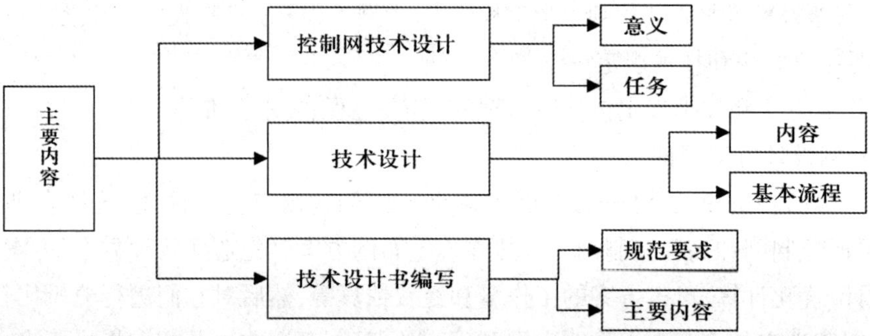

[项目讨论]

1.控制网在进行技术设计时应按照怎样的顺序进行?

2.控制网技术设计前应收集哪些方面的资料?

3.控制网的图上设计时,主要有哪些步骤?每一步骤中主要应考虑哪些方面的因素?

4.控制网的优化设计主要有哪几类?每一类的已知参数和待定参数各是什么?

5.编制控制网技术设计书时应包括哪些方面的内容?

项目三　平面控制网布设与施测

[项目引入]

完成控制网的图上设计和优化设计并制定技术设计书后，应根据技术设计书中的点位设计和技术要求，到测区现场踏勘选点，确定控制点的最终位置，然后根据控制网的等级和使用期限，埋设相应的标石。结合优化设计后的平面控制网方案进行外业施测。本项目主要介绍平面控制网踏勘选点与标石埋设，GNSS平面控制测量外业施测，以及全站仪导线外业观测。

[项目教学目标]

领域	目标	权重	评价方式
认知领域	通过本项目学习，能够理解控制网踏勘选点的基本要求，可以列举GNSS外业数据采集的基本方法，并能够用自己的语言总结全站仪导线测量的基本步骤及注意事项。	30%	云班课测评
技能领域	可以就具体工程项目开展踏勘选点，利用GNSS和全站仪完成项目的外业施测工作。	35%	实践考核
情感领域	通过本项目学习，学习者可以将理解、掌握的平面控制网布设与施测方法用于完成具体控制测量外业任务，并可对外业中发现的问题进行评判和纠正。	35%	小组任务 师生互评

[项目学时]

本项目推荐学时为8学时。

[项目分析]

控制网的技术设计与选点埋石工作结束后，即进入控制网的外业施测阶段。目前，各类平面控制网主要以GNSS网为主，三角形网和导线网为辅，施测GNSS网主要利用GNSS接收机，而施测三角形网和导线网主要采用全站仪，本项目需要在完成三个任务基本理论学习的基础上，以情境中的任务为背景，依托所在单位场地和仪器设备，强化外业实操练习，能够将踏勘选点、GNSS平面控制网外业观测及全站仪导线测量的基本方法熟练掌握。本项目要完成以下三个任务。

任务一　完成平面控制网踏勘选点与标石埋设
任务二　完成 GNSS 平面控制网外业施测
任务三　掌握全站仪导线测量

任务一　完成平面控制网踏勘选点与标石埋设

3.1.1　踏勘选点

在进行踏勘选点和埋石工作前,应根据布网任务需要收集测区内及测区附近 1∶50 000 或更大比例尺地形图,已有各类控制点,卫星定位连续运行参考站(CORS 站)的资料等,以及测区交通图、总体建设规划及近期发展规划等资料,若任务需要,还应搜集有关地震、地质资料、验潮站等相关资料。实地选点时,应携带设计好的控制网图和搜集到的资料,携带望远镜、通信工具、清障工具、花杆、小红旗、木桩等辅助工具。

踏勘选点是要将图上设计的控制点落到实际地面上。实地选点时,控制点的位置要以控制网设计方案图上确定的点位为基础,重点需要考虑设计位置是否适合设点、与相邻控制点是否通视等。因此,踏勘选点工作能否顺利进行,很大程度上取决于图上设计所用的地形图是否准确。如果实地与原图差别较大,则根据实际情况确定点位,对原来的图上设计做出修改。对于一些较小的工程项目,由于测区范围较小,往往是图上设计与踏勘选点同步交叉进行。目前控制网主要采用 GNSS 的方法施测,导线测量为辅,在进行实地选点时,GNSS 选点需满足以下要求。

(1)基本要求。

①测站四周视野开阔,高度角 15°以上不允许存在成片的障碍物。测站上应便于安置 GNSS 接收机和天线,可方便地进行观测。

②远离大功率的无线电信号发射源(如电台、电视台、微波中继站),以免损坏接收机天线。与高压输电线、变压器等保持一定距离(≥50 m),避免干扰。具体的距离可参阅接收机的用户使用手册。

③测站点应远离房屋、围墙、广告牌、山坡及大面积平静水面(湖泊、池塘)等信号反射物,以免出现严重的多路径误差。

④测站应位于地质条件良好、点位稳定、易于长期保存的地方。

⑤充分利用符合要求的原有控制点的标石和观测墩。

⑥应尽可能使所选测站点附近的小环境(指地形、地貌、植被等)与周围的大环境保持一致,以避免或减少气象元素的代表性误差。

⑦交通便利,且有利于其他测量手段扩展和联测。

(2)辅助点和方位点。

①AA 级和 A 级 GNSS 点不位于基岩上时,应在附近埋设 1~3 个辅助点,并测定这些辅助点与 GNSS 点之间的距离和高差,精度应优于±5 mm。

②可根据需要在 GNSS 点附近设立方位点。方位点应与 GNSS 点保持通视,离 GNSS 点的距离一般不小于 300 m。方位点应位于目标明显、观测方便的地方。

(3)选点作业。

①选点人员应按照在图上选择的初步位置以及对点位的基本要求,在实地最终选定点位并做好相应的标记。

②利用旧点时,应对旧点的稳定性、可靠性和完好性进行检查,符合要求时方可利用。

③点名一般应取居民地名,C、D、E 级 GNSS 点的点名也可取山名、地名、单位名。少数民族地区的点名应使用准确的音译汉语名,在译音后可附原文。

④新旧点重合时,应沿用旧点名,一般不应更改。如由于某些原因确需更改时,要在新点名后加括号注上旧点名。GNSS 点与水准点重合时,应在新点名后的括号内注明水准点的等级和编号。

点名书写采用汉字,以国务院公布的简化字为准。编制点号时应整体考虑,统一编号,点号唯一,且适于计算机管理。

⑤新旧 GNSS 点(包括辅助点与方位点) 均需在实地绘制点之记。所有内容均要求在现场仔细记录,不得事后追记。AA 级和 A 级 GNSS 点在点之记中应填写地质概要、构造背景及地形地质构造略图。点之记的形式见表 3-1。

表 3-1　控制点点之记

网区:平陆区　　　　所在图幅:I49E008013　　　　点号:C002

<table>
<tr><td>点名</td><td>南疙瘩</td><td>级别</td><td>B</td><td>概略位置</td><td colspan="3">B=34°50′　L=111°10′　H=484 m</td></tr>
<tr><td>所在地</td><td colspan="3">山西省平陆县城关镇上岭村</td><td>最近住所及距离</td><td colspan="3">平陆县城招待所,8 km</td></tr>
<tr><td>地类</td><td>山地</td><td>土质</td><td>黄土</td><td>冻土深度</td><td></td><td>解冻深度</td><td></td></tr>
<tr><td colspan="2">最近电信设备</td><td colspan="2">平陆县城邮电局</td><td>供电情况</td><td colspan="3">上岭村每天提供交流电</td></tr>
<tr><td colspan="2">最近水源及距离</td><td colspan="2">上岭村有自来水,距点 800 m</td><td>石子来源</td><td>点位附近</td><td>沙子来源</td><td>县城建筑公司</td></tr>
<tr><td>本点交通情况</td><td colspan="3">由三门峡乘车轮渡过黄河,向北约 8 km 到山西平陆县城,再由平陆县城乘车向东南约 7 km 至上岭村,再步行约 800 m 到点上。每天有两班车,两轮人力车可到达点位。</td><td>交通路线图</td><td colspan="3">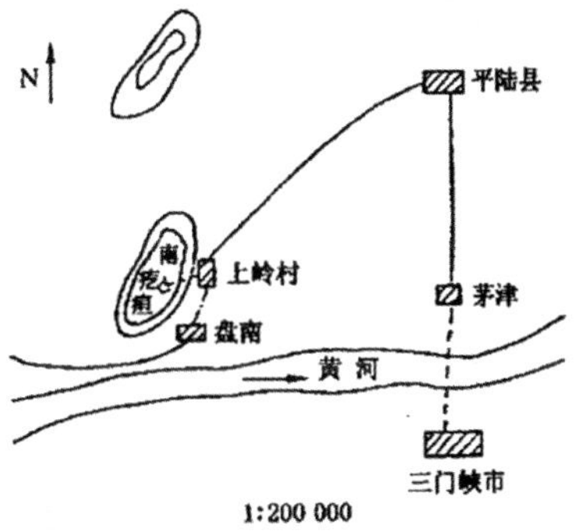
</td></tr>
<tr><td colspan="4">选点情况</td><td colspan="4">点位略图</td></tr>
</table>

续表

<table>
<tr><td>单位</td><td colspan="2">国家测绘局第一测绘大队</td><td rowspan="5">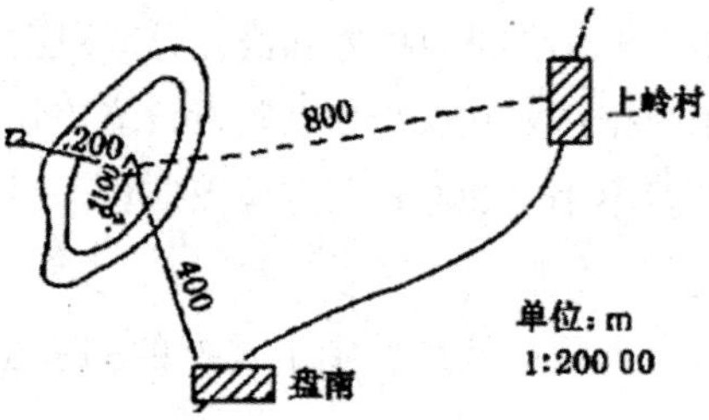
</td></tr>
<tr><td>选点员</td><td>日期</td><td></td></tr>
<tr><td>是否联测坐标与高程</td><td colspan="2">联测高程</td></tr>
<tr><td>联测等级与方法</td><td colspan="2">二等水准测量</td></tr>
<tr><td>起始水准点及距离</td><td colspan="2">点号为Ⅱ西三 23,距离本点 5 km,联测里程大约 2 km。</td></tr>
<tr><td colspan="3">地质概要、构造背景</td><td>地形地质构造略图</td></tr>
<tr><td colspan="3"></td><td></td></tr>
</table>

⑥点位周围存在高于 10°的障碍物时,应绘制点的环视图。

⑦选点工作完成后,应绘制 GNSS 网选点图。

而在城市布设三、四等导线时,为了获得全面和良好的控制作用,导线点一般选在自然地形制高点或高层建筑物上。个别沿着道路布设的地面四等导线,由于通视条件的限制和为了便于加密低等导线,应适当缩短边长。而导线点的位置,应尽可能选在十字路口及其他较开阔的地方。为了避免车辆、行人妨碍观测,当条件许可时,可以用高点(在高层建筑物上)和低点(在地面上)相间的方法布设导线,但相邻量导线点之间的高差,须满足把导线边斜距化为平距地精度要求。

城市一、二级导线点一般沿主要交通线路进行布设,如沿城市道路、铁路、沟渠等沿线进行布设,导线点可选择在道路的十字路口、丁字路口以及拐弯处,这样便于导线的延伸。此外导线点位置应避开地下管线,以保证埋设的导线点稳固和安全。

导线控制点实地选点的基本要求为:

a.应选在展望良好、易于扩展和加密以及土质坚实的地方,一般应选在制高点上。

b.应保证埋设的中心标石能长久保存、造标和观测便利。

c.应使观测视线超越(旁离)障碍物有足够的高度(距离),对于三、四等测量,这个高度(距离)一般为 1.5~2.0 m。

d.新点的位置应尽量与旧点重合。

e.选定的导线网、导线点应分布均匀,并覆盖整个测区。

f.选定的导线网,其边长、图形结构、预计的点位精度,应符合技术要求。

平面控制点位在实地选定后,打下木桩作为简易标志。为了便于日后寻找,控制点应编制“点之记”。点之记上应填写点名、等级、所在地等信息,绘制点位略图,标注与本点有关的特征点、特征物的方向和距离,并尽可能提出对建标、埋石的建议,具体可参考表 3-1。

(4)选点结束后应上交的资料。

选点结束后,应上交下列资料:

①点之记和环视图。每一个控制点都需要有详细而准确的点之记。

②选点图。即将测区内所有的控制点的实际选点位置标于地形图上(测区较小,选点、埋石与观测一期内完成时,可以用展点图代替)。

③选点工作总结。总结中应填写点名、等级、至邻点的概略方向和边长、建议建造的标石类型、对造埋和观测工作的意见等。

2.1.2　标石埋设

平面控制点的点位在实地踏勘确定之后,需要在地面上埋设标石。控制点的标石中心是控制点的实际点位,通常所说的控制点坐标指的就是标石中心的坐标值。

控制点的埋设标石形式因点的等级不同而埋设不同类型的标石。

1.GNSS 点的标石埋设

GNSS 点的标石根据不同构造及适用区域分为图 3-1 所示的十种。

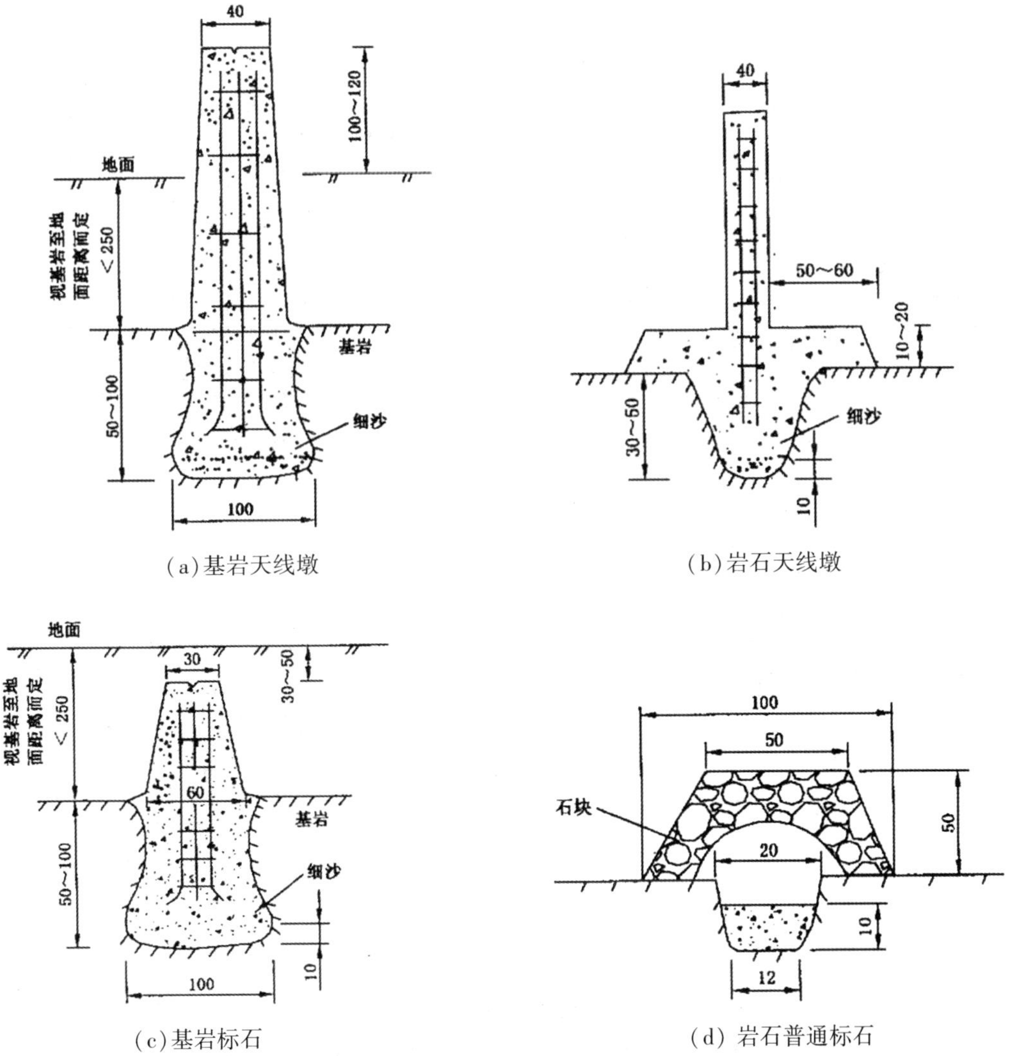

(a)基岩天线墩　(b)岩石天线墩

(c)基岩标石　(d) 岩石普通标石

图 3-1　各类标石结构图

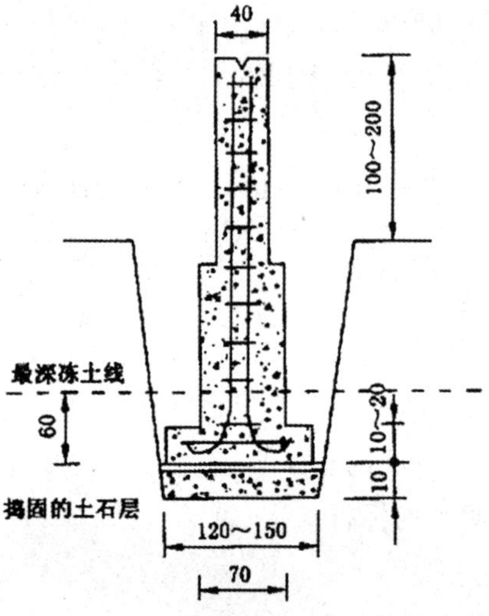

(e)土层天线墩

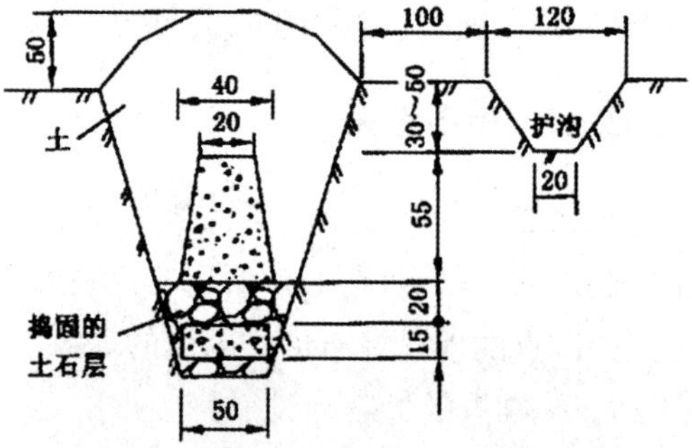

(f)普通基本标石

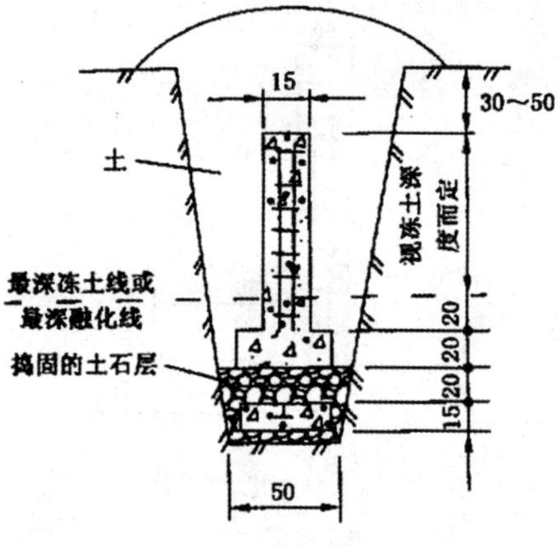

(g)冻土基本标石

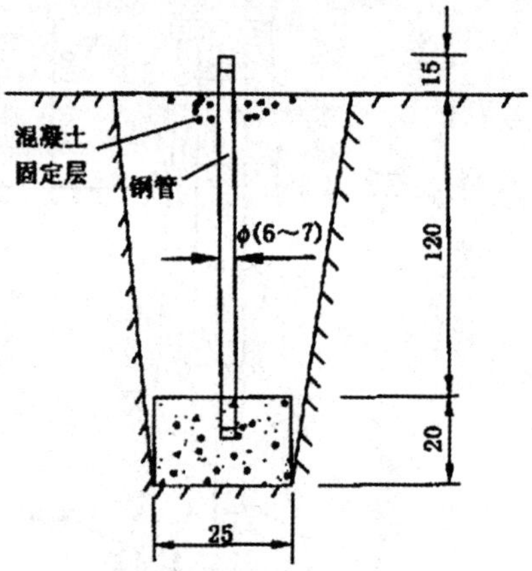

(h)固定沙丘基本标石

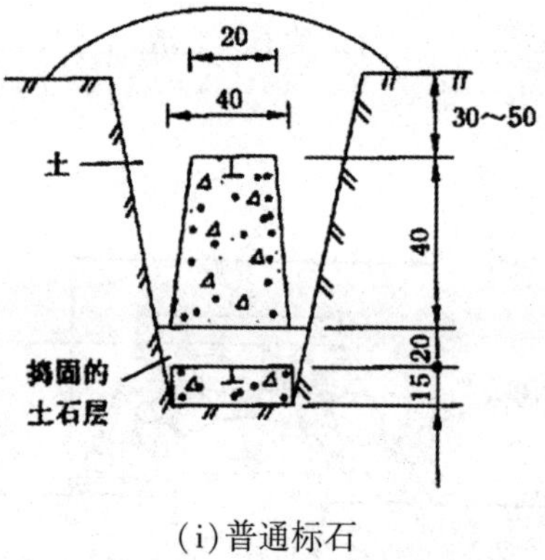

(i)普通标石

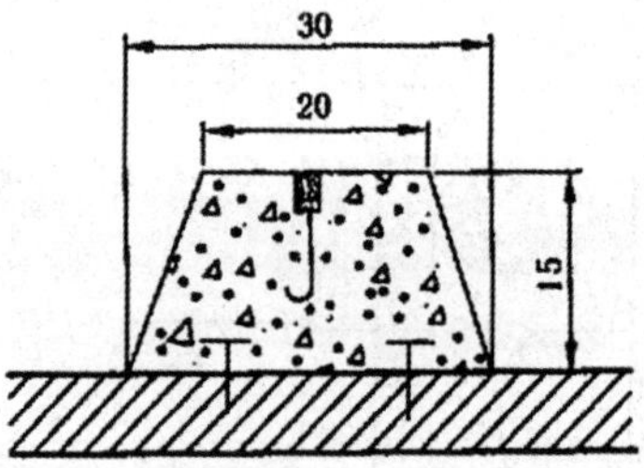

(j)建筑物上标石

图 3-1　各类标石结构图(续)

A 级 GNSS 点标石与相关设施的技术要求按《全球导航卫星系统连续运行基准站网技术规范》(CH/T 28588—2012)的有关规定执行。B 级 GNSS 点应埋设天线墩, C、D、E 级 GNSS 点在满足标石稳定、易于长期保存的前提下,可根据具体情况选用。标石类型与适用级别具体规定见表 3-2。

表 3-2　GNSS 点的标石类型

标石类型	基岩天线墩	岩层天线墩	岩层标石	岩层普通标石	土层天线墩	普通基本标石	冻土基本标石	固定沙丘基本标石	普通标石	建筑物上的标石
适用级别	AA、A	AA、A	B	B~E	AA、A	B~E	B	B	B~E	B~E

各种类型的标石应设有中心标志，基岩和基本标石的中心标志应用铜或不锈钢制作，普通标石的中心标志可用铁或坚硬的复合材料制作。标志中心应刻有清晰、精细的十字线或嵌入不同颜色金属创作的直径小于 0.5 mm 的中心点。用于区域似大地水准面精化的 GNSS 点，其标志还应满足水准测量的要求。

根据《全球定位系统（GPS）测量规范》（GB/T 18314—2009）中的相关规定，在埋设 GNSS 点标石时，应注意以下问题：

（1）标石应该用混凝土灌制，在有条件的地区，也可用整块花岗石、青石等坚硬石料凿制。

（2）埋设天线墩、基岩标石、基本标石时，应现场浇灌混凝土，而普通标石可预先制作，然后运往各点埋设。

（3）埋设标石时须使各层标志中心严格在同一铅垂线上，其偏差不应大于 2 mm。

（4）埋石所占土地，应经土地使用者或管理部门同意，并办理相应手续。新埋标石时应办理测量标志委托保管书，一式三份，交标石的保管单位或个人，上交和存档各一份。利用旧点时需对委托保管书进行核实，若委托保管情况不落实应重新办理。

（5）B、C 级 GNSS 网点标石埋设后，至少需经过一个雨季，冻土地区至少需经过一个冻解期，基岩或岩层标石至少需经一个月后，方可用于观测。

标石埋设完成后，需要上交完整的 GNSS 点之记、测量标志委托保管书、建造标石所拍摄的照片、埋石工作总结等资料。

2.导线点的标石埋设

常见的导线点标石有混凝土桩标石和木桩临时标石。它的作用是长期保存测量成果和便于利用。在埋设标石时，需要注意以下事项：

（1）标石坚固，埋设稳定，标石面应大致水平，标识上的字头应朝北。

（2）需要长期保存的导线点，应在选定点位上埋设混凝土桩，如图 3-2 所示，顶面中心注入短钢筋，顶上凿以十字纹，作为导线点位中心的标志。需要注意的是，不论是现浇混凝土桩还是预制混凝土桩，在埋设的时候必须将坑底夯实，并垫以石块等，确保导线点标石的稳定。

（3）在泥土地面选定的临时性导线点，要在点位上打一木桩，桩顶上钉一小钉，作为临时性标志，如图 3-3 所示。

(4)在碎石或沥青路面上,可以用电钻钻出一小孔,将顶上刻有十字纹的大铁钉或十字测钉(图 3-4)钉入地面,并用红色油漆把测钉圈起来。

(5)导线点还可以选取在房顶上、岩石上等其他不便于埋石的地方,这时可以在陶瓷片上做十字标记,并将陶瓷片粘贴在导线点处。

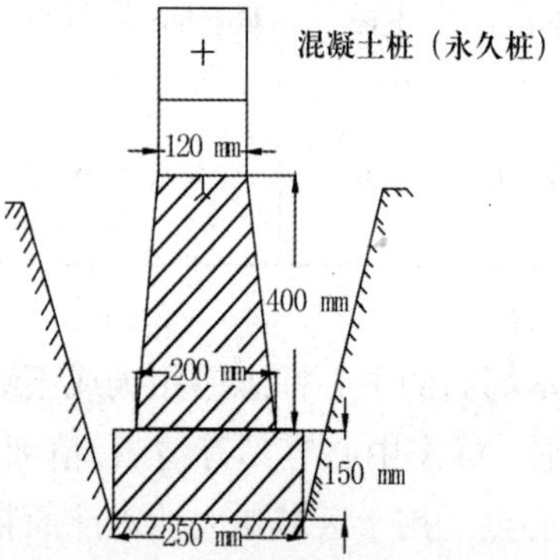

图 **3-2**　混凝土桩

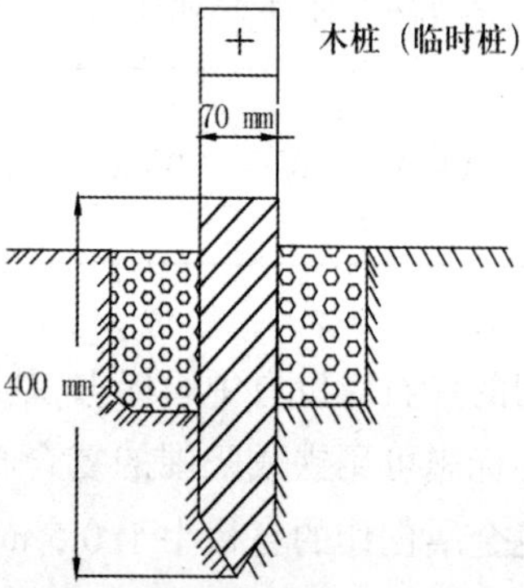

图 **3-3**　临时木桩

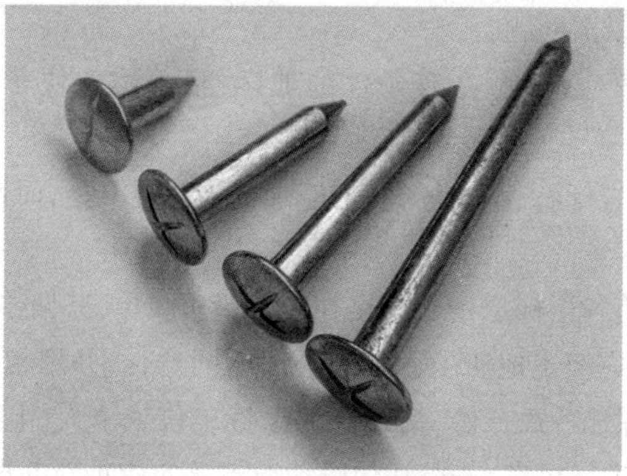

图 **3-4**　全钢十字测钉

在精密工程施工控制网或变形监测控制网的布设中,经常采用安置在钢筋混凝土观测墩顶部的不锈钢强制对中板作为平面控制点的标志。强制对中板埋设在观测墩上表面,一般稍微高出观测墩。强制对中板为不锈钢材质,通常直径为 250 mm,厚度为 20 mm,圆心开螺孔,用于固定照准螺杆,观测时用小螺杆强制对中测量仪器。观测墩浇筑前,根铆筋焊接固定在观测墩主筋上。强制对中板中央圆孔的中心即为标志中心,也是平面控制点的中心。仪器通过连接螺丝与圆孔连接,可使对中误差不超过±0.1~0.2 mm。观测墩由底座和墩身组成,底座通常为正四棱柱形,墩身通常为正四棱柱形或正四棱台形,底座和墩身的规格可参照有关规范或根据实际情况自行设计,但地表以上的墩身高度一般不低于 1.2 m。观测墩通常采用钢筋混凝土现场浇制而成,混凝土标号一般为 300#。通常情况下,底座建立在基岩上,当地表覆盖层较厚时,可开挖或钻孔至基岩,条件困难时,可埋设在土层下,一般要求开挖至地面下 1.8 m 或冻土层以下 0.5 m,这时底座的尺寸应适当加大,最好在底座下埋设三根以上的钢管,以增强观测墩的稳定性。浇制墩身时,应使墩身基本呈垂直状态。安装强制对中板时,应使底盘基本呈水平状态。观测墩和强制对中板如图 3-5 所示。

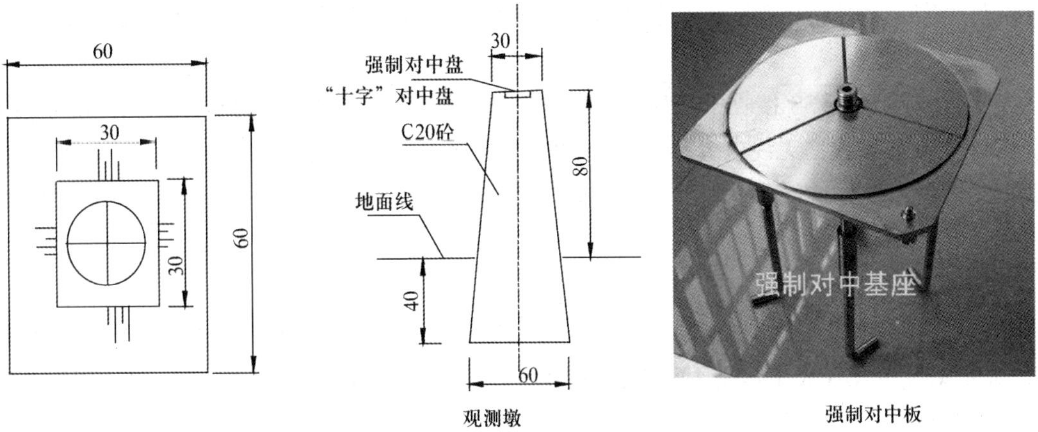

图 3-5　观测墩和强制对中板

控制点标志受法律保护，应在控制点上印字或在控制点附近建立警示标牌，如"测量标志，破坏违法"等，加强人们对控制点标志的保护意识。埋设工作全部完成后，应绘制点之记，并与当地有关单位和人员办理托管手续。

任务二　完成 GNSS 平面控制网外业施测

控制网的技术设计与选点埋石工作结束后，即进入控制网的外业施测阶段。目前，各类平面控制网主要以 GNSS 网为主，三角形网和导线网为辅，施测 GNSS 网主要利用 GNSS 接收机，而施测三角形网和导线网主要采用全站仪。本任务主要介绍 GNSS 控制网外业观测的主要步骤与方法。

3.2.1　GNSS 接收机的选用与检验

1.接收机的选用

根据不同类型项目和工程任务需求，可按表 3-3 选用要求，选择适合的接收机。

表 3-3　GNSS 接收机选用要求

级别	AA	A	B	C	D、E
单频/双频	双频/全波长	双频/全波长	双频	双频或单频	双频或单频
观测量至少有	L_1、L_2载波相位	L_1、L_2载波相位	L_1、L_2载波相位	L_1载波相位	L_1载波相位
同步观测的接收机数量	≥5	≥4	≥4	≥3	≥2

2.接收机的检验与维护

对新购置的 GNSS 接收机，应进行全面检验后方可使用。全面检验包括一般性检视、通电检验和试测检验。同时，对于随接收机一起购买的由接收机生产厂商提供的专用数据处理软件也需一并进行检验。旧接收机则需定期地进行部分项目的检验,具体有如下几方面。

(1)外观检查。

对于测量型 GNSS 接收机应检查以下的部件:接收单元(包括控制器、记忆卡、蓝牙功能和内置电池等)、数据无线电台单元、天线单元、外接蓄电池及充电器、天线电缆、电源电缆、数据传输设备及传输线、三脚架、三脚基座、对中器、天线高量测器等。检查其是否完好,各紧固件有无松动或脱落。

(2)通电检验。

接收机开箱后,应通风静置一段时间,使之与环境趋于平衡后通电,检查有关信号灯、按键、显示系统以及仪表工作是否正常,每取出一个部件时,都应记清放置方式,以便以后正确无误地装箱。

(3)实测性检验。

①天线基座上的圆水准器、光学对中器检验和天线高量尺检验,并根据情况决定是否校正;在作业期间至少 1 个月检校一次。

②天线相位中心偏差检验。

③仪器精度指标检验(通常在 GNSS 大地基线场检验)。

④内置 GSM/GPRS 模块功能检验。

⑤零基线检验:在进行零基线检验时,同一天线输出的信号通过"GPS 功率分配器"(简称"功分器")分为功率和相位都相同的两路或多路信号送往两台或多台 GPS 接收机,然后依据各接收机所接收的信号组成双差观测值来解算基线向量。显然,这些基线向量的理论值均应为零。采用零基线法检验接收机的噪声水平时,其结果不受卫星星历误差,天线的平均相位中心偏差,电离层延迟和对流层延迟,多路径误差,以及天线的对中、整平、定向和量高误差等因素的影响,故精度较高。

具体步骤如下:在高度角 10°以上无障碍物的开阔地带安置天线,按图 3-6 所示的方式连接天线、功分器和 GPS 接收机。对 4 颗或 4 颗以上的 GPS 星进行 1~1.5 h的同步观测。应用厂方提供的随机软件对基线向量进行解算,所求得的坐标分量均应小于 1 mm。

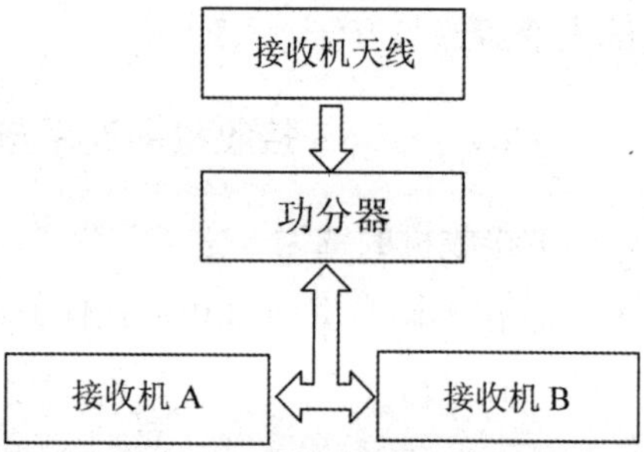

图 3-6　零基线检验

3.2.2　拟定作业计划

仪器检验完成后,在进行 GNSS 数据采集(外业观测)前应根据规范及技术设计中的有关规定,参加作业的接收机数量,测区的交通状况和通信条件,以及天气状况等因素来拟定作业计划。

(1)观测区的划分。

GNSS 网的规模较大时,可进行分区观测。但相邻分区间至少应有 4 个公共点将它们连接起来。

(2)观测计划。

作业调度者根据可见卫星数、三维位置精度因子 PDOP 值、地形和交通状况,采用作业方法设计的基线最短观测实践等因素综合考虑,编制观测计划表,按表对作业组下达相应阶段的作业调度命令。同时依照实际作业的进展情况,及时做出必要的调整。

3.2.3　外业观测

GNSS 的外业观测方法与定位方式有关,定位方式不同,外业观测方法也有很大的差别,目前常用的定位方式主要有静态数据采集、实时动态(RTK)测量和连续运行参考站系统(CORS)测量三种形式。

1.静态数据采集外业观测

卫星定位技术的不断发展逐步颠覆了传统的控制测量技术与方法,目前在大地测量和大范围工程测量领域的等级控制网都采用静态数据采集的方式完成。由于 GNSS 接收机的自动化程度比较高,不受通视条件影响,静态数据采集的外业观测工作比较简单。每台接收机安置于一个控制点上,安置的过程就是仪器对中整平的过程,一般外业数据采集准备工作有以下几方面:

①预热与静置:GNSS 接收机在正式观测前应进行预热和静置,具体要求见接收机操作手册。

②天线对中:天线安放在三脚架上时可用光学对中器或用垂球进行对中,对中误差应不大于 1 mm。

③定向:安置 GNSS 接收机的天线时,应将天线上的标志线指北,误差不超过±10°。在一般地区可采用罗盘仪来定向。若测站周围有许多钢铁构件或附近有铁矿,应根据通视点的大地方位角来定向;若周围无通视点,则应用天文方法来定向。若同一时段中有的接收机用磁北方向定向,有的接收机用真北方向定向时,应考虑加磁偏角改正。测出正北方向后应作固定标志,以备后续观测时使用。

④整平:用天线上的圆水准气泡或长水准气泡整平天线。

⑤量仪器高:用专用量高设备或钢卷尺在互为 120°的三处量取天线高,当互差不大于±3 mm时取中数采用。否则应重新对中,整平天线后再量取。在每个观测时段前后各量取一次天线高。

⑥拆除觇标:天线安置在觇标的基板上时应将基板以上的觇标拆除。GPS 点上建有寻常标时,应拆除觇标后再进行观测。拆除有困难时可采用偏心观测的方法来解决。

⑦将 GNSS 接收机开机后,切换至静态工作模式。

一个观测时段的静态数据采集全部由接收机自动完成,并记录在存储卡内,所记录的信息包括载波相位观测值、伪距观测值、GNSS 卫星钟时间、GNSS 接收机钟时间、GNSS 卫星星历、卫星钟差参数、测站初始信息等。

在静态数据采集过程中,应注意以下问题:

①各作业组必须严格遵守调度命令,按规定的时间进行作业。

②经检查接收机电源电缆和天线等连接无误后方可开机。

③只有在有关指示灯和仪表显示正常后方可进行接收机的自测试,输入测站、观测单元和时段等控制信息。

④在观测前和作业过程中,作业员应随时填写测量手簿中的记录项目。

⑤接收机开始记录数据后,观测员可用专用功能键和菜单来查看相关信息,如接收的卫星数、卫星编号、卫星的健康状况、各通道的信噪比、单点定位结果、余留的内存量及电池的电量等。发现上述数据有异常时,应及时记录在手簿的备注栏内并向上级报告。

⑥每时段始末各记录一次观测卫星号、天气状态、实时定位的 PDOP 值等。须记录气象元素的等级 GPS 网点,每时段至少应记录两次气象元素。一次在时段开始时,一次在时段结束时。当时段长度超过 2 h 时,应在整点时增加记录一次。夜间可每隔 4 h 记录一次。气象观测时所用的干湿温度计应悬挂在测站附近,与天线相位中心大致同高处。悬挂地点应通风良好,避开阳光直射。空盒气压计可置于测站附近地面上,但需根据地面与天线相位中心间的高差进行高程修正。

⑦当测站附近的小环境与周围的大环境不一致时,可在合适处量测气象元素,然后加上高差修正化算为天线相位中心处的气象元素。

⑧每时段观测前后各量取天线高一次。两次之差不应大于 3 mm,并取中数作为最后的天线高。较差超限时应查明原因,提出处理意见并记入手簿记事栏内。

⑨除特殊情况外,一般不得进行偏心观测。迫不得已进行时,应精确测定归心元素。

⑩观测时在接收天线 50 m 以内不得使用电台,10 m 以内不得使用对讲机。

⑪天气太冷时,可对接收机适当进行保温和加热。天热时应避免阳光直射接收机,以确保接收机能正常工作。

⑫在一个时段的观测过程中不允许进行下列操作:

a.关机后重新启动接收机。

b.进行仪器自检。

c.改变截止高度角或采样间隔。

d.改变天线位置。

e.按键关闭文件或删除文件。

⑬进行快速静态定位时,在同一观测单元内参考站的观测不能中断;参考站和流动站的采样间隔应保持一致,且不能中途变更。

⑭经认真检查,所有预定的作业项目均已全面完成并符合要求,记录和资料完整无误,点位和觇标恢复原状后方可迁站。

(2)外业观测数据记录。

在外业观测过程中,所有信息资料和观测数据都要妥善记录。记录的类型、内容和要求如下:

①记录类型。

GPS 测量时所获得的记录包括以下三类:

a.存储在磁盘、磁带、光盘等介质中的观测记录。

b.测量手簿。

c.观测计划、偏心观测资料等其他记录。

②记录内容。

观测记录的主要内容有:

a.*C/A* 码及 *P* 码伪距;载波相位观测值。

b.观测时刻 t_i。

c.卫星星历(历书)。

d.测站及接收机的初始信息:测站名、测站号、观测单元号、参考站或流动站、时段号测站的近似坐标、接收机编号和天线编号、天线高、观测日期、采样间隔、截止高度角等。

③静态定位测量手簿记录要求。

测量手簿是在接收机启动前与作业过程中由测量员随时填写的。对于 D、E 级测量记录格式如表 3-4 所示。其中图幅编号,可填写 1∶50 000 地形图图幅编号;近似经纬度填至 1′,近似高程填至 100 m。整个观测过程出现的重要问题及其处理情况亦应如实地填写在记事栏内。

表 3-4　GNSS 外业观测手簿

__________工程 GNSS 外业观测手簿

观测者姓名:__________ 日　期:______年______月______日 测　站　点:__________ 测站号:__________ 时段号:__________ 天 气 状 况:__________用幅编号:__________	
测站近似坐标: 经度:E______°______′ 纬度:N______°______′ 高程:__________	本测站为 □ ______ 新点 □ ______ 等大地点 □ ______ 等水准点
记录时间:□北京时间　□ UTC　□ 区时 开始时间:__________ 结束时间:__________	
接收机号__________ 天线号__________ 天线高:(m)　测后检核值:______ 1.______ 2.______ 3.______ 平均值:______	
天线高量取方式略图	测站略图及障碍物情况
观测状况记录: 1.电池电压__________(快、条) 2.接收卫星号__________ 3.信噪比(SNR)__________ 4.故障情况__________	
备注:	

记录的具体要求如下:

a.记录一律用铅笔,不得涂改,不得转抄和追记。读写有误时,可用铅笔整齐画掉,将正确数据写在上面并注记原因。其中,天线高、气象读数等原始记录不准连环涂改。

b.手簿整饰,存储介质上的注记和各种计算一律用蓝/黑墨水书写。

c.接收机内存中的数据文件应及时拷贝成一式两份,并在存储介质外面适当处贴上标签,注明网区名、点名、点号、观测单元号、时段号、文件名、采集日期、测量手簿编号等。两份存储介质应由两人保管,存放在防水防电的资料箱内。观测数据卸载至存储单元上时,不得进行任何剔除、删改和编辑。

d.测量手簿事先应连续编页,装订成册,不得有缺损。其他记录也应分别装订成册。

(3) 外业数据质量检核。

外业观测结束后,应及时下载有关资料并进行数据处理,以便对外业数据的质量进行检核。检核的内容有:

①数据剔除率:一时段内观测值的剔除率不应超过10%。

②复测基线的长度差:进行C、D、E级基线处理及B级基线预处理后,若某基线向量被多次重复测量,则任意两个复测基线长度之差 d_s 应满足式(3-1):

$$d_s \leqslant 2\sqrt{2}\sigma \tag{3-1}$$

式中,σ 为相应级别所规定的精度(按平均边长计算)。

③同步环闭合差:三边同步环闭合差应满足式(3-2):

$$\begin{cases} W_x \leqslant \sqrt{3}/5\sigma \\ W_y \leqslant \sqrt{3}/5\sigma \\ W_z \leqslant \sqrt{3}/5\sigma \end{cases} \tag{3-2}$$

对于四站或更多站同步观测而言, 应用上述方法检查一切可能的三边环闭合差。

④独立环闭合差及附合路线坐标闭合差。C、D、E级基线处理及B级网外业基线预估计的结果应满足式(3-3):

$$\begin{cases} W_x \leqslant 3\sqrt{3}n\sigma \\ W_y \leqslant 3\sqrt{3}n\sigma \\ W_z \leqslant 3\sqrt{3}n\sigma \\ W_s \leqslant 3\sqrt{3}n\sigma \end{cases} \tag{3-3}$$

式中,n 为闭合环边数;σ 为相应级别所规定的精度(按实际平均边长计算);W_S 为闭合差矢量,$W_S=\sqrt{W_x^2+W_y^2+W_z^2}$。

⑤精处理后基线分量及边长的重复性。AA、A、B级基线向量的分量 Δx、Δy、Δz 及边长 s 的重复性检验。

$$R_C = \left[\frac{\frac{n}{n-1} \times \sum_{i=1}^{n} \frac{(c_i - c_m)^2}{\sigma_{c_i}^2}}{\sum_{i=1}^{n} \frac{1}{\sigma_{c_i}^2}}\right]^{\frac{1}{2}} \tag{3-4}$$

式中,n 为同一基线的总观测时段数;C_i 为一个时段所求得的基线分量及边长;$\sigma_{c_i}^2$ 为相应于

C_i 分量的方差；C_m 为各时段的加权平均值。其中，对边长分量、北分量和东分量的重复性还需进行固定误差和比例误差的拟合，以作为衡量基线精度的参考指标。

⑥各时段间的较差。对于 AA、A、B 级基线而言，各时段间的较差应满足下式：

$$\begin{cases} d_{\Delta x} \leqslant 3\sqrt{2}R_x \\ d_{\Delta y} \leqslant 3\sqrt{2}R_y \\ d_{\Delta z} \leqslant 3\sqrt{2}R_z \\ d_S \leqslant 3\sqrt{2}R_S \end{cases} \tag{3-5}$$

式中，$R_C = \{R_{\Delta x}, R_{\Delta y}, R_{\Delta z}, R_S\}$，用式(3-4)计算。

⑦AA、A、B 级基线进行基线向量精处理后，独立环闭合差或附合路线的坐标分量闭合差应满足下列条件：

$$\begin{cases} W_x \leqslant 2\sum_{i=1}^{r}\sigma_{\Delta x_i}^2 \\ W_y \leqslant 2\sum_{i=1}^{r}\sigma_{\Delta y_i}^2 \\ W_z \leqslant 2\sum_{i=1}^{r}\sigma_{\Delta z_i}^2 \end{cases} \tag{3-6}$$

式中，r 为环线中的基线数；$\sigma_{c_i}^2(c=\Delta x, \Delta y, \Delta z)$ 为环线中第 i 条基线 c 分量的方差，由基线处理时输出。

环线全长闭合差满足：

$$W \leqslant 3\sigma_W \tag{3-7}$$

$$\sigma_W^2 = \sum_{i=1}^{r} W\boldsymbol{D}_{b_i}W^{\mathrm{T}}$$

$$W = \left[\frac{w_{\Delta x}}{w}\frac{w_{\Delta y}}{w}\frac{w_{\Delta z}}{w}\right]$$

$$w = \sqrt{w_{\Delta x}^2 + w_{\Delta y}^2 + w_{\Delta z}^2}$$

式中，$\boldsymbol{D}_{b_i}$ 为环线中第 i 条基线方差——协方差阵。

［实践操作］GNSS 接收机操作与静态数据采集

扫描右边二维码，学习 GNSS 接收机使用教程，动手操作学校实验室接收机，掌握接收机的基本结构，各按键功能以及外业静态数据采集步骤。

GNSS 接收机认识

2.实时动态（RTK）测量外业观测

由于 RTK 能实时给出厘米级的定位结果，因此被广泛应用于工程控制测量中。利用 RTK 测量时在基准站上安置一台 GNSS 接收机，并在整个作业期间保持不动，对所有可见 GNSS 卫星进行连续观测，并将其观测数据通过无线电传输设备实时的发送给流动站。在流动站上，GNSS 接收机不仅接收 GNSS 卫星的信号，同时也通过无线电传输设备接收基准站传输的观测数据，然后根据相对定位的原理实时计算流动站的三维坐标并评定精度。

RTK 测量的作业程序一般包括 RTK 仪器的选择与检验、基准站的选择与设置、流动站的设置、RTK 测量等工作,其中仪器的选择与检验和静态观测仪器选择相近,不再做具体介绍,主要介绍基准站的设置、流动站设置和 RTK 作业。

(1)基准站的设置。

①基准站的架设。

基准站接收机天线可安置在已知点上,也可架设在未知点上。设站过程与静态测绘安置过程一样,包括对中、整平、量取天线高、天线指北操作等。

②部件连接。

a.对于分体式的接收机来说,连接主机与天线;

b.连接主机与电台;

c.连接电台与数据链发送天线;

d.若需用掌上电脑(采集手簿)启动基准站的 RTK 作业方式,连接掌上电脑(采集手簿)与接收机,若采用自动启动基准站模式,则不需此步骤;

e.电源与接收机及电台连接。

③基准站配置。

a.电台的发射频率设置应与流动站的电台发射和接收的频率设置相同。

b.电台的发射功率设置与工作半径有关,一般情况下,作业半径大,选择较大功率;作业半径小,选择较小的功率。

c.手工输入设置基站,设置类型及参数如下:

A.设置坐标系统。

B.设置基准站发送差分数据模式为 RTD、RTK。

C.设置差分数据格式。目前,常用的数据差分格式有三种:RTCM 差分协议、RTCA 差分协议、专门用于实时动态定位的 CMR 差分数据格式。

D.设置差分数据发射间隔。

E.设置接收机类型、天线类型、天线高。

F.设置卫星高度截止角。

G.设置 PDOP 值限。

H.设置基准站坐标。

④启动基准站。

可以选择自动启动或者手动启动。

⑤确认基准站是否正常工作。

检查主机的各个 LED 指示灯、电子手簿显示是否正常。

(2)流动站的设置。

GPS RTK 流动站点位不宜设在隐蔽地带、成片水域和强电磁波干扰源附近。

①流动站架设。

根据不同的精度要求,接收机的类型不同,流动站的架设方式有所不同:

a.一、二级控制点 RTK 流动站观测时,应采用三脚架对中、整平。

b.图根控制点、碎部点观测时可采用 2m 对中杆对中、整平。

c.若采用分体式的接收机,需安置接收卫星的天线并与主机相连接;若是整体式的,则无须此步骤。

d.安置电台及电台天线,若接收电台内置,只需安置接收天线;若采用外挂,则电台天线安置在外挂电台上。

e.设置电子手簿,电子手簿可以采用数据线进行连接,也可以采用蓝牙进行无线连接。

②流动站配置。

a.设置流动站电台接收频率与基准站的电台的频率一致。

b.设置流动站接收机:

A.设置坐标系统,与基准站一致;

B.设置差分数据格式,与基准站一致;

C.设置天线高;

D.设置卫星截止角;

E.设置 PDOP 值限。

③确认流动站是否正常工作。

检查主机的各个 LED 指示灯、电子手簿显示是否正常。

(3) RTK 作业。

①RTK 作业基本条件要求。

RTK 作业的基本条件要求如表 3-5 所示。

表 3-5 观测的基本条件

观测窗口状态	卫星数	卫星高度截止角	PDOP 值
良好窗口	≥5	15°	≤6

RTK 作业应尽量在天气良好的状况下进行,要尽量避免雷雨天气。夜间作业精度一般优于白天。

②RTK 测量初始化。

RTK 测量必须在完成初始化后才能进行。初始化可以采用静态、OTF 两种。初始化时间长短与距参考站的距离有关,两者距离越近,初始化越快。只有在运动状态下才进行 OTF 初始化。OTF 方式一般在测量船、汽车等运动载体上使用。

③RTK 作业时设备启动状况基本要求。

a.开机后,经检验有关指示灯与仪表显示正常后,方可进行自测试并输入测站号(测点号)、仪器高等信息。

b.接收机启动后,观测员可使用专用功能键盘和选择菜单,查看测站信息接收卫星数、卫星号、卫星健康状况、各卫星信噪比、相位测量残差实时定位的结果及收敛值、存储介质记录和电源情况,如发现异常情况或未预料情况,需及时做出相应处理。

④RTK 观测期间的作业要求。

a.不得在天线附近 50 m 内使用电台或在 10 m 内使用对讲机。

b.天气太冷时,接收机应适当保暖;天气太热时,接收机应避免阳光直接照晒,确保接收机正常工作。

c.RTK 工作时,参考站可记录静态观测数据。当 RTK 无法作业时,流动站转化快速静态或后处理动态作业模式观测,以利于后处理。

d.在流动站作业时,接收机天线姿态要尽量保持垂直(流动杆放稳、放直)。一定的斜倾度,将会产生很大的点位偏移误差。如当天线高 2 m,倾斜 10°时,定位精度可影响 3.47 cm,即

$$\Delta S = 20 \cdot \sin 10° = 3.47 \text{ cm}$$

e.RTK 观测时要保持坐标收敛值小于 5 cm。

f.观测时一定要在固定解的状态下存储点位,以避免定位精度不高的状况发生。

[**实践操作**] RTK 操作与实时动态测量

扫描以下二维码,学习 RTK 使用教程,动手操作学校实验室接收机,掌握 RTK 操作流程以及外业数据采集步骤。

3.连续运行参考站(CORS)系统测量外业观测

连续运行参考站(CORS)系统是近年来城市 GNSS 应用的发展热点之一,它是卫星定位技术、数字通信技术等高新科技多方位、深度结晶的产物。目前,各省(自治区、直辖市)已建立完成各自的 CORS 系统,并投入使用,在城市控制网的布设及工程建设中发挥着重要的作用。

RTK 使用教程

利用 CORS 进行外业观测时,无须设立基准站,只需一台 GNSS 接收机作为流动站即可。在流动站中输入 CORS 相关参数后接入 CORS,然后使 GNSS 接收机天线保持稳定,进行初始化工作,获得固定解后在待定点上稳定观测 2~5 s,并记录观测数据。当精度要求较高或利用 CORS 布设控制网时,也可以采用多次观测取平均值的方法,以提高点位的测量精度。

利用 CORS 进行外业观测时需要注意以下问题:

(1)应确认所使用的 GNSS 接收机是否支持 CORS,并且必须具备网络通信功能。

(2)使用前需要到 CORS 管理中心申请使用账户,账户信息主要包括用户名、密码、IP 地址、端口、源列表等。

(3)流动站初始化时要求 PDOP 值不大于 6,卫星高度截止角不小于 6°,有效的观测卫星数不少于 6 颗,并且初始点要避开隐蔽地带、成片水域和强电磁波干扰源附近。

(4)如果 CORS 所采用的坐标系统与实际需要的坐标系统不一致,数据采集完成后则需要进行坐标系统的换算。

(5)流动站要尽量避开障碍物的遮挡,避开强磁场、强电场的干扰,要在 CORS 覆盖的范围内使用。

[**实践操作**] CORS、RTK 操作与外业观测

扫描下列二维码,学习 CORS、RTK 使用教程,动手操作学校实验室接收机,掌握 CORS、RTK 操作流程以及外业数据采集步骤。

华测 **CORS** 操作视频教程　　南方接收机 **CORS** 操作视频教程

任务三　掌握全站仪导线测量

平面控制测量的方法有 GNSS 测量、三角测量、导线测量，现在的工程项目多数采用 GNSS 控制测量作为测区首级控制网，全站仪导线作为测区加密控制网的模式。本任务主要掌握全站仪导线测量。

3.3.1　全站仪结构与基本操作

1.全站仪基本结构

全站仪即全站型电子测距仪（Electronic Total Station），是一种集光、机、电为一体的高技术测量仪器，是集水平角、垂直角、距离（斜距、平距）、高差测量功能于一体的测绘仪器系统。主要由电源、测角部分、测距部分、中央处理器和输入、输出部分等组成。虽然不同的厂商所生产的仪器机械结构、测角及测距原理、控制和显示系统不尽相同，但其基本功能和使用方法基本一致。现以国内南方测绘公司生产的 NTS-352 系列全站仪为例进行介绍。

NTS-352 型全站仪的基本结构部件如图 3-7 所示。

2.全站仪基本操作

全站仪的基本操作可以分为：角度测量、距离测量和坐标测量等。

（1）角度测量。

全站仪的角度测量主要是通过光电度盘来实现的，全站仪的光电度盘一般分为三大类，一类是由一组排列在圆形玻璃上具有相邻的透明区域或不透明区域的同心圆上刻有编码所形成的编码度盘；另一类是在度盘表面上一个圆环内刻有许多均匀分布的透明和不透明等宽度间隔的辐射状栅线的光栅度盘；第三类是多用于带有电动机驱动功能的全站仪的动态光栅度盘。

利用全站仪测量角度时，必须将仪器的测量模式转为角度测量模式。其基本的操作步骤同经纬仪测角相同，一般用测回法，在方向数较多的情况下，可使用方向观测法。在测角时，当仪器为盘左状态下，必须进行度盘零方向的设置。

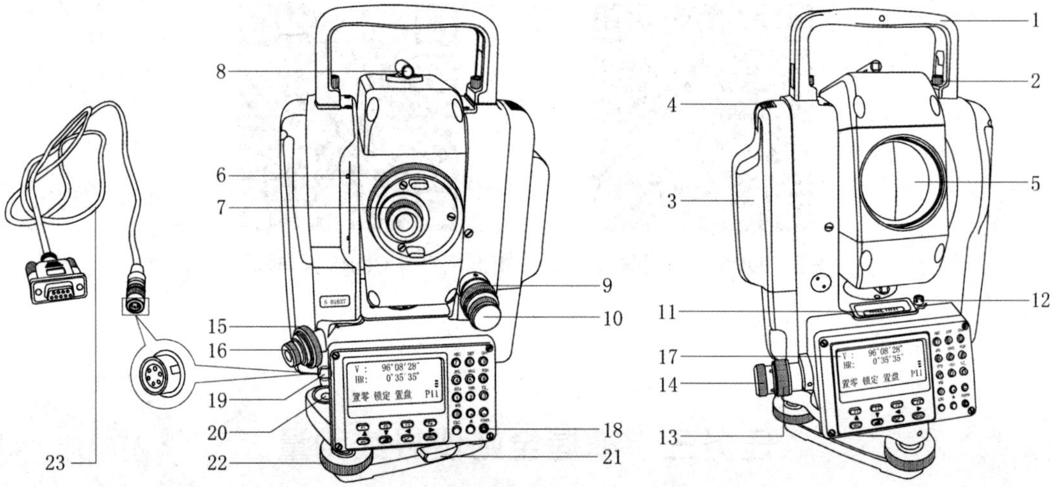

图 3-7 **NTS-352** 型全站仪的部件

1—提柄;2—提柄固定螺丝;3—电池;4—电池锁扣;5—物镜;6—物镜调焦螺旋;7—目镜调焦螺旋;8—粗瞄器;9—竖直制动螺旋;10—竖直微动螺旋;11—管水准器;12—管水准校正螺丝;13—水平制动螺旋;14—水平微动螺旋;15—光学对电器物镜调焦螺旋;16—光学对电器目镜调焦;17—显示屏;18—键盘;19—数据传输口;20—圆水准器;21—三角基座制动控制杆;22—脚螺旋;23—数据传输线

①水平角(右角)和垂直角测量。

在测站点 O 观测 A、B 两方向间的水平角,首先安置好仪器于站点 O,然后开机进入角度测量模式,取盘左位,旋转仪器照准第一目标 A,按表 3-7 的操作完成盘左位测量。

表 3-6 全站仪角度测量步骤

操作过程	操作	显示
①照准第一个目标 A	照准 A	V : 82° 09′ 30″ HR: 90° 09′ 30″ 置零 锁定 置盘 P1↓
②设置目标 A 的水平角为 0°00′00″ 按[F1](置零)键和[F3](是)键	[F1]	水平角置零 >OK? ——[是] [否]
	[F3]	V: 82° 09′ 30″ HR: 0° 00′ 00″ 置零 锁定 置盘 P1↓
③照准第二个目标 B, 显示目标 B 的 V/H。	照准目标 B	V: 92° 09′ 30″ HR: 67° 09′ 30″ 置零 锁定 置盘 P1↓

然后将仪器调置为盘右位,仿此步骤进行盘右位观测,不过在盘右时,首先应照准目标 B,且不得配置度盘,直接观测得到外业数据即可。在进行水平角度测量时,仪器状态有左

角、右角之分，该两种状态相互间是可以切换的。一般观测时切换为右角模式（即界面上显示为 HR）。

测量水平角时起始方向，可以通过锁定角度值和键盘输入进行设置。

（2）距离测量。

在进行距离测量及坐标测量时，仪器必须设置好相关参数，如温度大气改正、棱镜常数、距离测量模式是连续测量、*N* 次测量还是单次测量，以及是精测跟踪还是粗测等，然后再由测角模式切换为距离模式或是坐标模式，进行相关测量，测得合格观测值。

①*N* 次测量/单次测量/连续测量。

当输入测量次数后，仪器就按设置的次数进行测量，并显示出距离平均值。当输入测量次数为 1，因为是单次测量，仪器不显示距离平均值。具体操作见表 3-7。

表 3-7　全站仪距离测量过程

操作过程	操作	显示
①照准棱镜中心	照准	V:　122°09′30″ HR:　90°09′30″ 置零　锁定　置盘　P1↓
②按键，连续测量开始 a；		HR:　170°30′20″ HD* [r]　<<m VD:　m 测量　模式　S/A　P1↓
③当连续测量不再需要时，可按 F1（测量）键 b，测量模式为 *N* 次测量模式； 当光电测距（EDM）正在工作时，再按 F1（测量）键，模式转变为连续测量模式	F1	HR:　170°30′20″ HD*[n]　<<m V:　m 测量　模式　S/A　P1↓ HR:　170°30′20″ HD:　566.346 m VD:　89.678 m 测量　模式　S/A　P1↓

注：a.在仪器开机时，测量模式可设置为 *N* 次测量模式或者连续测量模式，参阅“基本设置”。

b.在测量中，要设置测量次数（*N* 次）可参阅“基本设置”。

②精测模式/跟踪模式/粗测模式。

精测模式：这是正常的测距模式，最小显示单位有 0.2 mm 和 1 mm 两种精度方式；在不同的精度模式下，仪器的响应时间是不相同的，一般精度越高，测量时间越长。在 0.2 mm 模式测一次距离大约需 2.8 s；在 1 mm 模式大约需 1.2 s。在控制测量时使用。

跟踪模式：此模式观测时间要比精测模式短，最小显示单位为 10 mm，测量时间约为 0.4 s，通常在进行放样测量时使用。

粗测模式：该模式观测时间比精测模式短，最小显示单位为 10 mm 或 1 mm，测量时间约为 0.7 s，通常在数据采集及地形测绘时使用。

(3)坐标测量。

在某已知点上,欲测定某未知点的坐标,即可采用仪器的坐标测量模式来完成。一般说来,进行坐标测量要先设置测站点坐标、测站仪器高、目标棱镜高及后视方位角(即后视定向方向,该方向值一般需根据站点与定向点的已知坐标通过反算得到),然后即可在坐标测量模式下通过已知站点测量出未知点的坐标。具体测量流程如下:

①测站点坐标的设置。

首先在已知站点安置全站仪,完成对中整平工作,然后进行必要的设置,即可进入坐标测量模式界面,以进行未知点的坐标测量(切换方法同距离测量模式的切换,只需按基本键坐标测量键即可)。在仪器坐标测量菜单下,按相应的功能键进入测站设置菜单。

在测量时,若没有进行测站点的坐标设置(即输入站点的坐标),测站点的缺省坐标为(0,0,0)。

②仪器高的设置。

仪器站点设置好后,还要量取仪器高,并设置仪器高。电源关闭后,可保存仪器高。若仪器高未输入时,仪器默认其值为0,并以0参与计算。

③目标高(棱镜高)的设置。

为了能测取出未知点的高程坐标(即界面中的Z),还需要在仪器中设置好棱镜高度,该值可以事先定出或者是利用钢卷尺如实量取。电源关闭后,可保存目标高。若棱镜高未输入时,仪器默认其值为0,并以0参与计算。

④定向方向的设置。

依据坐标测量原理,测量坐标时还需设置测量的定向方向。此时需先计算出定向方向的坐标方位角,以便于设置定向边。设置时,首先应从坐标模式切换回角度测量模式,然后按锁定方向角度或利用键盘输入方向角的方法来进行设置。在设置时,必须照准定向点,否则会产生较大的定向误差,从而影响数据结果的精度。

⑤坐标测量的过程。

定向完成后,再将仪器切换回坐标测量模式,并旋转仪器照准未知点上所立的棱镜,以保证准确照准,然后按测量键即【F1】功能键进行坐标测量,最终显示出坐标值。

[**实践操作**] 全站仪操作

扫描下列二维码,学习全站仪操作教程,动手操作学校实验室全站仪,掌握全站仪操作方法以及外业数据采集步骤。

全站仪基本结构介绍　　全站仪对中整平顺序及操作技巧　　南方 **NTS-352** 全站仪基本操作视频

3.3.2　全站仪导线测量定义

导线测量特别适用于地形复杂、建筑密集或带状地区控制点加密以及地下工程的控制点布设工作。因为在这些地区，受地理环境的限制，无法有效布设 GNSS 控制网（如：地下密闭空间中，GNSS 接收机无法接受卫星信号）。导线测量中，若选用全站仪进行测角、测边，则称为全站仪导线测量，如图 3-8 所示。全站仪导线测量是当前工程测量中最常用的一种导线测量方式。

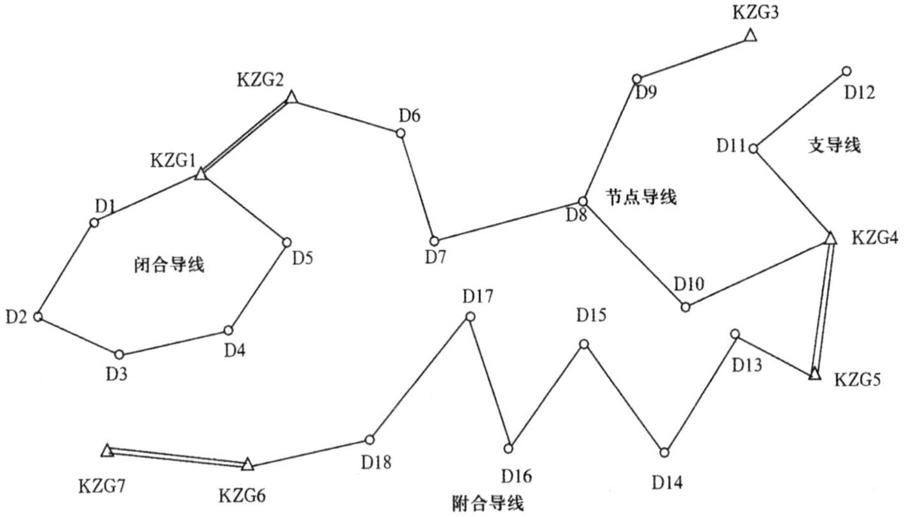

图 3-8　全站仪导线略图

3.3.3　全站仪导线测量外业观测

导线测量外业观测的内容包括边长测量、水平角观测和导线定向与定位等。

1.边长测量

全站仪导线边长测量通常采用电磁波精密测距方法进行，在测边时应遵循相应的测量规范对导线边长测量精度的要求和观测的技术要求。

(1) 导线边长测量的精度要求。

国家等级导线边长测量精度要求见表 3-9。

表 3-8　国家等级导线边长测量精度

导线等级	一	二	三	四
边长测量相对精度	≤1/250 000	≤1/200 000	≤1/150 000	≤1/100 000

城市控制网一般采用导线网的形式进行布设，它是为城市大比例尺测图、城市规划、施工放样测量而建立的，可以分为三、四等导线，一、二、三级导线和图根导线。《城市测量规范》（CJJ/T 8—2011）对光电测距导线边长测量的精度要求见表 3-10。

表 3-9　光电测距导线的主要技术要求

等级	附合导线长度/km	平均边长/m	每边测距中误差/mm	测角中误差/(″)	导线全长相对闭合差
三等	15	3 000	±18	±1.5	1/60 000
四等	10	1 600	±18	±2.5	1/40 000
一级	3.6	300	±15	±5	1/14 000
二级	2.4	200	±15	±8	1/10 000
三级	1.5	100	±15	±12	1/6 000

《工程测量规范》(GB 50026—2007)对光电测距导线边长的测量精度要求,参见 1.5.2 节中表 1-9 内容。

(2)导线边长测量的技术要求。

国家等级导线边长测量的技术要求可根据《规范》的要求确定测边的精度及使用的仪器,国家精密导线边长测量应在两个或两个以上时间段内往、返观测,单测回数不少于 4 个,每测回读数次数不少于 4 次。

关于导线平面控制网对导线测距边观测的技术要求,在《城市测量规范》(CJJ/T 8-2011)中做了具体规定,见表 3-10 和表 3-11。对于工程导线测距的技术要求,《工程测量规范》(GB 50026—2007)的规定见表 3-13。

表 3-10　各等级平面控制网测距边测距的技术要求(《城市测量规范》)

控制网等级	测距仪	观测次数		测回总数	备注
		往	返		
二等	Ⅰ	1	1	6	Ⅱ为须用≤±(5mm+3×$10^{-6}D$)的Ⅱ级测距仪。 2.1 测回是指照准目标一次,一般读数 4 次,可根据仪器出现的离散程度和大气透明度作适当增减;往返测回数各占总测回数一半 3.根据具体情况,可采用不同时段观测代替往返观测,时段是指上、下午或不同的白天
	Ⅱ			8	
三等	Ⅰ	1	1	4	
	Ⅱ			6	
四等	Ⅰ	1	1	2	
	Ⅱ			4	
一级	Ⅱ	1	-	2	
二、三级	Ⅱ	1	-	1	

表 3-11　光电测距各项较差的限差(《城市测量规范》)

项目 仪器等级	一测回读数较差/mm	单程测回间较差/mm	往返或不同时段的较差
Ⅰ级	5	7	$2(a+b\times D)$
Ⅱ级	10	15	

注:1.往返校差应将斜距化算到同一水平面上方可进行比较。

2.$(a+b\times D)$为仪器标称精度。

表 3-12　光电测距的技术要求(《工程测量规范》)

平面控制网等级	测距仪精度等级	观测次数		总测回数	一测回读数较差/mm	单程各测回较差/mm	往返较差
		往	返				
二、三等	Ⅰ	1	1	6	≤5	≤7	$\pm2(a+b\times D)$
	Ⅱ			8	≤10	≤15	
四等	Ⅰ	1	1	4~6	≤5	≤7	
	Ⅱ			4~8	≤10	≤15	
一级	Ⅱ	1	—	2	≤10	≤15	
	Ⅲ			4	≤20	≤30	
二、三级	Ⅱ	1	—	1~2	≤10	≤15	
	Ⅲ			2	≤20	≤30	

注:1.测回是指照准目标 1 次,读数 2~4 次的过程。

2.根据具体情况,测边可采取不同时间段观测代替往返观测。

[任务训练] 全站仪导线测量

扫描右侧二维码,学习全站仪导线测量方法,动手操作学校实验室全站仪,完成小组导线测量任务。

全站仪导线测量

(3)全站仪测距误差及消除方法。

①大气折射率误差。

大气折射率的变化会使光在大气中的传播速度发生变化,从而影响全站仪测尺长度,引起测距误差。消除大气折射率误差的方法有:

a.严格测定作业时的气温、气压、湿度,减小由气象参数测定误差引起的测距误差。

b.定期检校气象测量仪表,正确测量气象元素值,如温度计不要受阳光直接照射,应在仪器附近同高处读取气温;高精度测距,应在观测始末分别读取气温、气压。

②全站仪频率误差。

全站仪调制频率误差主要来源于安装调试仪器时,频率校正的精确性不够和振荡器所使用的晶体频率稳定性不好。减弱频率误差影响的方法有:

a.定期检定仪器,采用合格的仪器进行测量;

b.开机后,稍等几分钟,等仪器稳定后再进行测量;

c.避免仪器在高温暴晒、低温严寒等极端条件下测距。

③仪器常数和棱镜常数误差。

测距仪在已知长度的基线上检测时,已知的基线长度与实测结果之间存在着一个固定不变的常数,该常数通常称为仪器加常数。多数仪器的加常数在出厂时已给出并进行了预置。但由于震动等原因,使得加常数发生变化。其避免和消除方法有:

a.作业前,对仪器加常数进行测定;

b.不同厂家的仪器所配套的棱镜,其棱镜常数不同,不可混用;一定要代用时,使用前要测定棱镜常数,并将其输入全站仪。

④对中误差。

在测距作业中,测距仪和反射棱镜的安置中心应位于地面标石中心的铅垂线上,否则将产生对中误差而影响测距精度。减弱方法有:

a.作业时,应用检校过的光学对点器精确对中;

b.大多数全站仪已经是激光对点器对中,如果投射激光较弱,可以适当增强激光亮度,增大激光投射点,或者适当减小亮度,提高对中精度;

c.导线测量中的棱镜对中,首先需将棱镜置于三脚架上,先用脚架进行粗略对中,之后再平移基座,进行对中,重复2~3次,实现精确对中,整平。

⑤水平距离计算要求。

测量的斜距,须经气象改正和仪器的加、乘常数改正后才能进行水平距离计算。两点间的高差测量,宜采用水准测量。当采用电磁波测距三角高程测量时,其高差应进行大气折光改正和地球曲率改正。水平距离计算可按式(3-8)计算。

$$D_P=\sqrt{S^2-h^2} \tag{3-8}$$

式中,D_P 为测线的水平距离,m;S 为经气象及加、乘常数改正后的斜距,m;h 为仪器的发射中心与反射镜中心之间的高差,m。

测距边的精度评定,按照下列公式计算:

① 单位权中误差:

$$\mu=\sqrt{\frac{[Pdd]}{2n}} \tag{3-9}$$

式中,d 为各边往、返测距离较差,mm;n 为测距边数;P 为各边距离的先验权,其值为$\frac{1}{\sigma_D^2}$,σ_D 为测距的先验中误差,可按照测距仪器的标称精度计算。

② 任一边的实际测距中误差:

$$m_{Di}=\mu\sqrt{\frac{1}{P_i}} \tag{3-10}$$

式中,m_{Di} 为第 i 边的实际测距中误差,mm;P_i 为第 i 边距离测量的先验权。

③ 网的平均测距中误差:

$$m_{Di平}=\mu\sqrt{\frac{[dd]}{2n}} \tag{3-11}$$

式中,$m_{Di平}$ 为平均测距中误差,mm。

(4)测距作业其他注意事项。

各等级边测距应在大气稳定和成像清晰的最佳观测条件下进行观测。晴天日出后和日落前半小时内不宜观测,中午前后阳光强烈时也不宜观测,阴天、有微风时可以全天观测。对于精密测距,除严格按最佳时间观测外,还应上午和下午对称观测。

测距仪开机后不宜立即观测读数,应有一定的预热时间,在仪器各电子部件达到正常稳定的工作状态时,方可进行正式的观测读数。

在晴天作业时仪器应打伞。不能将仪器对向太阳,也不宜顺光、逆光观测。另外还应注意在测线方向上不能有其他的反光镜或强反光物。以免降低测距精度或引起粗差。

测线应高出地面和离开障碍物 1.3 m 以上，国家等级测量要求达到 1.5 m。达不到要求时，应分别采用架高仪器或偏心观测等措施，以满足要求。

边长测量时，要测量测距仪和反射镜的高度各两次，读至 mm，各取平均值。

1.角度观测

(1)角度观测方法。

水平角观测的方法共有四种：测回法、方向观测法、复测法和全圆测回法。本节介绍常用的测回法和方向观测法。

①测回法。

测回法主要用于观测只有两个方向的单角。如图 3-9 所示，欲观测 $\angle AOB$，具体的观测程序如下。

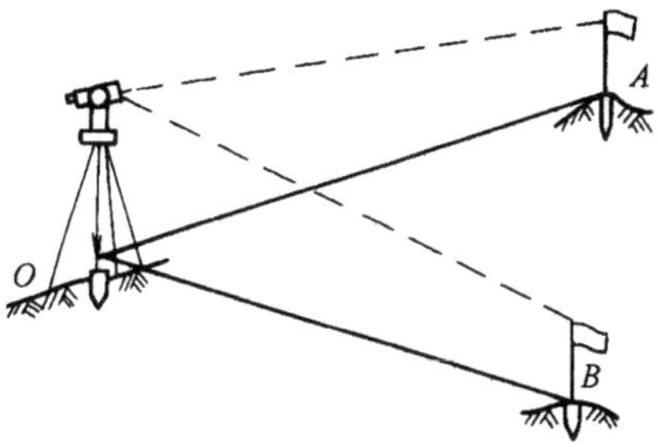

图 **3-9**　测回法水平角观测

a.在测站点 O 安置经纬仪，按前述方法进行对中、整平。以盘左位置（又称"正镜"，即竖直度盘在仪器的左边）精确瞄准左目标 A，读取水平度盘读数 $A_{左}$。

b.松开水平制动螺旋，顺时针转动照准部，瞄准右方目标 B，读取水平度盘读数 $B_{左}$。以上称为上半测回，角值 $\beta_{左}$ 为

$$\beta_{左}=B_{左}-A_{左} \tag{3-12}$$

c.松开水平及竖直制动螺旋，以盘右位置（又称"倒镜"，即竖直度盘在仪器的右边）瞄准右方目标 B，读取水平度盘读数 $B_{右}$，再逆时针转动照准部，瞄准左方目标 A，读取水平度盘读数 $A_{右}$。以上称为下半测回，角值 $\beta_{右}$ 为

$$\beta_{右}=B_{右}-A_{右} \tag{3-13}$$

d.上、下半测回合称为一测回。最后水平角 β 取上、下半测回观测的平均值，即

$$\beta=\frac{1}{2}(\beta_{左}+\beta_{右}) \tag{3-14}$$

注意：

A.对于 6″级的经纬仪，只有当上、下半测回的角值之差小于 40″时，才能取其平均值作为一测回观测的成果。

B.测回法观测水平角的步骤可总结为"左顺右逆"，即盘左位置顺时针旋转照准部，盘右位置逆时针旋转照准部。水平度盘是按顺时针方向注记的，因此半测回角值必须是右目标读数减去左目标读数，当不够减时则将右目标读数加上 360°再作差。

C.当测角精度要求较高时，往往要观测几个测回，为了减少度盘分划误差的影响，各测

回间应根据测回数 n 按 $180°/n$ 变换水平度盘的起始读数。例如,需观测两个测回时,水平度盘起始读数分别为 0°和 90°。

测回法的记录计算格式如表 3-13 所示。

表 3-13　测回法观测记录手簿

测站	测回	竖盘位置	目标	水平度盘数	半测回角值	一测回角值	各测回平均角值
O	1	左	A	0°02′17″	89°31′13″	89°31′15″	89°31′18″
			B	89°33′30″			
		右	A	180°02′25″	89°31′17″		
			B	269°33′42″			
O	2	左	A	90°02′30″	89°31′30″	89°31′21″	
			B	179°34′00″			
		右	A	270°02′36″	89°31′12″		
			B	359°33′48″			

②方向观测法。

方向观测法用于观测两个以上的方向。当方向多于两个时,每半测回都从一个选定的起始方向(零方向)开始观测,在依次观测所需的各个目标之后,相邻方向的方向值之差即为这两个方向间的水平角值,最后应再次观测起始方向(称为归零)称为全圆方向法。如图 3-10 所示,具体的观测程序如下。

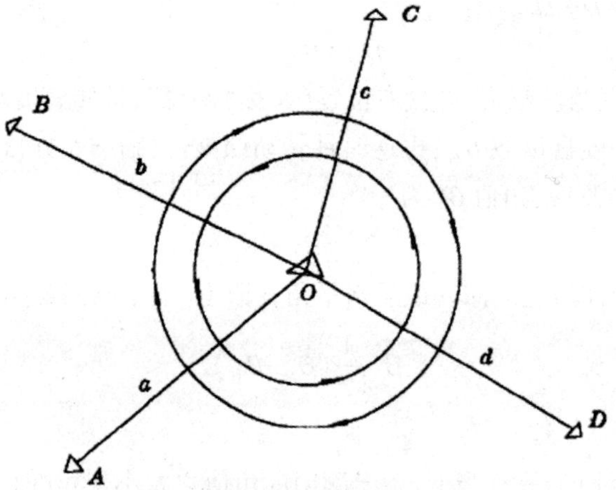

图 3-10　方向观测法

a.在测站点 O 安置经纬仪,整平对中仪器,以盘左位置顺时针转动照准部精确瞄准目标 A,调节水平度盘,使其读数位于或略大于 0°00′00″,记录读数 a_1。

b.顺时针旋转照准部,依次瞄准目标 B、C、D,并记录读数 b_1、c_1、d_1。继续转动照准部再次瞄准目标 A 并读取读数 a_2。通过 a_1、a_2来检查度盘在观测过程是否发生变动。a_1、a_2之差称为半测回归零差，用Δ表示（$\Delta=a_2-a_1$），对于DJ6级的经纬仪，要求其值小于18″，满足限差要求取平均值作为上半测回零方向（*A*方向）的最终值。

c.以盘右位置，逆时针旋转照准部精确瞄准目标*A*，记录水平度盘读数a_1'。

d.逆时针旋转照准部，依次瞄准目标*D*、*C*、*B*，并记录读数d_1'、c_1'、b_1'。同样，进行归零观测，再次瞄准目标*A*记录读数a_2'，以上为下半测回。下半测回归零差满足限差要求取平均值作为下半测回零方向的最终值。

以上为方向观测法的一个测回，如需观测*n*个测回，则各测回间仍应按180°/*n*变动水平度盘的位置。记录格式如表3-14所示。

表3-14　方向法观测记录手簿

测站	测回数	目标	读数		2*C*	一测回平均方向值	归零方向值	各测回归零方向值之平均值
			盘左	盘右				
0	1					(0°02′06″)		00°00′00″ 51°13′28″ 131°52′02″ 182°00′22″
		A	0°02′06″	182°02′00″	+6″	0°02′03″	00°00′00″	
		B	51°15′42″	231°15′30″	+12″	51°15′36″	51°13′30″	
		C	131°54′12″	311°54′00″	+12″	131°54′06″	131°52′00″	
		D	182°02′24″	2°02′24″	0	182°02′24″	182°00′18″	
		A	0°02′12″	180°02′06″	+6″	0°02′09″		
	2					(90°03′32″)		
		A	90°03′30″	270°03′24″	+6″	90°03′27″	00°00′00″	
		B	141°17′00″	321°16′54″	+6″	141°16′57″	51°13′25″	
		C	221°55′42″	41°55′30″	+12″	221°55′36″	131°52′04″	
		D	272°04′00″	92°03′54″	+6″	272°03′57″	182°00′25″	
		A	90°03′36″	270°03′36″	0	90°03′36″		

注意：

A.表中2*C*值指两倍的视准误差，即视准轴不垂直于横轴所产生的误差，2*C*＝盘左读数－（盘右读数±180°）。2*C*变化不大时，取盘左、盘右读数的平均值作为该方向一测回的最终方向值。

B.归零方向值是将各测回的零方向值化为00°00′00″。具体计算：先取上下半测回零方向值的平均值作为一测回平均方向值；再取零方向两个一测回平均方向值的平均值作为零方向的方向值；最后将零方向值化为00°00′00″，即该测回的每个方向值都减去零方向的方向值，各结果称为归零方向值。

C.对于 DJ6 级经纬仪,各测回间同一方向归零方向值的互差不应大于 24″,满足条件取其平均值作为各方向的最终方向值。

(2)转折角观测方法及测回数。

对于城市一、二级导线,按照城市测量规范,需采用方向法进行观测,当方向数不超过 3 个时,可以不归零。各等级各类导线转折角观测所使用的仪器类型和测回数的规定见表3-15。

表 3-15　各等级各类导线转折角观测仪器类型和测回数规定

导线等级	仪器	等级				
		三等	四等	一级	二级	三级
		测回数				
国家级	J_1	12	8			
	J_2	16	12			
城市级	J_1	8	4			
	J_2	12	6	2	1	1

从表 3-15 中可以看出,国家导线折角观测的测回数较多,这是因为导线检核测角的几何条件数较少、导线及导线边较长,且测角比三角测量容易受旁折光误差的影响。因此,为减弱这些不利因素的影响,需提高测角精度而采取的措施;相反,城市导线的转折角的测回数较少,这是因为该类导线边长和总长都较短,又常使导线组成环线毗邻的导线网之故。

对于城市一级导线,采用 2 s 级全站仪进行观测时,每个转折角需要测 2 个测回;对于城市二级导线,用 2 s 级全站仪进行观测时,每个转折角只需要测 1 个测回。观测时,每一测回均应按照规定变换水平度盘的起始整置位置。

表 3-16 为青银高速公路银川至盐池县段一级导线外业观测记录表。

(3)全站仪三联脚架观测法。

三联脚架观测法导线测量是指在全站仪导线测量中,利用 3 副脚架、1 台全站仪、2 台棱镜进行导线测量的一种测量方法。

①三联脚架观测法观测程序。

在城市导线和工程导线测量中,一般采用所谓三联脚架法施测导线。三联脚架法的具体做法是:在导线观测时采用 3 个脚架,如图 3-11 所示,在 A、C 两点上架反光棱镜,在 B 点上架全站仪。在完成 B 点上的边长、水平角和垂直角观测后,将 A 点的反光镜和脚架迁至 D 点,B 点和 C 点的脚架和仪器基座不动,只将全站仪和反光镜对调。如此转换推进,从而每点只进行一次架脚架和对中的工作。

表 3-16　青银高速公路银川至盐池县段一级导线外业测量记录表

承包单位：××工程局有限公司　　合同号:2018012　　编号:18　　原表:03

监理单位：宁夏××路桥技术开发有限公司　　天气：晴　　温度：20 ℃　　风力：一级　　气压：一个大气压

观测者：张啸天　　记录者：王久宏　　日期：

测站	测回	目标	水平度盘读数 (° ′ ″) 盘左			盘右			半测回角值 (° ′ ″)			角差 (″)	一测回角值 (° ′ ″)			角差 (″)	限差 (″)	各测回平均值 (° ′ ″)			水平距离 (m)	平均距离 (m)
D18	1	D17	00	00	01	180	00	02	177	02	55		177	02	55			177	02	54	969.147	
		D19	177	02	56	357	02	57	177	02	55	00									383.621	969.146
	2	D17	90	00	03	180	00	05	177	02	54		177	02	54	01	9				969.144	383.620
		D19	267	02	57	357	02	58	177	02	53	01									383.620	
D19	1	D18	00	00	07	180	00	09	165	46	49		165	46	48			165	46	48	383.622	
		D20	165	46	56	345	46	57	165	46	48	01									522.038	383.622
	2	D18	90	00	06	180	00	08	165	46	50		165	46	48	00	9				383.621	522.040
		D20	255	46	56	345	46	55	165	46	47	03									522.041	
D20	1	D19	00	00	15	180	00	17	184	37	30		184	37	30			184	37	31	522.035	
		D21	184	37	45	04	37	46	184	37	29	01									541.595	522.038
	2	D19	90	00	08	180	00	11	184	37	32		184	37	32	−02	9				522.040	541.596
		D21	274	37	40	04	37	44	184	37	33	−01									541.596	

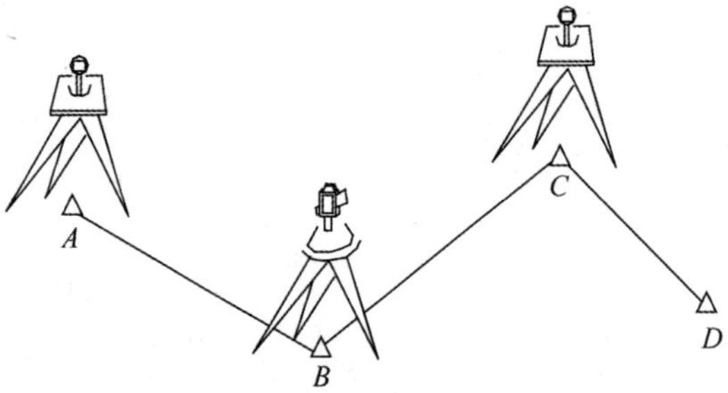

图 **3-11**　全站仪导线三联架示意图

②三联脚架观测法测量的优点。

全站仪三联脚架观测法测量在起始点观测时,需三点对中、整平仪器,在以后各点的观测中,只在前视点进行对中、整平,在变换测站时,测站点、前视点保持基座部不动,这样就确保了每个测点由前视点变测站点再到后视点时的仪器中心都处在同一垂线上,消除了由于测站点、后视、前视对中误差带来的影响,提高了施测精度。同时由于仅在前视点安置仪器,又可大大缩短每测站的观测时间,加快测量速度,提高工作效率。

由于此测量法在每点上仅进行一次对中、整平仪器,故此测量方法可在不设中间点的情况下,任意安置仪器下进行测量,最终测定其他待测点坐标及其待测边的方位。

③利用三联脚架观测法进行导线测量时应注意的事项。

a.施测所用的仪器、棱镜、基座必须配套统一,确保每次变换位置后各仪器中心处在同一垂线上。

b.每次仪器变换后,由于保持脚架基座整体不动,所以重新装上仪器后,仪器应仍处于对中整平状态下,如果水准管偏离较大,则必须进行重新对中整平。

c.为了消除棱镜参数间误差,每次变换棱镜时,前后视棱镜不得互换。

d.测量中,施测精度仅代表各测站仪器中心点的精度,而所测各点的精度还要取决于各站的仪器对中精度,所以在测定控制点时要提高测点的对中精度。

④全站仪水平角观测基本原则。

用三联架观测水平角时,根据各种误差对测角的影响规律实践总结出了一些基本原则,具体如下:

① 选择最有利的时间观测;

② 一个测站全部测回的观测,分配在几个不同时间段内完成;

③ 半测回观测开始时,照准部应按它要转动的方向“空转”1~2 周;

④ 半测回观测中照准部的旋转方向应相同;

⑤ 上、下半测回间纵转望远镜;

⑥ 在每测回间重新整平仪器;

⑦ 一测回中不得变动望远镜焦距。

这些原则对消除或减弱各种误差影响是行之有效的,实际工作中应遵照执行。

外业观测结束后,进入内业数据处理阶段,这一部分内容将在后面的项目中详细介绍。

[项目拓展] 请扫以下二维码或在云班课资源库中“项目三”分组中打开资源链接关注

我国北斗卫星导航系统网，查看全站仪导线测量详细操作方法。

北斗卫星导航系统　　　　全站仪导线测量详细操作方法

[项目小结]

项目三的主要内容可总结为以下框架图，请学习者在框架的基础上完成详细的个人学习总结，并参与蓝墨云班课项目三在线学习小结及讨论。

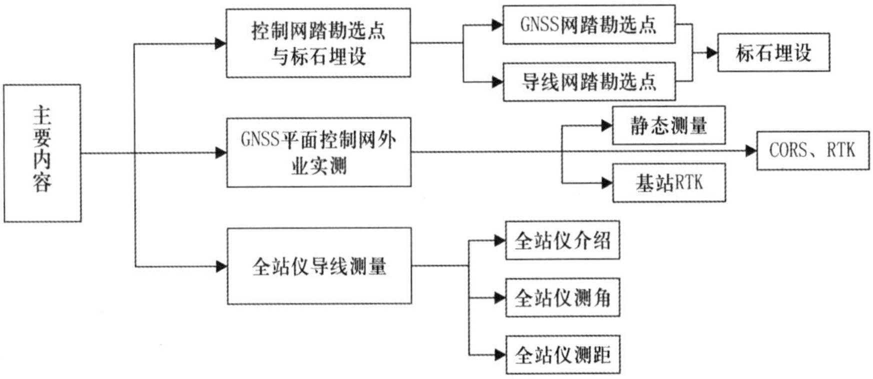

[项目讨论]

1.踏勘选点的基本要求有哪些，GNSS选点和导线选点有何区别？

2.什么是点之记？点之记的作用是什么？

3.GNSS平面控制测量常用的方法有哪些？具体的外业观测步骤及注意事项是什么？

4.全站仪导线测量外业工作包括哪些内容，分别采用哪些测量方法来实现？

5.简述全站仪三联架观测的流程及优点？

项目四　高程控制网布设与施测

[项目引入]

完成控制网的图上设计和优化设计并制定技术设计书后，应根据技术设计书中的点位设计和技术要求，到测区现场踏勘选点，确定控制点的最终位置，然后根据控制网的等级和使用期限，埋设相应的标石。采用优化设计后的平面控制网方案进行外业施测。本项目主要介绍高程控制网踏勘选线、选点与标石埋设，水准网外业施测，三角高程测量以及 GNSS 高程拟合测量。

[项目教学目标]

领域	目标	权重	评价方式
认知领域	通过本项目学习，能够掌握精密水准测量的原理，三角高程测量基本原理，以及 GNSS 拟合高程方法。	30%	云班课测评
技能领域	可根据不同类型的工程项目，依据技术设计书完成水准网选线选点，利用精密水准测量、三角高程测量等方法进行高程控制网外业施测。	35%	实操考核
情感领域	通过本项目学习，学习者可以将理解、掌握的高程控制网布设与施测方法用于完成具体控制测量外业任务，通过团队协作，提升解决实际问题的能力。	35%	小组任务 学生互评

[项目学时]

本项目推荐学时为 8 学时。

[项目分析]

一项高程控制测量工程任务实施的工作流程基本为：接受任务→收集资料并对其进行分析→编写技术设计→图上设计水准路线并构成一定的网形→水准点的实地选定→水准标石的埋设→绘制点之记→仪器检验→水准测量外业观测→概算→平差计算→编制成果表→自检→撰写技术总结→成果验收等。在完成项目 2 的技术设计书后，应进行实地踏勘选线、选点和控制点埋设，以及外业施测。目前，各类各等级高程控制网主要以水准测量为主，以三角高程和 GNSS 高程拟合为辅，本项目需要在完成四个任务基本理论学习基础上,以情境中的高程控制测量任务为背景,依托所在单位场地和仪器设备,强化外业实操练习,能够将踏勘选线、选点,水准网外业观测、全站仪三角高程测量及GNSS拟合测量的基本方法熟练掌握,并能解决实际具体工程问题。本项目具体有以下四个任务。

任务一　完成水准网踏勘选线、选点与标石埋设

任务二　完成水准网外业施测

任务三　完成三角高程测量

任务四　掌握GNSS高程测量

任务一　完成水准网踏勘选线、选点与标石埋设

4.1.1　踏勘选线、选点

水准网外业施测前,首先应按照2.2.2节中的内容在图上初步拟定水准网的布设方案,然后到实地选定水准路线和水准点位置。在实地选线和选点时,除了要考虑2.2.2节中水准网设计基本原则的要求外,还应注意使水准路线避开土质松软地段,确定水准点位置时,应考虑到水准标石埋设后点位的稳固安全,并能长期保存,便于施测。为此,水准点应设置在地质上最为可靠的地点,避免设置在水滩、沼泽、沙土、滑坡和地下水位高的地区;埋设在铁路、公路近旁时,一般要求与铁路的距离应大于50 m,离公路的距离应大于20 m,应尽量避免埋设在交通繁忙的岔道口;墙上水准点应选在永久性的大型建筑物上。

4.1.2　标石埋设

水准点选定后,就可以进行水准标石的埋设工作。大家知道,水准点的高程就是指嵌设在水准标石上面的水准标志顶面相对于高程基准面的高度,如果水准标石埋设质量不好,容易产生垂直位移和倾斜,那么即使水准观测质量再好,其最后成果也不可靠。因此务必十分重视水准标石的埋设质量。

国家水准点标石的制作材料、规格和埋设要求在《国家一、二等水准测量规范》中都有具体的规定和说明。水准标石分为表4-1所示的三大类,即基岩水准标石、基本水准标石和普通水准标石。

表4-1　水准标石分类

序号	水准标石的类型	各类水准标石的分类	适用地区
1	基岩水准标石	深层基岩水准标石 浅层基岩水准标石	

续表

序号	水准标石的类型	各类水准标石的分类	适用地区
2	基本水准标石	混凝土基本水准标石 钢管基本水准标石 岩层基本水准标石	
3	普通水准标石	混凝土普通水准标石	土层不冻或冻土层少于 0.8 m
		钢管普通水准标石	冻土深度大于 0.8 m
		岩层普通水准标石	岩层出露或埋入地面不深于 1.5 m 处
		沙漠地区混凝土柱普通水准标石	冻土深度大于 0.8 m
		爆破型混凝土柱普通水准标石	
		墙角水准标志	坚固建筑物或直立石崖处
		道路水准标石	道路肩部

基岩水准标石是研究地壳和地面垂直运动的主要依据,由国家测绘部门会同地质、地震部门统一规划和布设。一般每个省(自治区、直辖市)至少有四座。工程测量中常用的普通水准标石是由柱石和盘石两部分组成的,如图 4-1 所示,标石可用混凝土浇制或用天然岩石制成。水准标石上面嵌设有铜材或不锈钢金属标志,如图 4-2 所示。

首级水准路线上的结点应埋设基本水准标石,基本水准标石及其埋设如图 4-3 所示。

墙角水准标志如图 4-4 所示,一般嵌设在地基已经稳固的永久性建筑物的基础部分,水准测量时水准标尺安放在标志的突出部分。

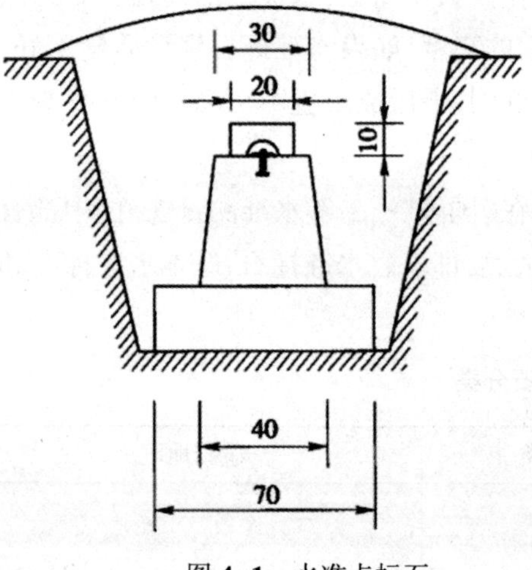

图 4-1　水准点标石

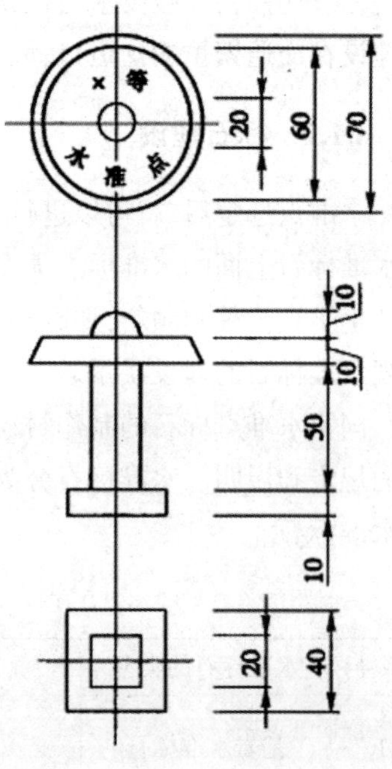

图 4-2　水准标石上的金属标石

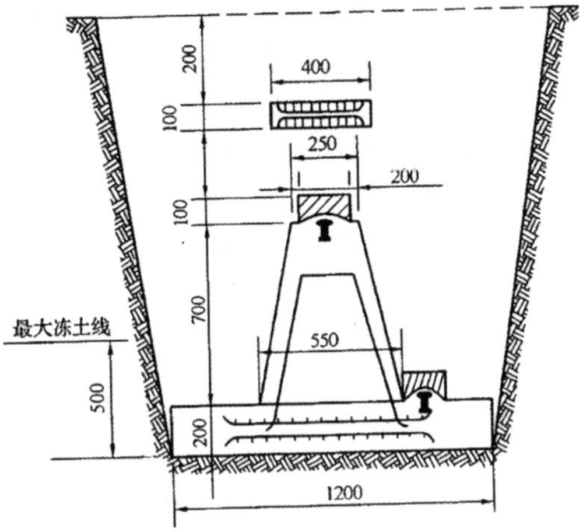

图 **4-3**　基本水准标石及其埋设图

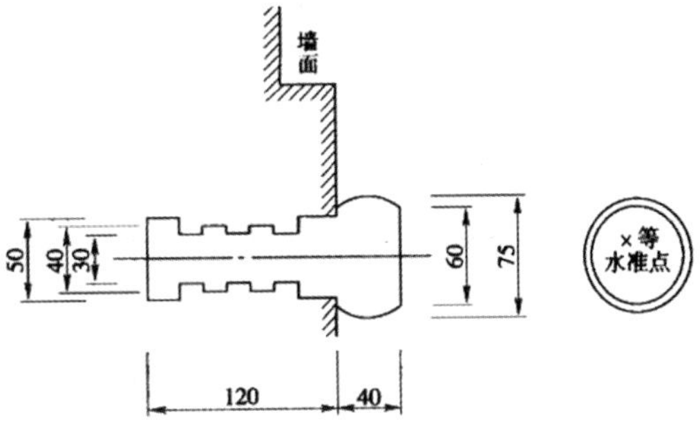

图 **4-4**　墙上水准标志

埋设水准标石时，一定要将底部及周围的泥土夯实，标石埋设后应绘制点之记，具体可参考表 4-2 国家一等水准点点之记，并办理托管手续。

表 4-2　国家一等水准点点之记

包京　线　　　　　　　　　　　　　　点号：Ⅰ包京 1 基

详细位置图

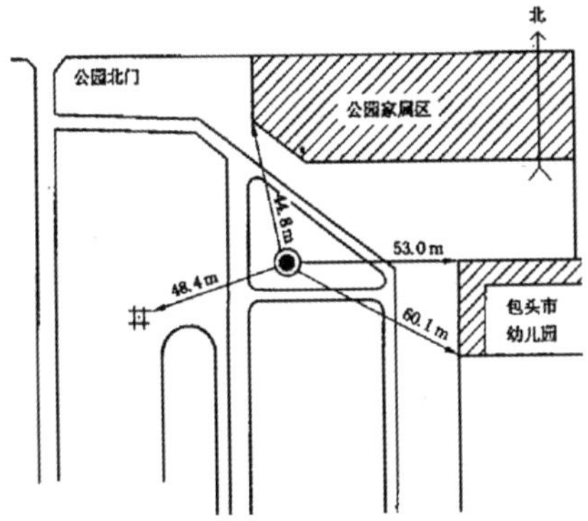

比例尺：1:2 000

标石断面图：　　　　单位：m

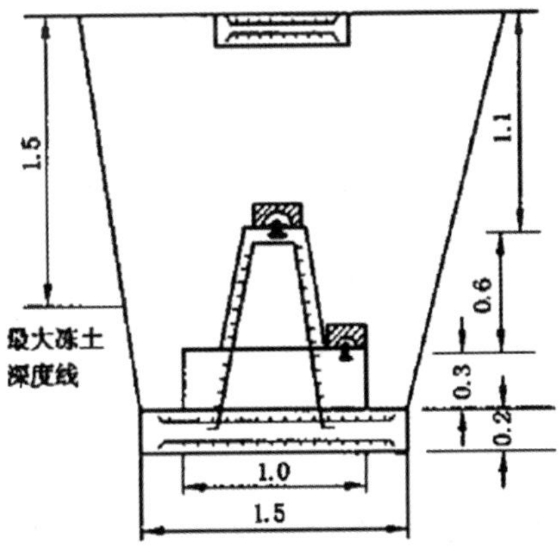

所在图幅	K49D012108	标石类型	混凝土基本水准标石
经纬度	L：110°10′42″ B：40°45′18″	标石材料	混凝土、钢标志
所在地	内蒙古自治区包头市人民公园内	土地使用者	人民公园
地别土质	园地，黄土，含沙 30%	地下水深度	7 m
交通路线	自包头至北京公 0 km+500 m 处		
点位详细说明	西偏南至水井 48.4 m 北偏西至家属区围墙角 44.8 m 东至包头市幼儿园房角 53.0 m 东偏南至幼儿园房角 60.1 m		

续表

接管单位	包头市青山区人民政府			保管人	张海青(办公室主任)
选点单位	国家测绘局 精密水准测量队	埋石单位	国家测绘局 精密水准测量队	维修单位	内蒙古自治区测绘局
选点者	黄天智	埋石者	黄天智	维修者	张明远
选点日期	1960 年 5 月 2 日	埋石日期	1960 年 5 月 21 日	维修日期	1999 年 9 月 18 日
备注					

任务二　完成水准网外业施测

高程控制网的技术设计与选线选点、埋石工作结束后,即进入高程控制网的外业施测阶段。目前,在各项工程的不同建设阶段的高程控制测量中,极少进行一等水准测量,故《工程测量规范》(GB 50026—2007)中规定,工程测量高程控制网按精度等级的划分,依次为二、三、四、五等四个等级,其中二、三、四等其精度指标与国家水准测量的相应等级一致。各等级高程控制宜采用水准测量,四等及以下等级可采用电磁波测距三角高程测量,五等也可采用 GNSS 拟合高程测量。本任务以二等水准测量为例来说明精密水准测量的实施。

4.2.1　精密水准仪的选用与检验

1.精密光学水准仪和水准尺

(1)精密光学水准仪。

精密水准测量一般指国家一、二等水准测量,外业观测时要求采用精密水准仪施测。我国精密水准仪系列按精度分类有 S_{05} 型,S_1 型,S_3 型等。S 是“水”字的汉语拼音第一个字母,S 后面的数字表示每公里往返平均高差的偶然中误差的毫米数。我国水准仪系列及基本技术参数见表 4-3。

表 4-3　我国水准仪系列及基本参数

技术参数项目	水准仪系列型号			
	S_{05}	S_1	S_3	S_{10}
每公里往返平均高差中误差	≤0.5 mm	≤1 mm	≤3 mm	≤10 mm
望远镜放大率	≥40 倍	≥40 倍	≥30 倍	≥25 倍
望远镜有效孔径	≥60 mm	≥50 mm	≥42 mm	≥35 mm
管状水准器格值	10″/2 mm	10″/2 mm	20″/2 mm	20″/2 mm
测微器有效量测范围	5 mm	5 mm		
测微器最小分格值	0.1 mm	0.1 mm		

续表

技术参数项目		水准仪系列型号			
		S_{05}	S_1	S_3	S_{10}
自动安平水准仪补偿性能	补偿范围	±8′	±8′	±8′	±10′
	安平精度	±0.1″	±0.2″	±0.5″	±2″
	安平时间不长于	2s	2s	2s	2s

对于精密水准测量的精度而言,除一些外界因素的影响外,水准仪在结构上的精确性与可靠性是具有重要意义的。为此,精密水准仪必须满足下列要求。

① 高质量的望远镜光学系统。

为了在望远镜中获得水准标尺上分划线的清晰影像,望远镜必须具有足够的放大倍率和较大的物镜孔径。一般精密水准仪的放大倍率应大于 40 倍,物镜的孔径应大于 50 mm。

② 坚固稳定的仪器结构。

仪器的结构必须使视准轴与水准轴之间的联系相对稳定,它们之间的关系不受外界条件的变化而改变。一般精密水准仪的主要构件均用特殊的合金钢制成,并在仪器上套有起隔热作用的防护罩。

③ 高精度的测微器装置。

精密水准仪必须有光学测微器装置,借以精密测定小于水准标尺最小分划线间格值的尾数,从而提高在水准标尺上的读数精度。一般精密水准仪的光学测微器可以读到 0.1 mm,估读到 0.01 mm。

④ 高灵敏的管水准器。

一般精密水准仪的管水准器的格值为 10″/2 mm。由于水准器的灵敏度愈高,观测时要使水准器气泡迅速置中也就愈困难,为此,在精密水准仪上必须有倾斜螺旋(又称“微倾螺旋”)的装置,借以使视准轴与水准轴同时产生微量变化,从而使水准气泡较为容易地精确置中以达到视准轴的精确整平。

⑤ 高性能的补偿器装置。

对于自动安平水准仪,补偿元件的质量以及补偿器装置的精密度都可以影响补偿器性能的可靠性。如果补偿器不能给出正确的补偿量,或是补偿不足,或是补偿过量,都会影响精密水准测量观测成果的精度。

目前,精密水准仪主要有微倾式、自动补偿式和数字式三种结构类型。这些精密水准仪除了利用于国家一、二等水准测量和高精度工程测量中外,也可用于建筑物沉降观测、大型桥梁施工的高程控制、精密机械设备安装等测量工作。我国常用的精密水准仪有瑞士徕卡 NA2/NAK2 精密水准仪,北京测绘仪器厂生产的 S1 精密水准仪等。近年来,随着我国综合国力的不断提升,装备制造业得到了快速发展,我国测绘地理信息产业正在从大国变为强国,生产实践中 DSZ05 型精密水准仪已有自主研发生产的产品。图 4-5 所示为我国苏州一光厂自主研发生产的 DSZ05 型精密水准仪。

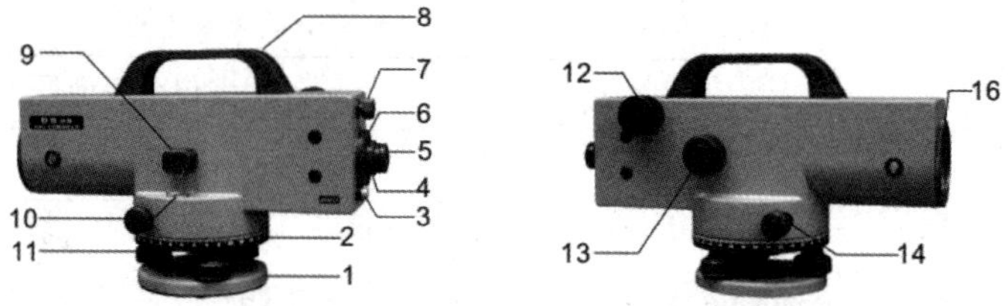

图 **4-5** 苏洲一光厂 **DSZ05** 水准仪

1—基座;2—度盘;3—检查按钮;4—目镜卡环;5—目镜;6—护盖;7—读数目镜;8—提手;9—圆水准读数棱镜;10—圆水准器;11—安平手轮;12—测微手轮;13—调焦手轮;14—水平微动手轮

该精密水准仪精度控制在 0.5 mm/km 以内,内置平板测微器结构,仪器采用全密封设计,密封等级可达 IP55 高效防尘防水。38 倍物镜放大倍率,观测目标更清晰;补偿器稳定可靠,补偿工作范围±15′,补偿安平精度不大于±0.3″,圆水准器灵敏度 10′/2 mm,安平时间2 s。具体参数见表 4-4。

表 4-4 苏洲一光厂 DSZ05 水准仪基本参数

每公里往返测量高差标准偏差	≤±0.5 mm
望远镜	正像
放大率	38 倍
物镜口径	45 mm
最短视距	1.6 m
乘常数	100
加常数	0
补偿器工作范围	±15′
安平精度	±0.3″
圆水准器灵敏度	10′/2 mm
度盘分度直径	114 mm
度盘可选	360°或 400 gon
测微范围	10 mm
测微尺格值	0.1 mm
可估读值	0.01 mm

仪器主要由带光学自动补偿的望远镜组成,在望远镜的上部,安装有一套可用于精密水准测量的测微机构。补偿器采用交叉吊丝结构,采用空气阻尼,保证仪器工作可靠。测微机构由测微平板、测微尺及传动机构组成,并带有测微手轮和读数放大镜。仪器上设有检查按钮,可检查补偿器工作状况,望远目镜是卡口式可拆卸结构,可卸下更换其他观测附件。仪

器采用摩擦制动，水平微动采用无限微动机构，安排在两侧的微动手轮分别供两只手操作。测微平板是测微器的测微元件，平板的转动可使望远镜视准轴作上下平移；测微尺位于仪器内部，记录望远镜视准轴上下平移的大小；测微手轮旋转可使平板转动和测微尺平移，以完成观测的过程（在测微手轮上有一明显的白色刻划标记，当此白色标记对准主体上的标记的时候，平板基本处于和光路垂直状态，此时测微尺的读数在 50 附近，在此状态下，DS05 也可作为普通自动安平水准仪使用）。仪器的具体说明书可扫面右侧二维码或在云班课项目四资源库中下载查阅。

苏一光 **DS05** 说明书

（2）精密水准标尺的构造特点。

水准标尺是测定高差的长度标准，如果水准尺的长度有误差，则对精密水准测量的观测成果带来系统性质的误差影响，为此，对精密水准标尺提出如下要求：

① 当空气的温度和湿度发生变化时，水准标尺分划间的长度必须保持稳定，或仅有微小的变化。一般精密水准尺的分划是漆在因瓦合金带上，因瓦合金带则以一定的拉力引张在木质尺身的沟槽中，这样因瓦合金带的长度不会受木质尺身伸缩变形影响。水准标尺分划的数字是注记在因瓦合金带两旁的木质尺身上的，如图 4-6（a）、（b）所示。

② 水准标尺的分划必须十分正确与精密，分划的偶然误差和系统误差都应很小。水准标尺分划的偶然误差和系统误差的大小主要取决于分划刻度工艺的水平，当前精密水准标尺分划的偶然中误差一般在 8~11 μm。由于精密水准标尺分划的系统误差可以通过水准标尺的平均每米真长加以改正，所以分划的偶然误差代表水准标尺分划的综合精度。

③ 水准标尺在构造上应保证全长笔直，并且尺身不易发生长度和弯扭等变形。一般精密水准标尺的木质尺身均应以经过特殊处理的优质木料制作。为了避免水准标尺在使用中因尺身底部磨损而改变尺身的长度，在水准标尺的底面必须钉有坚固耐磨的金属底板。在精密水准测量作业时，水准标尺应竖立于特制的具有一定质量的尺垫或尺桩上。尺垫和尺桩的形状如图 4-7 所示。

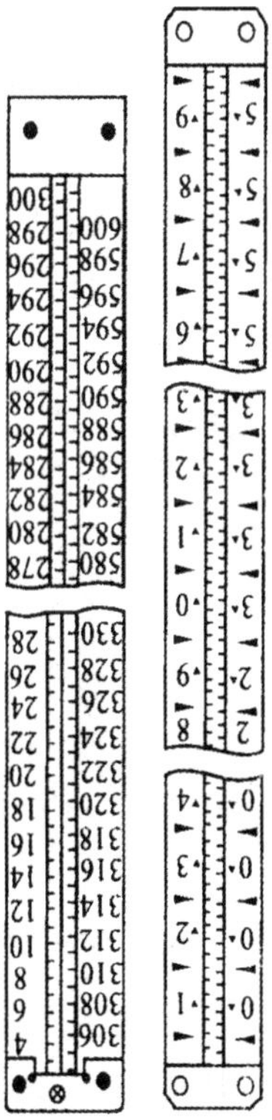

(a)　(b)

图 **4-6**　因瓦水准尺

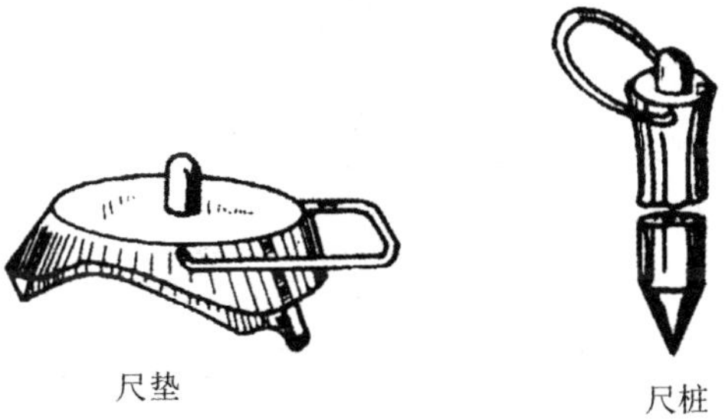

图 **4-7**　尺垫和尺桩

④ 在精密水准标尺的尺身上应附有圆水准器装置,作业时扶尺者借以使水准标尺保持在垂直位置。在尺身上一般还应有扶尺环的装置,以便扶尺者使水准标尺稳定在垂直位置。

⑤ 为了提高对水准标尺分划的照准精度,水准标尺分划的形式和颜色与水准标尺的颜色相协调,一般精密水准标尺都为黑色线条分划,白色尺面相配合,有利于观测时对水准标尺分划精确照准。

线条分划精密水准标尺的分格值有 10 mm 和 5 mm 两种。分格值为 10 mm 的精密水准标尺如图 4-6(a)所示,它有两排分划,尺面右边一排分划注记从 0~300 cm,称为基本分划,左边一排分划注记从 300~600 cm,称为辅助分划,同一高度的基本分划与辅助分划读数相差一个常数,称为基辅差(301.55 cm),通常又称为尺常数,水准测量作业时可以用以检查读数的正确性。分格值为 5 mm 的精密水准尺如图 4-6(b)所示,它也有两排分划,但两排分划彼此错开 5 mm ,所以实际上左边是单数分划,右边是双数分划,也就是单数分划和双数分划各占一排,而没有辅助分划。木质尺面右边注记的数以“m”为单位,左边注记的数以“dm”为单位,整个注记从 0.1~5.9 m,实际分格值为 5 mm,分划注记比实际数值大了一倍,所以用这种水准标尺所测得的高差值必须除以 2 才是实际的高差值。

[**实践操作**] 精密光学水准仪操作与外业观测

扫描以下二维码,学习精密光学水准仪使用教学视频,动手操作学校实验室仪器,掌握精密光学水准仪的基本结构及外业观测步骤。

精密光学水准仪操作及使用

精密水准测量外业实测

2.精密电子水准仪及其标尺

数字水准仪又称为电子水准仪,目前世界上生产数字水准仪的厂家有瑞士徕卡(LeicaDNA03、NA3003、NA2002 等)、德国蔡司(Zeiss DiNi 11、DiNi 12、DiNi 22 等)、日本拓普康(Topcon DL-l01C/102C 等)、日本索佳(Sokkia SDLl/SDL2)和我国南方测绘(DL 系列)等。各厂家的数字水准仪采用了大体一致的结构,其基本构造由光学机械部分、自动安平补偿装置和电子设备组成,电子设备主要包括:调焦编码器、光电传感器(线阵 CCD 器件)、读取电子元件、单片微处理机、CSI 接口(外部电源和外部存储记录)、显示器件、键盘和测量键以及影像、数据处理软件等,标尺采用条形码供

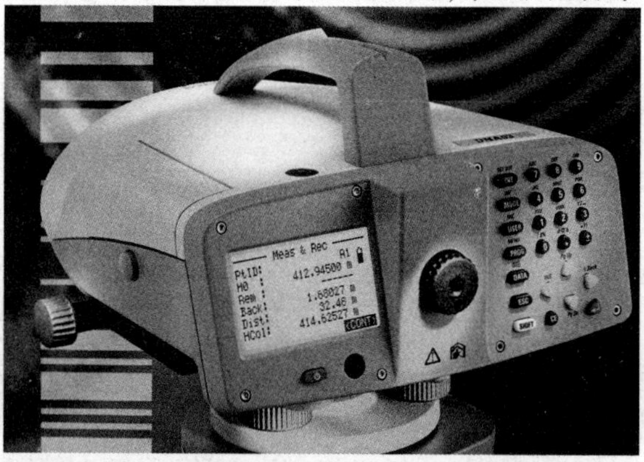

图 **4-8** 徕卡 **DNA03** 数字水准仪的外形

电子测量使用。如图 4-8 所示为徕卡 DNA03 数字水准仪外形,其主要部件及名称如图 4-9 所示。

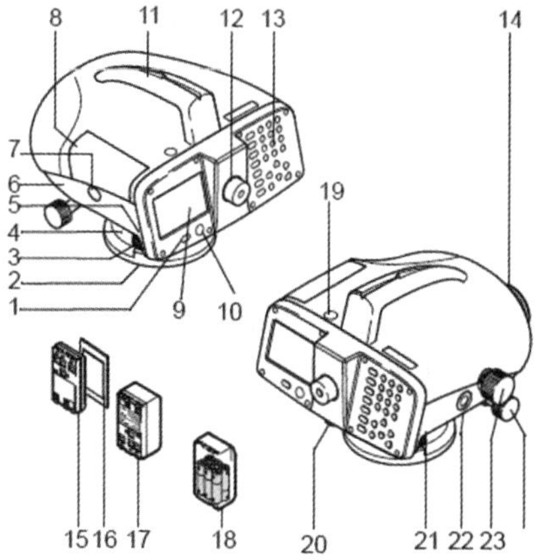

图 **4-9**　徕卡 **DNA03** 数字水准仪的主要部件及名称

1—开关;2—底盘;3—脚螺旋;4—水平度盘;5—电池盖操作杆;6—电池仓;7—开 PC 卡仓盖按钮;8—PC 卡仓盖;9—显示屏;10—圆水准器;11—带有粗瞄器的提把;12—目镜;13—键盘;14—物镜;15—GEB111 电池(选件);16—PCMCIA 卡(选件);17—GEB121 电池(选件);18—电池适配器 GAD39,6 节干电池(选件);19—圆水准器进光管;20—外部供电的 RS232 接口;21—测量按钮;22—调焦螺旋;23—无限位水平微动螺旋(水平方向)

各厂家条形码的编码规则各不相同,不可以互换使用。各厂家在数字水准仪研制过程中采用了不同的测量算法,条形码编码方式和测量算法不同仅仅是由于专利权的原因而完全不同。

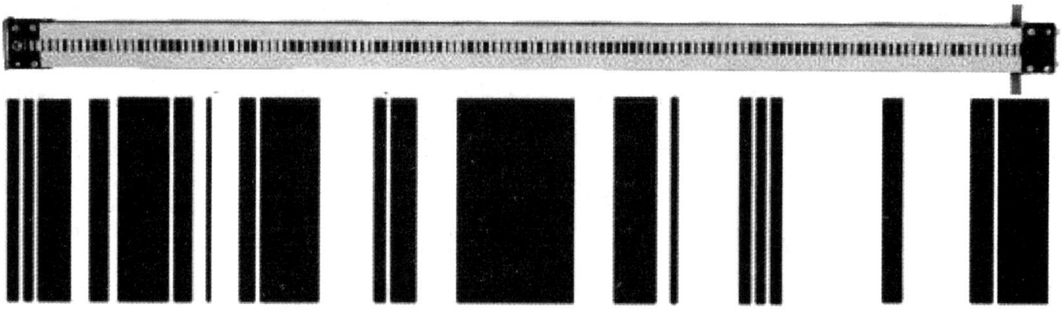

图 **4-10**　条码标尺

虽然各厂家的仪器结构和条形码的编码方式不完全相同,但其基本测量原理相似,即:采用编码标尺,仪器内装置图像识别器和图像数据处理系统,标尺用不同宽度的条码组合来表征尺面的不同位置,人工完成照准和调焦之后,标尺条码一方面被成像在望远镜的分划板上,供目视观测,另一方面通过望远镜的分光镜,标尺条码又被成像在光电传感器(CCD)上,随后转换成电信号,经整形后进入模数转化系统(A/D),从而输出数字信号送入微处理器进行处理和存储,并将其与内存的标准码(参考信号)按一定的方式进行比较,即可获得编码标尺的读数。因此,如果使用传统水准标尺,可以像普通自动安平水准仪一样使用,但是由于没有光学测微器,测量精度低于电子测量的精度。

[**实践操作**] 电子水准仪操作与外业观测

扫描右侧二维码,学习电子水准仪使用教程,动手操作学校实验室仪器,掌握电子水准仪的基本结构,各按键功能以及外业观测步骤。

电子水准仪操作视频

3.精密水准仪及水准尺的检验

为了保证水准测量成果的精度,对所用的水准仪和水准尺应按水准测量规范中规定的有关项目进行必要的检验。水准仪和水准标尺各部件之间关系不正确,会影响到水准测量成果的精度。此外,外界条件的影响,也会使水准仪和水准标尺各部件之间的关系发生变化,所以,需要定期对所用的水准仪和水准标尺进行检验。

(1)精密水准仪的检验。

①对水准仪做检视是在外观上对水准仪做出评价,检视情况要做记载。检视内容如下:

a.外观。观察各部件是否清洁,有无碰伤划痕、污点、脱胶、镀膜脱落等现象。

b.转动部件。转动部件、各转动轴和调整转动螺旋,观察转动是否灵活、平稳,各部件有无松动,有无失调明显晃动以及螺纹的磨损程度等。

c.光学性能。检查望远镜视场是否明亮、清晰、均匀,调焦性能是否正常等。若距离100~150 m的标尺分划成像模糊,则此仪器不能使用。

d.补偿性能。检查自动安平水准仪的补偿器是否正常,有无粘摆现象。

e.设备件数。检查仪器部件及附件和备用零件是否齐全。

②圆水准器安置正确性的检校。

对于水准管式水准仪,不同仪器的概略整平水准器的形式也将有所不同,但必须满足水准器的水准器轴与仪器的垂直轴平行或正交的要求。检验和校正的方法是:

用脚螺旋使水准器气泡移至中央,然后旋转仪器180°,此时若气泡偏离中央,则用脚螺旋改正偏差的一半,水准器改正螺丝改正另外一半,以使气泡回到中央。如此反复检校,直到仪器无论转到任何方向气泡中心始终位于中央为止。

上述检校完成后,对于水准管式水准仪应立即把倾斜螺旋的位置标记下来。在作业过程中,每站结束后,应使倾斜螺旋回到这个标准位置。这样,到下一站只要使概略整平水准器气泡置居中,管状水准器气泡两端的影像分离便不会超过1 cm。在作业过程中,应随时进行这项检校。

③光学测微器隙动差和分划值的测定。

由光学测微器构造和原理知道,光学测微器的作用在于精确量取标尺整分划以下的数值。因此,当转动测微螺旋使望远镜内分划板上水平中丝在标尺上移动一个分格时,测微尺必须从其零分划线移动到最末一个分划线,即测微尺的长度必须与标尺的一个整分格的长度相等,否则就将给观测结果带来误差。为此,要进行光学测微器分划值的测定,见表4-5。另外,在使用测微器进行读数时,旋出或旋进测微螺旋的测量结果应相同,否则说明光学测微器具有隙动差,应测定隙动差的大小。

表 4-5　光学测微器隙动差和分划值的测定

仪　器:Ni002,NQ430271　　　　日　期:2019-7-28　　　　距　离:8 m
观测者:　　　　　　　　　　　　记录者:　　　　　　　　　检查者:

组数	时间和温度	测回	检测尺读数 / 往返	504	505	506	507	508	509	始末分划转动量
Ⅰ	日期:7 月 28 日 开始: 15:00 结束: 15:20 始: 28 ℃ 末: 28.5 ℃	1	往测 a	00.4	20.8	40.4	60.4	80.4	100.2	99.8
			返测 b	01.6	21.4	40.8	61.6	81.2	100.8	99.2
		2	往测 a	00.4	20.0	40.4	61.0	80.6	100.0	99.6
			返测 b	00.8	21.4	41.8	61.6	81.8	101.4	100.4
		3	往测 a	00.6	21.0	40.8	60.4	80.8	100.2	99.6
			返测 b	01.8	21.6	41.4	61.6	82.0	101.8	100.0
		4	往测 a	01.0	20.6	40.2	60.6	80.2	100.2	99.2
			返测 b	01.8	21.0	41.6	61.4	81.4	101.8	100.0
		5	往测 a	0	20.2	40.4	60.8	80.4	100.8	100.8
			返测 b	01.0	21.4	41.4	61.8	81.0	101.4	100.4
		中数	往测 a	0.48	20.52	40.44	60.64	80.48	100.28	99.8
			返测 b	1.40	21.36	41.40	61.60	81.48	101.44	100.4
		差	a_0-b_0	-0.92	-0.84	-0.96	-0.96	-1.00	-1.16	-5.84
Ⅱ	日期:7 月 29 日 开始: 15:00 结束: 15:22 始: 26 ℃ 末: 26.5 ℃	1	往测 a	01.8	21.4	42.0	61.8	82.2	101.0	99.2
			返测 b	03.8	23.4	44.0	63.8	83.6	102.8	99.0
		2	往测 a	03.8	22.6	43.4	62.8	82.6	103.0	99.2
			返测 b	03.0	23.2	43.4	64.0	83.8	103.8	100.8
		3	往测 a	03.0	22.8	42.6	62.4	82.4	102.4	99.4
			返测 b	03.0	22.8	43.2	62.4	82.8	103.0	100.4
		4	往测 a	02.8	22.4	42.6	62.2	82.8	103.2	100.4
			返测 b	03.6	23.2	43.8	63.4	83.0	103.8	100.2
		5	往测 a	02.8	22.4	43.0	62.6	82.8	103.8	101.0
			返测 b	03.0	23.6	42.8	63.2	83.0	103.0	100.0
		中数	往测 a	2.84	22.32	42.72	62.36	82.56	102.68	99.84
			返测 b	3.28	23.24	43.44	63.36	83.24	103.28	100.00
		差	a_0-b_0	-0.44	-0.92	-0.72	-1.00	-0.68	-0.60	-4.36

转动测微螺旋,使测微器移动 L 个分划,视线在标尺上相应地移动一段距离 d,则测微器的格值 g 为:

$$g=\frac{d}{L} \tag{4-1}$$

第Ⅲ组观测记录与计算略去。

对标尺的同一分划,用测微器进行旋进和旋出读数,根据旋进和旋出的读数之差 Δ 的大小就可以评定测微器效用的正确性。

以上两项测定同时进行,方法如下:

在距仪器 5~6 m 处垂直竖立一支三等标准金属线纹尺或其他同等精度钢尺作标准尺,用其 1 mm 分划面进行此项检验。

测定开始时将仪器整置水平,并将测微器转到零分划附近,调整标准尺高度,使十字丝中丝与一标准尺分划线重合,此时测微器上的读数应在 0~3 格范围。

一测回操作如下。

往测:旋进(或旋出)光学测微器,依次照准标准尺上的 6 根分划线(间隔共 5 mm),每次照准时使中丝与分划线精密重合,并读取测微器读数,记为 a。

返测:往测后马上进行返测,旋出(或旋进)光学测微器,以相反的方向依次照准往测测过的 6 根分划线,读取测微器读数,记为 b。

以上为 1 个测回,5 个测回构成一组。共应进行三组观测。若为新仪器首次测定,则三组应在不同温度下进行。

测定的记录和计算格式见表 4-5。算得的测微器平均格值 g 与名义格值之差不大于 0.001 mm。最后算得的平均测微器隙动差不得大于 2 格。上述两项指标若有超限的,则该仪器禁止使用,应送厂修理。

在实际作业中,为了避免光学测微器效用不正确给观测结果带来误差,测微器最后的旋转应是旋进。

计算填写表格见表 4-6,计算方法为:

a.求出测微器隙动差:

$$\Delta = \sum (a_0 - b_0)/18 \tag{4-2}$$

式中,a_0,b_0 分别为标准尺每根分划线的读数 a,b 的平均值。

b.求出测微器分划值:

$$g = \sum l / \sum L \tag{4-3}$$

式中,l 为中丝对准标准尺首、末分划间隔,mm;L 为对准首、末分划时测微器转动量,格。

表 4-6 光学测微器隙动差和分划值计算

组别	温度/℃	往测(旋进) 返测(旋出)	标准尺始末分划间隔/mm	l 间隔在测微器上的转动量格
I	28.2	往测	5	99.80
		返测	5	100.04

续表

组别	温度/℃	往测(旋进) 返测(旋出)	标准尺始末分划间隔/mm	l 间隔在测微器上的转动量格
Ⅱ	20.2	往测	5	99.84
		返测	5	100.00
Ⅲ	14.5	往测	5	99.98
		返测	5	100.04
总和			30	599.70
计算	$g = \sum l/\sum L = 30/599.70 = 0.0503(\mathrm{mm})$ $\sum(a_0 - b_0) = -11.88(\mathrm{t})$ $\Delta = -11.88/18 = 0.66(\mathrm{t})$			

④视准轴与水准轴相互关系的检验与校正。

视准轴与水准轴必须满足相互平行这一重要条件,但一般视准轴与水准轴既不在同一平面内,也不互相平行,而是两条空间直线,如图 4-11 所示,在垂直平面上投影的交角称为 i 角误差,在水平平面上投影的交角称为 φ 角误差,也称为交叉误差。

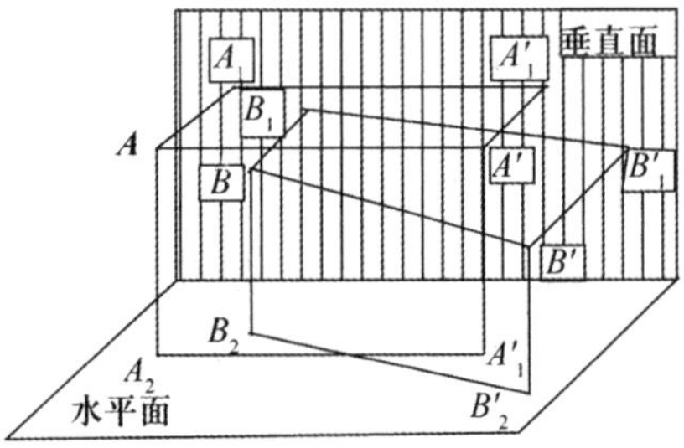

图 **4-11**　水准仪 ***i*** 角和交叉角

a.检验校正交叉误差和 i 角误差的目的。

水准仪测定的高差是在视准轴水平的条件下照准前后标尺读数而得到的,视准轴的水平是借助水准器调平的。如果视准轴与符合水准器轴不平行,那么当把符合水准器水准轴调整水平以后,视准轴并不水平;对于自动安平水准仪,i 角的存在,就是指经补偿后的视准线仍不水平。i 角的存在必然给观测高差带来误差。另外,外界因素的影响也能引起仪器结构的关系的微小变化,即 i 角随外界因素的变化而变化。因此,规范规定:作业开始后的第一个星期内水准管式水准仪每天检验 i 角两次,上、下午各一次。自动安平水准仪可每天只检验一次。若 i 角较稳定,以后每隔 15 天检验一次。经检验,若 i 角超出规定的限值,就要进行校正。

对于水准管式水准仪,经过 i 角校正,即使 i 角为零,也只能使视准轴与水准器轴在垂直面内平行,交叉误差仍然存在。这时,就是在某一方向上视准轴水平,当改变仪器的照准方向以后仍不能保证视准轴水平,从而给观测带来误差影响。因此,在进行 i 角检校的同时,还必须进行交叉误差的检校。

b.交叉误差的检验与校正。

检校时,应先进行交叉误差的检校,接着进行 i 角误差的检校。

若不存在交叉误差,仪器整平后,仪器绕视准轴左右倾斜时,符合水准器气泡将不发生偏离;若偏离,说明存在交叉误差。根据这一特征,采取下述方法进行检校。

将水准仪安置在距标尺约 50 m 处,并使其一个脚螺旋位于仪器至标尺的照准面内。

整平仪器,并用倾斜螺旋使符合水准器气泡两端精密符合。转动测微螺旋,精确照准标尺,读、记读数。

按图 4-12 所示的脚螺旋的旋转方向,将视准轴左侧的脚螺旋旋转两周,再旋转视准轴右侧的脚螺旋,使仪器仍照准上款所照准的标尺分划线,观察气泡两端是否符合或相互偏离若干距离,然后反向转动两侧的脚螺旋,使之在保持原有读数的情况下气泡恢复符合的位置。

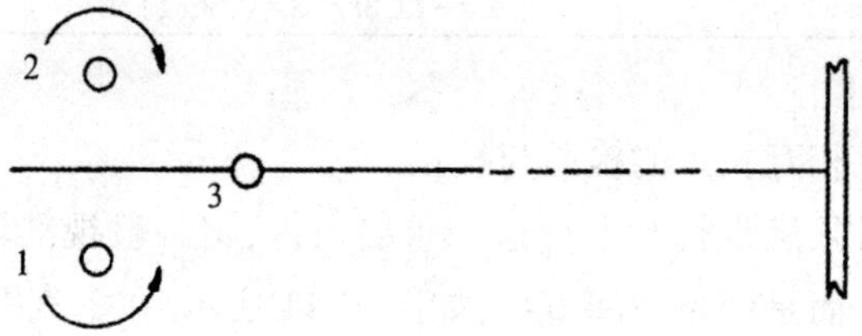

图 **4-12**　交叉角误差校正图

同法,使仪器向另一侧倾斜,并观察在保持原读数不变的情况下,气泡两端是否符合或相离开若干距离。

通过上述检验,仪器分别向两侧倾斜时,若气泡保持符合或向同一方向分离相等的距离,则表示不存在交叉误差;若气泡异向偏离,说明有交叉误差存在。当异向偏离大于 2 mm 时,须按下述方法校正:

将符合水准器侧方的一个改正螺旋旋松,将另一改正螺旋旋紧,使符合气泡左、右移动,直至气泡恢复符合为止。

对于某一台水准仪来说,可能同时存在交叉误差和 i 角。若水准轴与视准轴之间只存在 i 角的原理,仪器绕视准轴向左或向右倾斜相同角度时,符合水准器移动方向相同、移动量相等的原理。根据这一原理,在检验交叉误差的过程中,使仪器分别向左、右倾斜相同量时,做出如下判断:

A.符合水准器气泡两端影像保持吻合,说明仪器既无交叉误差也无 i 角。

B.气泡同方向移动相同距离时,无交叉误差但有 i 角。

C.气泡异向移动相同距离时,有交叉误差无 i 角。

D.气泡异向移动不同距离时,既有交叉误差又有 i 角,且交叉误差大于 i 角误差。

E.气泡同向移动不同距离时,i 角大于交叉误差。

c.i 角误差检验与校正。

场地准备。在平坦地面上选取一条直线上的四个点,点间距离为 20.6 m,打下木桩。两端点为架仪器点,中间两点为立尺点,如图 4-13 所示。

观测方法。将仪器置于 J_1 点,整平,照准 A、B 点尺读数 4 次,然后在 J_2 点照准照准 A、B

点尺读数 4 次。

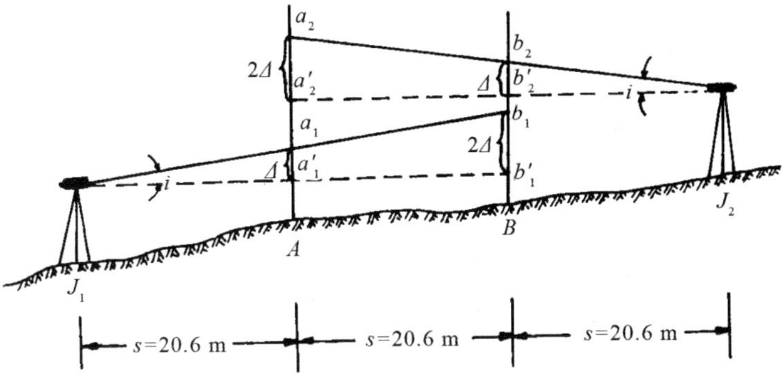

图 **4-13**　***i*** 角误差检验图

计算公式如下：

$$h'_1=a'_1-b'_1=(a_1-\Delta)-(b_1-2\Delta)=a_1-b_1+\Delta=h_1+\Delta$$
$$h'_2=a'_2-b'_2=(a_2-2\Delta)-(b_2-\Delta)=a_2-b_2-\Delta=h_2-\Delta \tag{4-4}$$

$$\Delta=\frac{1}{2}(h_2-h_1) \tag{4-5}$$

$$\Delta=i''s/\rho''$$

$$i''=\frac{\rho''}{s}\Delta \tag{4-6}$$

$$i''=10\Delta \tag{4-7}$$

观测计算示例见表 4-7。

表 4-7　*i* 角检校计算

仪器：Ni 004	$N_{\underline{0}}$71001		观测者：______	
日期：2019-8-10	标尺：10796　10797		记录者：______	
时间：8：10	呈像：清晰稳定		检查者：______	
仪器站	J_1		J_2	
观测次序	A 尺读数 a_1	B 尺读数 b_2	A 尺读数 a_2	B 尺读数 b_2
1	298 712	299 140	310 952	311 394
2	704	142	956	410
3	708	154	944	396
4	708	150	958	400
中数	298 708	299 146	310 952	311 400
高差$(a-b)$/mm	−2.19		−2.24	
$\Delta=[(a_2-b_2)-(a_1-b_1)]/2=-0.025$(mm)		$i''=10\Delta=-0.25''$		
校正：				
$a'_2=a_2-2\Delta=b_2+a_1-b_1=$		$b'_2=b_2-2\Delta=$		

用于一、二等水准测量的仪器,其 i 角不得超过±15″,其他不得大于±20″,超出限差时必须进行校正。

i 角校正可在 J_2 点测站上进行。用倾斜螺旋将望远镜视线对准 A 点标尺上的正确读数 $a'_2=a_2-2\Delta=b_2+a_1-b_1$,然后校正水准器的上下校正螺丝,使气泡居中。校正后,将望远镜对准 B 点标尺读数 b'_2,它应与计算值 $b'_{2计算}=b_2-2\Delta$ 一致,以此作为检核。见表4-7。

校正需反复进行,直至 i 角在限差内为止。i 角校正后,应重新检查圆水准器安置的正确性。

(2)精密水准尺的检验。

作业前应检验的项目:

①水准标尺的检视。

首先检视标尺结构是否完好,因瓦合金带与尺身的连接是否牢固;还应检视标尺扶持环是否灵活,标尺底板有无损坏,标尺圆水准器是否完好,刻划线和注记是否粗细均匀、清晰、有无异常伤痕,能否读数等。

②水准标尺上圆水准器安置正确性的检验和校正。

水准测量,要求标尺垂直竖立(即标尺与立尺点铅垂线一致),否则将给观测结果带来误差影响。标尺是否垂直竖立,是依靠标尺圆水准器来指示的。因此,标尺圆水准器安置是否正确,即圆水准器轴与标尺轴线是否平行,应加以检验和校正。

先将水准仪整置水平,在距水准仪约 50 m 处竖立标尺。扶尺员按观测员的指挥,使标尺的边沿和视野中垂直丝重合,此时标尺圆水准器应居中,否则应用改针调整圆水准器上的改正螺旋使气泡居中。此时说明,在这个方向上标尺圆水准器水准轴与标尺轴线已经平行;再将标尺转 90°,使标尺的边沿和视野中垂直丝重合,观察气泡是否居中。如此反复进行多次,直至上述两个位置的标尺边沿与垂直丝重合时圆水准气泡居中为止。

③水准标尺分划面弯曲差的测定。

标尺分划面全长应该笔直,如果有弯曲,将使观测读数偏大,对水准路线的高差造成系统性的误差影响。

标尺分划面是否垂直,用弯曲差(矢距)来表示。所谓矢距,就是分划面两端点连线的中点到标尺分划面的垂距。矢距越大,表示弯曲差越大,如图 4-14 所示。

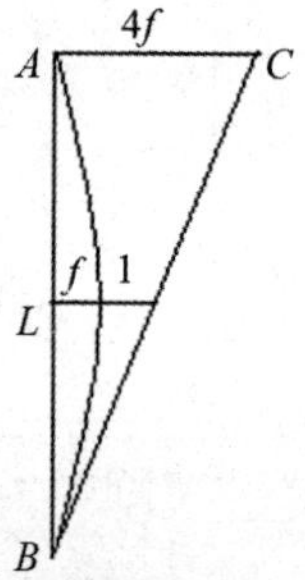

图 **4-14** 标尺弯曲测定图

测定矢距的方法是:在标尺两端之间引张一条很细的直线,在标尺尺面的两端及中点分别量取标尺尺面两端及中点到此直线的距离。两端距离读数的中数与中点读数之差即为矢距。对于线条式因瓦合金标尺,矢距不得大于 4 mm。

$$e=e'-\frac{8f^2}{3e'} \tag{4-8}$$

式中,f 为标尺弯曲差,mm;e' 为标尺名义长度,mm。

④标尺名义米长及分划偶然中误差的测定。

标尺上的名义相距 1 m 的两条分划线之间的真实长度如果与其名义长度不相等,将给观测高差带来系统性的误差影响。这种误差影响在观测过程中无法发现,而且无法通过观测程序消除。尤其在高差较大地区,这种误差影响不容忽视。因而要对标尺名义米长进行检测,根据检测结果采取计算改正数或避免使用该标尺等措施。

检测名义米长时用一级线纹米尺作为检查尺,在标尺上取若干 1 m 间隔进行测定,以各个间隔测定的结果的中数作为这根标尺的平均名义米长。两根标尺的平均名义米长的中数就是一副标尺的平均名义米长。

一级线纹米尺的全长为 105 cm,尺面的两边分别刻有 102 cm 的分划线,一边的分划间隔为 0.2 mm。尺身上装有两个放大镜,可沿尺身滑动,以便读数。在尺身中间凹槽内装有一个温度计。

每根检查尺都有其尺长方程式,尺长方程式的一般形式为

$$L=1\ 000\ \text{mm}+\Delta L+a(t-t_0) \tag{4-9}$$

经国家计量部门对该检查尺检定后,给出这根检查尺的 $\Delta L, a, t_0$ 的数值。其中,t_0 是国家计量部门检定这根检查尺尺长时的标准温度;ΔL 是温度为 t_0 时的尺长改正数;a 是这根检查尺的膨胀系数。例如 $N_{\underline{0}}$1120 号检查尺,经国家计量部门对其进行检定后,得到的尺长方程式为

$$L=1\ 000\ \text{mm}-0.07\ \text{mm}+18.5\ \text{mm}\times10^{-3}(t-20\ ℃)$$

用一级线纹米尺测定标尺名义米长的方法是:

测定开始前两小时,将检查尺和被检标尺取出,放在温度稳定的室内,使尺子的温度充分一致,然后将被检水准尺平放在一平台上,使标尺背面与平台充分接触。

对每根标尺的两排分划线均应测定。每排分划要进行往、返测。每排分划的往、返测各取三个米间隔(以有基本分划和辅助分划的线条式因瓦合金标尺为例),具体数字如下。

基本分划:

往测:0.25~1.25 m,0.85~1.85 m,1.45~2.45 m。

返测:2.75~1.75 m,2.15~1.15 m,1.55~0.55 m。

辅助分划:

往测:0.40~1.40 m,1.00~2.00 m,1.60~2.60 m。

返测:2.90~1.90 m,2.30~1.30 m,1.70~0.70 m。

往测:首先测定第一个间隔(0.25~1.25 m)。把检查尺放在被检标尺尺身上,使检查尺有 0.2 mm 分划的一边与标尺的因瓦带尺相合。两个观测员分别用两个放大镜在 0.25 m 和 1.25 m 处读数。读数时分别以标尺的 0.25 m 和 1.25 m 分划线的下边沿作为指标,两观测员

同时读出检查尺的分划数(估读至0.02 mm);以同样的方法,再以标尺的两个分划线的上边沿为指标进行读数。两次左、右两端读数差的校差不应大于0.06 mm,否则应立即重测。如此依次再测定两个间隔,共三个间隔。每测定一个间隔读取温度一次。

返测:返测时,两观测员互换位置,按上述方法测定返测的三个间隔。检测示意图如4-15所示。

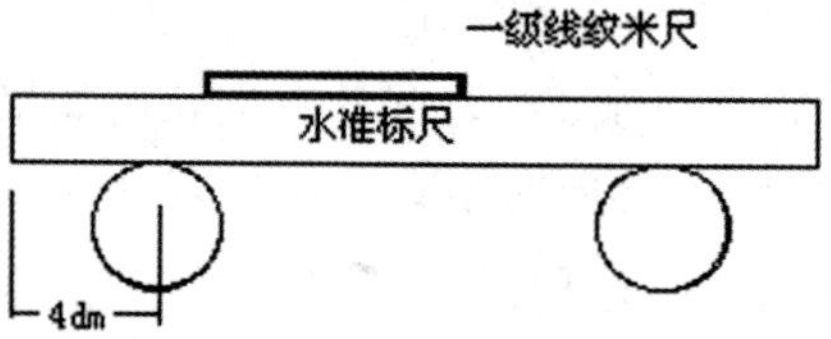

图 **4-15** 水准尺分划线每米分划间隔真长测定示意图

测定的记录、计算示例见表4-8。

表 4-8 水准尺分划线每米分划间隔真长的测定

标尺:线条式铟瓦水准尺 10797　　观测者:______

检查尺:一级线纹米尺 $N_{\underline{o}}$1120　　记录者:______

日期:2019 年 9 月 20 日　　$L=1\,000-0.07\ \text{mm}+18.5\ \text{mm}\times10^{-3}(t-20\ ℃)$　　检查者:______

分划面	往返测	水准尺分划间隔/cm	温度/℃	检查尺读数/mm		右-左/mm		检查尺尺长及温度改正/mm	分划面一米间隔之真长/mm
				左端	右端	右-左	中数		
1	2	3	4	5	6	7	8	9	10
基本分划	往测	25~125	24.7	1.24 4.24	1 001.22 1 004.20	999.98 999.96	999.97	+0.017	999.987
		85~185	24.9	0.48 3.48	1 000.46 1 003.48	999.98 1 000.00	999.99	+0.021	1 000.011
		145~245	24.9	2.38 5.36	1 002.40 1 005.38	1 002.02 1 002.02	1 002.02	+0.021	1 000.041
	返测	275~175	25.0	0.42 3.42	1 000.38 1 003.40	999.96 999.98	999.97	+0.022	999.992
		215~115	25.0	0.72 3.70	1 000.68 1 003.68	999.96 999.98	999.97	+0.022	999.992
		155~55	25.0	0.52 3.52	1 000.48 1 003.48	999.96 999.96	999.96	+0.022	999.982

续表

分划面	往返测	水准尺分划间隔/cm	温度/℃	检查尺读数/mm		右-左/mm		检查尺尺长及温度改正/mm	分划面一米间隔之真长/mm
				左端	右端	右-左	中数		
辅助分划	往测	40~140	25.0	1.30 4.32	1 001.28 1 004.28	999.98 999.96	999.97	+0.022	999.992
		100~200	25.0	1.82 4.80	1 001.76 1 004.78	999.94 999.98	999.96	+0.022	999.982
		160~260	25.0	0.78 3.76	1 000.76 1 003.76	999.98 1 000.00	999.99	+0.022	1 000.012
	返测	290~190	25.0	2.36 5.36	1 002.30 1 005.24	1 000.00 999.98	999.99	+0.022	1 000.012
		230~130	25.0	1.56 4.54	1 001.56 1 004.52	1 000.00 999.98	999.99	+0.022	1 000.012
		170~70	25.0	0.64 3.62	1 000.62 1 003.62	999.98 1 000.00	999.99	+0.022	1 000.012
一根尺一米间隔之平均真长为 1 000.002;一对尺一米间隔之平均真长为 1 000.003									

注:另一水准尺 10798 检验记录从略,其一米间隔平均真长为 1 000.004。

如表 4-8,对于每一分划间隔的观测中数(表中第 8 栏)均应加入检查尺的尺长及温度改正,从而得到该分划间隔的真长。然后取基辅分划往返共 12 个米间隔的真长平均值作为这根水准尺的每米间隔真长。最终计算一对标尺的平均米间隔真长,其值与名义长之差的绝对值大于 0.02 mm 时,应对观测高差施加尺长改正。

区格式木质标尺的检验方法与上述方法基本相同,区别仅在于不是读取分划线的上下边缘,而是两次读取分划线同一边缘在检查尺上的读数,两次读数间稍微移动一下检查尺即可。

⑤一对水准标尺零点差及基、辅分划读数差常数的测定。

水准标尺的注记是从其底面起算的,即标尺的零分划线应与其底面重合,若两者不重合,则其差称为零点差。一对水准标尺的零点差之差,称为一对水准标尺的零点差,它对观测高差会产生误差影响,必须加以检验。另外,标尺的基、辅分划读数差为一常数。例如,1 cm 分划的铟瓦标尺的基辅差名义为 301.550 cm。水准标尺的基辅差的名义值不可能与其实际的基辅差完全相同,因此需要测定出标尺的实际基辅差。标尺基辅差的测定值与名义值之差不应超过 0.05 mm,如过此限值,在作业过程中采用基辅差实际测定值来检核基辅分划的读数差。

测定方法:

在距水准仪 20~30 m 的等距离处,打下 3 个木桩,钉以圆帽钉,桩顶间高差约为 20 cm。分别将标尺立于各桩顶进行观测,对于铟瓦标尺,观测 3 个测回;对于木质标尺观测 2 个测回。

每一测回中,依次将两标尺立于每一木桩上,每次立尺时使用光学测微器,按基本分划和辅助分划各读数 3 次,而望远镜的视准轴位置应保持不变。测回间须变更仪器高。

计算:

分别计算每根标尺基本分划和辅助分划所有读数的中数。两标尺基本分划读数中数之差,即为一对标尺零点差。两标尺辅助分划读数中数之差,即为两标尺辅助分划零点差。每一标尺基本分划读数的中数与辅助分划读数的中数之差,即为每标尺基辅分划的读数差常数。对木质标尺来说,基辅分划读数差常数即为黑、红面读数差常数。

若两根标尺的读数差常数相差不大,则取其中数作为一对标尺的基辅分划读数差常数;此值与名义值之差,对因瓦标尺应不超过 0.05 mm,对木质标尺应不超过 1.0 mm,否则,在作业中应采用实际测得值作读数校核之用。

表 4-9 列出了线条式因瓦标尺的测定记录和计算结果,这一对标尺基辅分划读数差常数的名义值为 301.550cm。

表 4-9 线条式因瓦标尺的测定记录计算表

标尺:线条式铟瓦水准尺 0819/0820　　观测者:______

日期:2019 年 9 月 12 日　　记录者:______

仪器:N358823　　检查者:______

测回	桩号	$N_{\underline{0}}$0819 标尺读数/mm			$N_{\underline{0}}$0820 标尺读数/mm		
		基本分划	辅助分划	基辅读数差	基本分划	辅助分划	基辅读数差
Ⅰ	1	1 218.84	423 4.30	3 015.46	1 218.80	4 234.32	3 015.52
		8.80	4.30	5.50	8.84	4.34	5.50
		8.76	4.32	5.56	8.82	4.40	5.58
	2	1 427.70	4 444.22	3 015.52	1 427.82	4 443.28	3 015.46
		7.70	3.18	5.48	7.84	3.34	5.50
		7.72	3.20	5.48	7.80	3.32	5.52
	3	1 628.92	4 644.44	3 015.52	1 629.04	4 644.52	3 015.48
		8.88	4.42	5.54	9.04	4.50	5.46
		8.92	4.40	5.48	9.02	4.48	5.46
	平均	1 425.14	4 440.64	3 015.50	1 425.22	4 440.72	3 015.50
Ⅱ	1	1 244.48	4 259.92	3 015.44	1 244.54	4 260.04	3 015.50
		4.46	9.86	5.40	4.50	0.02	5.52
		4.44	9.86	5.42	4.54	0.02	5.48
	2	1 453.40	4 468.74	3 015.34	1 453.50	4 468.88	3 015.38
		3.42	8.80	5.38	3.50	8.94	5.44
		3.32	8.70	5.38	3.52	8.94	5.42
	3	1 654.54	4 670.02	3 015.48	1 654.66	4 670.16	3 015.50
		4.52	4 569.94	5.42	4.72	0.14	5.42
		4.56	9.98	5.42	4.72	0.20	5.48
	平均	1 450.79	4 446.20	3 015.41	1 450.91	4 446.37	3 015.46

续表

测回	桩号	$N_0$0819 标尺读数/mm			$N_0$0820 标尺读数/mm		
		基本分划	辅助分划	基辅读数差	基本分划	辅助分划	基辅读数差
Ⅲ	1	1 266.78 6.80 6.78	4 282.24 2.22 2.26	3 015.46 5.42 5.48	1 266.90 6.90 6.88	4 282.24 2.38 2.34	3 015.52 5.48 5.46
	2	1 475.68 5.62 5.64	4 491.14 1.10 1.12	3 015.46 5.48 5.48	1 475.78 5.70 5.74	4 491.24 1.22 1.24	3 015.46 5.52 5.50
	3	1 676.82 6.80 6.80	4 692.26 2.28 2.24	3 015.44 5.48 5.44	1 476.92 7.00 6.98	4 492.38 2.44 2.44	3 015.46 5.44 5.46
	平均	1 473.08	4 488.54	3 015.46	1 473.20	4 488.68	3 015.48
总中数		1 449.67	4 465.13	3 015.46	1 449.78	4 465.26	3 015.48

注:一对标尺基辅分划读数差常数平均值为 3 015.47 mm。

两标尺基辅分划读数差常数的差为 0.02 mm。

4.2.2　水准测量外业观测

1.精密水准测量作业的一般规定

根据精密水准测量中各种误差的性质及其影响规律,《国家一、二等水准测量规范》(GB/T 12897—2006)中对精密水准测量的实施做出各种相应的规定,目的在于尽可能消除或减弱各种误差对观测成果的影响。

(1)观测前 30 分钟,应将仪器置于露天阴影处,使仪器与外界气温趋于一致;观测时应用测伞遮蔽阳光:迁站时应罩以仪器罩。

(2)仪器距前、后视水准标尺的距离应尽量相等,其差应小于规定的限值,二等水准测量中规定,一测站前、后视距差应小于 1.0 m,前、后视距累积差应小于 3 m。这样,可以消除或削弱与距离有关的各种误差对观测高差的影响,如 i 角误差和垂直折光等影响。

(3)对气泡式水准仪,观测前应测出倾斜螺旋的置平零点,并作标记,随着气温变化,应随时调整置平零点的位置。对于自动安平水准仪的圆水准器,须严格置平。

(4)同一测站上观测时,不得两次调焦;转动仪器的倾斜螺旋和测微螺旋,其最后旋转方向均应为旋进,以避免倾斜螺旋和测微器隙动差对观测成果的影响。

(5)在两相邻测站上,应按奇、偶数测站的不同观测程序进行观测,对于往测奇数测站按“后前前后”的观测顺序、对于观测偶数测站按“前后后前”的观测程序在相邻测站上交替进行。返测时,奇数测站与偶数测站的观测程序与往测时相反,即奇数测站由前视开始,偶数测站由后视开始。这样的观测程序可以消除或减弱与时间成比例均匀变化的误差对观测高差的影响,如 i 角的变化和仪器的垂直位移等影响。

(6)在连续各测站上安置水准仪时,应使其中两脚螺旋与水准路线方向平行,而第三脚螺旋轮换置于路线方向的左侧与右侧,如图 4-16 所示。

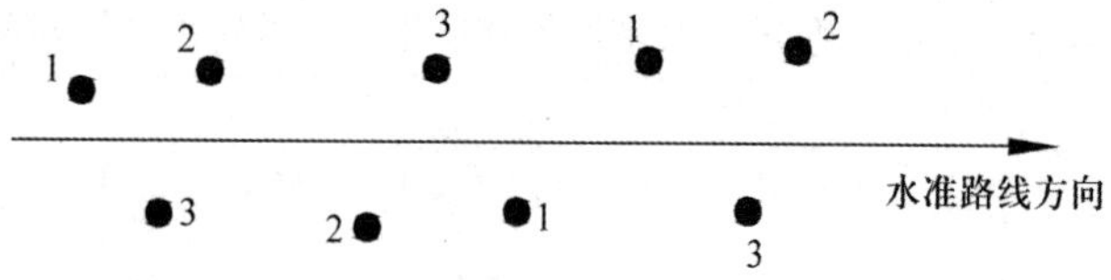

图 4-16　脚架三条腿沿水准路线的轮放位置

(7)每一测段的往测与返测,其测站数均应为偶数,由往测转向返测时,两水准标尺应互换位置,并应重新整置仪器。在水准路线的每一测段上测站数均应为偶数,可以削减两水准标尺零点不等差等误差对观测高差的影响。

(8)每一测段的水准测量路线都应进行往测和返测,这样,可以消除或减弱性质相同,正、负号也相同的误差影响,如水准标尺垂直位移的误差影响。

(9)一个测段的水准测量路线的往测和返测应在不同的气象条件下进行,如分别在上午和下午观测。

(10)使用补偿式自动安平水准仪观测的操作程序与水准器水准仪相同;观测前对圆水准器应严格检验与校正,观测时应严格使圆水准器气泡居中。

(11)水准测量的观测工作间歇时,最好能结束在固定的水准点上,否则,应选择两个坚稳可靠、光滑突出、便于放置水准标尺的固定点,作为间歇点加以标记,间歇后,应对两个间歇点的高差进行检测,检测结果如符合限差要求(对于二等水准测量,规定检测间歇点高差之差应不大于 1.0 mm),就可以从间歇点起测。若仅能选定一个固定点作为间歇点,则在间歇后应仔细检视,确认没有发生任何位移,方可由间歇点起测。

2.精密水准测量外业观测

(1)测站观测程序。

往测时,奇数测站照准水准标尺分划的顺序为:

后视标尺的基本分划;

前视标尺的基本分划;

前视标尺的辅助分划;

后视标尺的辅助分划;

往测时,偶数测站照准水准标尺分划的顺序为:

前视标尺的基本分划;

后视标尺的基本分划;

后视标尺的辅助分划;

前视标尺的辅助分划。

返测时,奇、偶数测站照准标尺的顺序分别与往测偶、奇数测站相同。

(2)光学测微法操作步骤与观测过程。

按光学测微法进行观测,以往测奇数测站为例,一测站的操作程序如下:

①置平仪器。气泡式水准仪望远镜绕垂直轴旋转时,水准气泡两端影像的分离不得超

过 1 cm，对于自动安平水准仪，要求圆气泡位于指标圆环中央。

②将望远镜照准后视水准标尺，使符合水准气泡两端影像近于符合（双摆位自动安平水准仪应置于第Ⅰ摆位）。随后用上、下丝分别照准标尺基本分划进行视距读数（如表 4-10 中的（1）和（2））。视距读取 4 位，第四位数由测微器直接读得。然后，使符合水准气泡两端影像精确符合，使用测微螺旋用楔形平分线精确照准标尺的基本分划，并读取标尺基本分划和测微分划的读数（3）。测微分划读数取至测微器最小分划。

③旋转望远镜照准前视标尺，并使符合水准气泡两端影像精确符合（双摆位自动多准仪仍在第Ⅰ摆位），然后，用上、下丝分别照准标尺基本分划进行视距读数（5）和（6）。用楔形平分线照准标尺基本分划，并读取标尺基本分划和测微分划的读数（4）。

④用水平微动螺旋使望远镜照准前视标尺的辅助分划，并使符合气泡两端影像精确符合（双摆位自动安平水准仪置于第Ⅱ摆位），用楔形平分线精确照准并进行标尺辅助分划与测微分划读数（7）。

⑤旋转望远镜，照准后视标尺的辅助分划，并使符合水准气泡两端影像精确符合（双位自动安平水准仪仍在第Ⅱ摆位），用楔形平分线精确照准并进行辅助分划与测微分划读数（8）。

表 4-10 中第（1）~（8）栏是读数的记录部分，（9）~（18）栏是计算部分，现以往测奇数测站的观测程序为例，来说明计算内容与计算步骤。

表 4-10　二等水准测量外业记录表

测自________至________　　　　　　　　________年_____月_____日

时间　始___时___分　　末___时___分　　　　成　　像__________

温度____________云量____________　　　　风向风速__________

天气____________土质____________　　　　太阳方向__________

测站编号	后尺 下丝	前尺 下丝	方向及尺号	标尺中丝读数		基+K减辅（一减二）	备注
	后尺 上丝	前尺 上丝		基本分划（一次）	辅助分划（二次）		
	后视距	前视距					
	视距差 d	$\sum d$					
	（1）	（5）	后	（3）	（8）	（14）	
	（2）	（6）	前	（4）	（7）	（13）	
	（9）	（10）	后-前	（15）	（16）	（17）	
	（11）	（12）	h	—		（18）	
			后				
			前				
			后-前				
			h				

a.视距部分的计算:

(9)=(1)-(2)

(10)=(5)-(6)

(11)=(9)-(10)

(12)=(11)+前站(12)

b.高差部分的计算与检核:

(14)=(3)+K-(8)

式中,K为基辅差(对于N_3水准标尺而言K=301.55cm)

(13)=(4)+K-(7)

(15)=(3)-(4)

(16)=(8)-(7)

(17)=(14)-(13)=(15)-(16)检核

(18)=[(15)+(16)]/2

以上是光学测微法一测站全部操作与观测过程。

(2)数字水准仪操作步骤与观测过程。

使用徕卡数字水准仪 DNA03 能进行等级水准测量,具体操作方法与过程如下。

第一步:整置测站。

数字水准仪与光学水准仪(自动安平水准仪)的设置测站过程类似,包括安置仪器、粗略整平和瞄准水准尺(条码尺)。

第二步:开机。

按开机键,开机。

第三步:仪器设置。

【快速设置】:按组合键 SHIFT + PROG(MENU),进入仪器的主菜单中,然后选择【快速设置】选项,按确认键之后,进入【快速设置】菜单。快速设置包含以下四项内容:Contrast 是对比度,一般设为系统默认即可。EarthCurv 是指地球曲率改正,如果作业线路较长时,建议将此项打开,即选择“Yes”,否则一般选”No”。USER-Key 是当前指定的用户自定义键,就是侧面红色快捷键,一般默认“测量”。Decimals 是指测量数据的小数位数,其中包括 0.001 m、0.000 1 m 和 0.000 01 m,根据不同的等级水准选择不同的小数位数。

【测量模式】:按 MODE 键进入【测量模式】菜单。测量模式有三种,分别是:Single、Mean、Median。其中 Single 是指单一测量模式,即 n=1 次;Mean 是指取所有观测值的平均值模式,即 n=2 次(可选次数为 2~99 次)。仪器计算所有观测值的平均值。一般大多测量都选择该模式;Median 是指取所有观测值的中间值模式,当测量次数为奇数时,取中间的观测值,当测量次数为偶数时,取两个中间观测值的平均值为观测值。

【线路测量】:按 PROG 键,进入【应用程序】菜单,然后按移动方位键选择【线路测量】,之后按确认键进入线路测量菜单,依次对线路测量进行作业—线路—设置—开始,便可进行数字水准测量。

设置作业:如果用当前作业,此项可不进行设置;如果不想用当前作业则在“作业”选项上按确认键后，进入【选择作业】菜单，通过选择“增加”选项来建立【新作业】。

设置线路：设置线路中包含以下几项内容，其中 Name 是命名线路名，所命名不能与已有的线路名相同；Meth 是观测方法：其中包括 BF(后-前)、aBF(奇数站：后-前，偶数站：前-后)、BFFB(后-前-前-后)、aBFFB(奇数站：后-前-前-后，偶数站：前-后-后-前)、BBFF(后-后-前-前)；PtID 和 H0 是指开始时后视高程点点名和高程值；Stf1、Stf2 是指标尺 1 和标尺 2。

根据不同等级的水准测量，选择正确的观测方法，并且输入后视已知点名称、高程值后将光标移到确认处按确认键，这样线路设置完毕。

设置限差：【设置限差】菜单中，左侧是各种限差名称，右侧是“On”或者“Off”选项。根据规范要求，可以设置其限差值，移动方位键到“值”的位置，然后按确认键，进入【输入限差】菜单，通过数字键、方位键和确认键，输入相应的限差值。TDistBal 是指测站前后视距差累计；MaxDist 是指仪器到标尺的最大视距；StafHigh 是指中丝读数到标尺的最大高度；StafLow 是指中丝读数到标尺的最小高度；StatDif 是指允许最大测站高差之差；B-B/F-F 是指同一观测尺两次读数最大差。

第四步：开始水准测量。

先输入起始点点号和起始点高程，然后瞄准后视数字水准尺后，进行目镜和物镜调焦，使十字丝和水准尺成像清晰，否则会存在调焦误差，并且仪器不予读数。测量时尽量要让竖丝在水准尺的中间，并且上下丝没有遮挡，然后按水准仪右侧红色的测量快捷键进行测量。仪器两次读数后(测量模式为两次)，此站后视测量就完成了。同时观测尺指示光标指向了“F”，提示下一步要进行前视测量。仪器瞄准前视水准尺后按测量快捷键进行前视测量。根据仪器提示的观测顺序，进行每一站的水准测量，直到水准测量结束。

在测量过程中需要注意的是，只要超过了设置的限差，仪器就会提示超限。超限情况可能会随时发生，但不要惊慌，一般仪器会有两个选项：“忽略”和“重测”。如果选择“忽略”则继续测量；如果选择“重测”，则指示光标会自动退到该重测的位置，进行重测。一般超限后，建议重新测量。因为只有保证每一站的测量质量，才能最终确保整条线路的质量。

一、二等精密水准测量外业计算尾数取位见表 4-11。

表 4-11 一、二等水准测量外业计算的单位及数字的取位规定

等级	往返测距离总和/km	测段距离中数/km	各测站高差/mm	往返测高差总和/mm	测段高差中数/mm	水准点高程/mm
一等	0.01	0.1	0.01	0.01	0.1	1
二等	0.01	0.1	0.01	0.01	0.1	1

表 4-11 中的观测数据系用 N_3 精密水准仪测得的，使用配套标尺有辅助分划；当使用的水准仪配套的水准标尺无辅助分划时，在记录表格中基本分划与辅助分划的记录栏内，分别记入第一次和第二次读数。

(3)精密水准测量成果检查限差要求和超限时处理。

按照《国家一、二等水准测量规范》(GB/T 12897—2006)中的要求,精密水准测量中每一测站上的限差见表 4-12。

表 4-12　精密水准测量测站限差要求

等级	视线长度		前后视距差/m	前后视距累积差/m	视线高度(下丝读数)/m	基辅分划读数之差/mm	基辅分划所测高差之差/mm	上下丝读数平均值与中丝读数之差		检测间歇点高差之差/mm
	仪器类型	视线长度/m						0.5 cm 分划标尺	1 cm 分划标尺	
一等	S_{05}	≤30	≤0.5	≤1.5	0.5	≤0.3	≤0.4	≤1.5	≤3	≤0.7
二等	S_1	≤50	≤1.0	≤3.0	0.3	≤0.4	≤0.6	≤1.5	≤3	≤1.0
	S_{05}	≤50								

测段路线往返测高差不符值、附合路线和环线闭合差以及检测已测测段高差之差的限差值见表 4-13。

表 4-13　精密水准测量检核限差要求

等级 项目	测段路线往返测高差不符值/mm	附合路线闭合差/mm	环线闭合差/mm	检测已测测段高差之差/mm
一等	$\pm2\sqrt{K}$	$\pm2\sqrt{L}$	$\pm2\sqrt{F}$	$\pm3\sqrt{R}$
二等	$\pm4\sqrt{K}$	$\pm4\sqrt{L}$	$\pm4\sqrt{F}$	$\pm6\sqrt{R}$

对超限成果的处理,应按下列原则进行取舍和重测。

① 当测段往返测高差不符值超限时,应根据观测时外界条件或观测作业过程中的其他情况进行具体分析,确定是往测存在的问题还是返测存在的问题造成超限,不可盲目重测。当经过分析,即可对存在问题的往测或返测进行整测段重测。如果重测之高差与原高差之差不超过往返测高差不符值的限差规定,且它们的中数与另一单程高差之不符值也合乎测段往返测高差不符值之限差规定,则此中数应作为该单程的高差结果。如果重测高差与其相应单程高差之差超出往返测高差不符值的限差规定,则应将原超限结果划去,只取重测后的观测结果。当该单程重测后仍然超限,则应重测另一单程。如果出现同向单程高差之差不超限,但异向单程高差之差超限呈现分群现象时,就要根据所测成果呈现的某些规律,分析判断造成分群的原因(如标尺或仪器垂直位移等),采取相应的消除或减弱其影响的措施,再进行重测。

② 当一、二等水准测量的区段往返测高差不符值超限时,应对往返测高差不符值较大,且其符号与区段高差不符值的符号相同的某一个测段进行重测。若重测后区段高差不符值仍超限时,再继续重测其他测段。

③ 当路线或环线闭合差超限时,应先重测路线上某些可靠性差(如往返测高差不符值

较大或观测过程中外界条件不佳)的测段。如果重测后仍不合乎限差要求时,则应重测该路线上的其他测段。

④ 由测段往返测高差不符值计算的每千米高差中数的偶然中误差 M_Δ 超限时,要分析原因,重测有关测段。

⑤ 当单程双转点观测左右路线高差不符值超限时,可只重测一个单程,并与原测结果中符合限差的一个单程取中数采用。若重测结果与原测的两个单程结果均符合限差要求,则取三个单程观测结果的中数;当重测结果与原测的两个单程结果均超限时,应在分析原因后,再重测另一单程。

(4)二等精密水准测量外业手簿的检查和计算。

为了确保外业观测成果的正确,并符合限差要求,必须全面、认真地对观测手簿进行计算、检查。

①仪器至前后视标尺的距离之和是否正确。

②基本分划与辅助分划的读数之差是否正确。

③基本分划与辅助分划所测高差(后视减前视所得高差)及高差之差是否正确。

④由基本分划、辅助分划所测高差的中数及其符号是否正确。

⑤由基本分划、辅助分划分别得"$\sum$ 前视"与"$\sum$ 后视"的计算是否正确。

⑥基本分划、辅助分划的"$\sum$(后视-前视)"是否正确。

⑦正、负高差中数之和是否正确。

⑧ $$\frac{\sum(\text{后视}-\text{前视})_{\text{基}}+\sum(\text{后视}-\text{前视})_{\text{辅}}}{2}=\sum\text{负高差中数}+\sum\text{正高差中数}。$$

⑨检查下列各项是否符合限差要求:

a.仪器至标尺的距离(视线长度);

b.每一站的前后视距差及前后视距累积差;

c.基本分划与辅助分划读数差(基辅差)及基本分划与辅助分划所测高差之差;

d.前、后视基本分划读数是否符合视线高度的要求;

e.检测间歇点高差之差;

f.测段往返测闭合差;

g.对于一、二等水准测量应检查上下丝读数的平均值与相应中丝读数之差。

4.2.3 精密水准测量误差来源及其减弱措施

在进行精密水准测量时,会受到各种误差的影响。其中有仪器误差、观测误差和外界因素的影响而产生的误差。下面就几种主要的误差进行分析,并讨论对精密水准测量观测成果的影响及应该采取的措施。

1.水准仪及水准尺的误差

(1)i 角的误差影响。

虽然经过了 i 角的检验校正,但要使两轴完全保持平行是困难的。因此,当水准气泡居中时,视准轴仍不能保持水平,使水准标尺上的读数产生误差,并且与视距成正比。

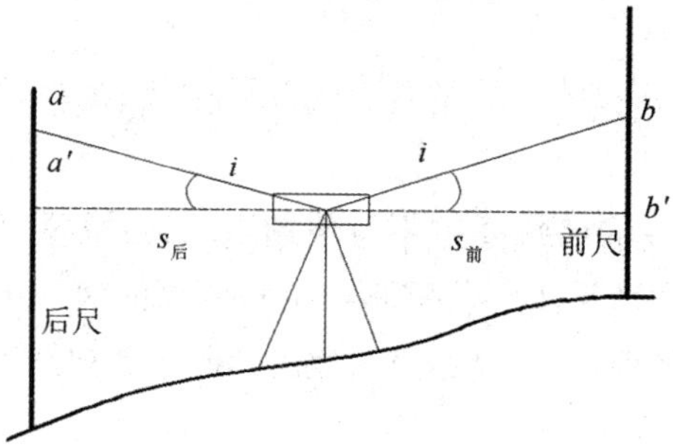

图 4-17　i 角误差的影响

图 4-17 中,$s_{前}$、$s_{后}$ 为前、后视距,由于存在 i 角,并假设 i 角不变的情况下,在前后水准尺上的读数误差分别为 $i'' \cdot s_{前}\frac{1}{\rho''}$和 $i'' \cdot s_{后}\frac{1}{\rho''}$,对高差的误差影响为

$$\delta_s = i''(s_{后} - s_{前})\frac{1}{\rho''} \tag{4-10}$$

对于两个水准点之间一个测段的高差总和的误差影响为

$$\sum \delta_s = i''(\sum s_{后} - \sum s_{前})\frac{1}{\rho''} \tag{4-11}$$

由此可见,在 i 角保持不变的情况下,一个测站上的前后视距相等或一个测段的前后视距总和相等,则在观测高差中由于 i 角的误差影响可以得到消除。但在实际作业中,要求前后视距完全相等是困难的。下面讨论前后视距不等差的容许值问题。

设 $i=15''$,要求 δ_s 对高差的影响小到可以忽略不计的程度,如 $\delta_s=0.1$ mm,那么前后视距之差的容许值可由(4-11)式算得

$$(s_{后} - s_{前}) \leqslant \frac{\delta_s}{i''}\rho'' \approx 1.4(\mathrm{m})$$

为了顾及观测时各种外界因素的影响,所以规定,二等水准测量前后视距差应不大于 1 m。为了使各种误差不致累积起来,还规定由测段第一个测站开始至每一测站前后视距累积差,对于二等水准测量而言应不大于 3 m。

(2)φ 角误差的影响。

当仪器不存在 i 角,则在仪器的垂直轴严格垂直时,交叉误差 φ 并不影响在水准标尺上的读数,因为仪器在水平方向转动时,视准轴与水准轴在垂直面上的投影仍保持互相平行,因此对水准测量并无不利影响。但当仪器的垂直轴倾斜时,如与视准轴正交的方向倾斜一个角度,那么这时视准轴虽然仍在水平位置,但水准轴两端却产生倾斜,从而水准气泡偏离居中位置,仪器在水平方向转动时,水准气泡将移动,当重新调整水准气泡居中进行观测时,视准轴就会偏离水平位置而倾斜,显然它将影响在水准标尺上的读数。为了减少这种误差对水准测量成果的影响,应对水准仪上的圆水准器进行检验与校正和对交叉误差 φ 进行检验与校正。

(3)水准标尺每米长度误差的影响。

在精密水准测量作业中必须使用经过检验的水准标尺。设 f 为水准标尺每米间隔平均

真长误差,则对一个测站的观测高差 h 应加的改正数为

$$\delta_f = hf \tag{4-12}$$

对于一个测段来说,应加的改正数为

$$\sum \delta_f = f\sum h \tag{4-13}$$

式中,$\sum h$ 为一个测段各测站观测高差之和。

(4)两水准标尺零点差的影响。

两水准标尺的零点误差不等,设 a,b 水准标尺的零点误差分别 Δa 和 Δb,它们都会在水准标尺上产生误差。

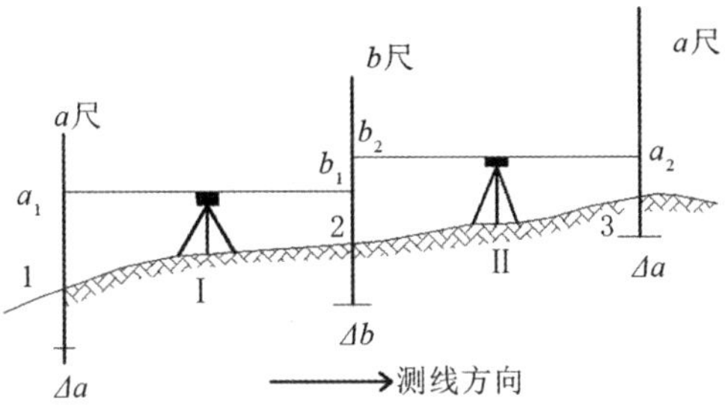

图 **4-18**　两水准尺零点差的影像示意图

如图 4-18 所示,在测站Ⅰ上顾及两水准标尺的零点误差对前后视水准标尺上读数 b_1,a_1 的影响,则测站Ⅰ的观测高差为

$$h_{12} = (a_1 - \Delta a) - (b_1 - \Delta b) = (a_1 - b_1) - \Delta a + \Delta b \tag{4-14}$$

在测站Ⅱ上,顾及两水准标尺零点误差对前后视水准标尺上读数 a_2,b_2 的影响,则测站Ⅱ的观测高差为

$$h_{23} = (b_2 - \Delta b) - (a_2 - \Delta a) = (b_2 - a_2) - \Delta b + \Delta a \tag{4-15}$$

则 1 、3 点的高差,即Ⅰ、Ⅱ测站所测高差之和为

$$h_{13} = h_{12} + h_{23} = (a_1 - b_1) + (b_2 - a_2) \tag{4-16}$$

由此可见,尽管两水准标尺的零点误差 $\Delta a \neq \Delta b$,但在两相邻测站的观测高差之和中,抵消了这种误差的影响,故在实际水准测量作业中各测段的测站数目应安排成偶数,且在相邻测站上使两水准标尺轮流作为前视尺和后视尺。

2.外界因素影响产生的误差

(1)大气垂直折光的影响。

近地面大气层的密度分布一般随离开地面的高度而变化,也就是说,近地面大气层的密度存在着梯度。因此,光线通过在不断按梯度变化的大气层时,会引起折射系数的不断变化,导致视线成为一条各点具有不同曲率的曲线,在垂直方向产生弯曲,并且弯向密度较大的一方,这种现象称为大气垂直折光。

如果在地势较为平坦的地区进行水准测量时,前后视距相等,则折光影响相同,使视线弯曲的程度也相同,因此,在观测高差中就可以消除这种误差影响。但是,由于越接近地面的大气层,密度的梯度越大,前后视线离地面的高度不同,视线所通过大气层的密度不同,折光影响就不同,所以前后视线在垂直面内的弯曲程度也不同。如水准测量通过一个较长的

坡度时,由于前视视线离地面的高度总是大于(或小于)后视视线离地面的高度,当上坡时前视所受的折光影响比后视要大,视线弯曲凸向下方,这时,垂直折光对高差将产生系统性质误差影响。为了减弱垂直折光对观测高差的影响,应使前后视距尽量相等,并使视线离地面有足够的高度,在坡度较大的水准路线上进行作业时应适当缩短视距。

大气密度的变化还受到温度等因素的影响。上午由于地面吸热,地面上的大气层离地面越高温度越低;中午以后,由于地面逐渐散热,地面温度开始低于大气的温度。因此,垂直折光的影响,还与一天内的不同时间有关,在日出后半小时左右和日落前半小时左右这两段时间内,由于地表面的吸热和散热,近地面的大气密度和折光差变化迅速而无规律,故不宜进行观测;在中午一段时间内,由于太阳强烈照射,使空气对流剧烈,致使目标成像不稳定,也不宜进行观测。为了减弱垂直折光对观测高差的影响,水准规范还规定每一测段的往测和返测应分别在上午或下午,这样在往返测观测高差的平均值中可以减弱垂直折光的影响。折光影响是精密水准测量一项主要的误差来源,它的影响与观测所处的气象条件,水准路线所处的地理位置和自然环境,观测时间,视线长度,测站高差以及视线离地面的高度等诸多因素有关。虽然当前已有一些试图计算折光改正数的公式,但精确的改正值还是难以测算。因此,在精密水准测量作业时必须严格遵守水准规范中的有关规定。

(2)温度变化对 i 角的影响。

精密水准仪的水准管框架是同望远镜筒固连的,为了使水准轴与视准轴的联系比较稳固,这些部件是采用因瓦合金钢制造的,并把镜筒和框架整体装置在一个隔热性能良好的套筒中,以防止温度的变化使仪器有关部件产生不同程度的膨胀或收缩,而引起 i 角的变化。但是当温度变化时,完全避免 i 角的变化是不可能的。例如仪器受热的部位不同,对 i 角的影响也显著不同,当太阳射向物镜和目镜端影响最大,旁射水准管一侧时,影响较小,旁射与水准管相对的另一侧时,影响最小。因此,温度的变化对 i 角的影响是极其复杂的,实验结果表明,当仪器周围的温度均匀地每变化 1 ℃时,i 角将平均变化约 0.5″,有时甚至更大些,竟可达到 1~2″。由于 i 角受温度变化的影响很复杂,因而对观测高差的影响是难以用改变观测程序的办法来完全消除的,而且,这种误差影响在往返测不符值中也不能完全被发现,这就使高差中数受到系统性的误差影响,因此,减弱这种误差影响最有效的办法是减少仪器受辐射热的影响,如观测时要打伞,避免日光直接照射仪器,以减小 i 角的复杂变化,同时,在观测开始前应将仪器预先从箱中取出,使仪器充分地与周围空气温度一致。

两相邻测站Ⅰ、Ⅱ对于基本分划如按下列①、②、③、④程序观测,即

在测站Ⅰ上:①后视 ②前视

在测站Ⅱ上:③前视 ④后视

则由图 4-19 可知,对测站Ⅰ、Ⅱ观测高差的影响分别为 $-s(i_2-i_1)$ 和 $s(i_4-i_3)$,s 为视距,i_1、i_2、i_3、i_4 为每次读数变化了的 i 角。

由于我们认为在观测的较短时间段内,i 角与时间成比例地均匀变化,所以 $(i_2-i_1)=(i_4-i_3)$,由此可见,在测站Ⅰ、Ⅱ的观测高差之和中就抵消了由于 i 角变化的误差影响,但是,由于 i 角的变化不完全按照与时间成比例地均匀变化,因此,严格地说,(i_2-i_1) 与 (i_4-i_3) 不一定完全相等,且相邻奇偶测站的视距也不一定相等,所以按上述程序进行观测,只能说

可基本上消除由于 i 角变化的误差影响。

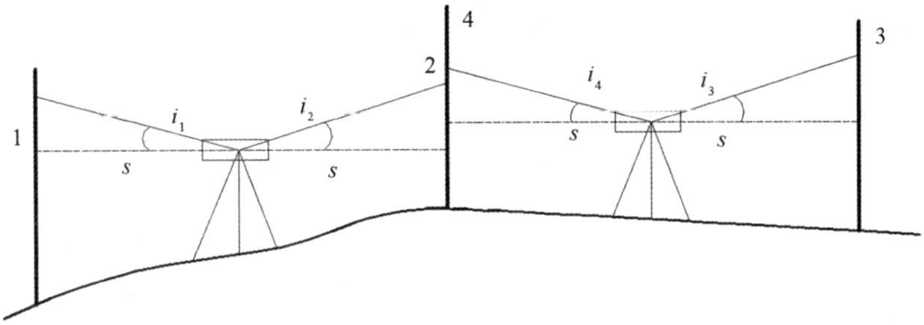

图 **4-19**　温度变化对 ***i*** 角的影响

根据同样的道理,对于相邻测站Ⅰ、Ⅱ辅助分划的观测程序应为

在测站Ⅰ上：①前视 ②后视

在测站Ⅱ上：③后视 ④前视

综上所述,在相邻两个测站上,对于基本分划和辅助分划的观测程序可以归纳为

奇数站的观测程序:后(基)—前(基)—前(辅)—后(辅)

偶数站的观测程序:前(基)—后(基)—后(辅)—前(辅)

所以,将测段的测站数安排成偶数,对于削减由于 i 角变化对观测高差的误差影响也是必要的。

(3)仪器和水准尺垂直位移的影响。

仪器和水准标尺在垂直方向位移所产生的误差,是精密水准测量系统误差的重要来源。

如图 4-20 中的观测程序,当仪器的脚架随时间而逐渐下沉时,在读完后视基本分划读数转向前视基本分划读数的时间内,由于仪器的下沉,视线将有所下降,而使前视基本分划读数偏小。同理,由于仪器的下沉,后视辅助分划读数偏小,如果前视基本分划和后视辅助分划的读数偏小的量相同,则采用“后前前后”的观测程序所测得的基辅高差的平均值中,可以较好地消除这项误差影响。

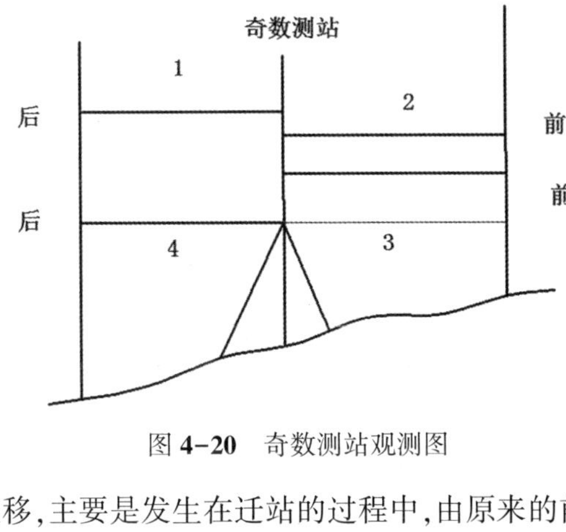

图 **4-20**　奇数测站观测图

水准标尺的垂直位移,主要是发生在迁站的过程中,由原来的前视尺转为后视尺而产生下沉,于是总使后视读数偏大,使各测站的观测高差都偏大,成为系统性的误差影响。这种误差影响在往返测高差的平均值中可以得到有效的抵偿,所以水准测量一般都要求进行往

返测。

在实际作业中,我们要尽量设法减少水准标尺的垂直位移,如:立尺点要选在中等坚实的土壤上;水准标尺立于尺台至少半分钟后才进行观测,这样可以减少其垂直位移量,从而减少其误差影响。有时仪器脚架和尺台(或尺桩)也会发生上升现象,就是当我们用力将脚架或尺台压入地下之后,在我们不再用力的情况下,土壤的反作用有时会使脚架或尺台逐渐上升,如果水准测量路线沿着土壤性质相同的路线敷设,而每次都有这种上升的现象发生,结果会产生系统性质的误差影响,根据研究,这种误差可以达到相当大的数值。

3.观测误差的影响

精密水准测量的观测误差,主要有水准器气泡居中的误差、照准水准标尺上分划的误差和读数误差。这些误差都具有偶然误差性质,由于精密水准仪有微倾螺旋和符合水准器,并有光学测微器装置,可以提高水准器气泡居中的精度和读数精度,同时用楔形丝照准标尺上的分划线,可以减小照准误差,因此,这些误差影响都可以有效地控制在很小的范围内。根据试验结果分析表明,这些误差对每测站上由基辅分划所得观测高差的平均值的影响还不到0.1 mm。

4.电磁场对水准测量的影响

由于自动安平水准仪的广泛使用,仪器的心脏部分——补偿器会受到磁场的影响,产生严重的偏转,使视线产生系统的变化,对水准结果产生系统的磁性感应误差的影响。

这种误差的基本特征是,与水准路线的方向有关,在南北方向时出现明显的误差,其主要原因是:当补偿式自动安平水准仪在南北方向进行水准测量时,补偿器的摆受到一个南北方向力的作用,使视线产生系统的倾斜,水准成果受到系统的误差影响。根据实验分析每千米可达0.7~1.4 mm,由于我国国土面积广大,这种误差对于精密水准的影响是不能忽略的。同时指出,这种系统误差的影响与距离成正比地降低水准测量的精度。在东西方向尽管补偿器也受到一个力的作用,但是,补偿器的摆仍在南北方向产生位移,从而使视线没有改变水平位置,因此可以认为观测成果中没有这种误差的影响。

为克服这种误差的影响,厂家通过改进仪器的制造的方式进行改进,如在补偿器上加装磁屏蔽,采用新的合金抗磁补偿摆等方式。但经过实验证明,效果并不能令人满意。

近几年来初步研究的结果表明,为了避免这种系统性的影响,在布设与输电线平行的水准路线时,必须使水准线路离输电线 50 m 以外,如果水准线路与输电线相交,则其交角应为直角,并且应将水准仪严格地安置在输电线的下方,标尺点与输电线成对称布置,这样,照准后视和前视水准标尺的视准线直线性的变形可以互相抵消。

5.观测误差的影响

精密二等水准测量的观测误差,主要有水准器气泡居中的误差,照准水准标尺上分划的误差和读数误差,这些误差都是属于偶然性质的。由于精密水准仪有倾斜螺旋和符合水准器,并有光学测微器装置,可以提高读数精度,同时用楔形丝照准水准标尺上的分划线,这样可以减小照准误差,因此,这些误差影响都可以有效地控制在很小的范围内。实验结果分析表明,这些误差在每测站上由基辅分划所得观测高差的平均值中的影响还不到0.1 mm。

6.正常水准面的不平行性

如果假定不同高程的水准面是互相平行的，那么水准测量所测定的高差，就是水准面之间的垂直距离，这种假定在较短距离的情况下与实际相差不大，而在较长距离时，这种假定是不正确的。

在空间重力场中的任何物质都受到重力的作用而使其具有位能。对于水准面上的单位质点而言，它的位能大小与质点所处高度及该点重力加速度有关。我们把这种随着位置和重力加速度大小而变化的位能称为重力位能，并以 W 表示，则有

$$W=gh \tag{4-17}$$

式中，g 为重力加速度；h 为单位质点所处的高度。

我们知道，同一水准面上各点的重力位能相等，因此，水准面又称为重力等位面，或称为正常水准面。如果将单位质点从一个正常水准面提到相距 Δh 的另一个正常水准面，其所做的功就等于两正常水准面的位能差，即 $\Delta W=g\Delta h$。在图 4-21 中，设 Δh_A、Δh_B 分别表示两个非常接近的正常水准面在 A、B 两点的垂直距离，g_A、g_B 为 A、B 两点的重力加速度，由于正常水准面具有重力位能相等的性质，因此，A、B 两点所在水准面的位能差 ΔW 应有下列关系：

$$\Delta W=g_A\Delta h_A=g_B\Delta h_B \tag{4-18}$$

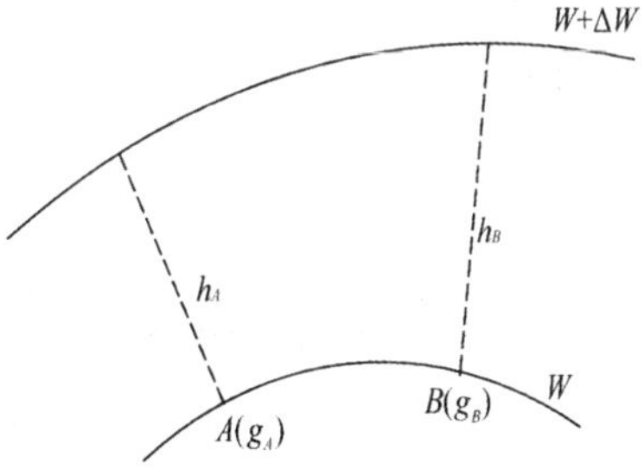

图 **4-21**　正常水准面的不平行性

但是，在同一水准面上的不同点重力加速度 g 值是不同的，因此由式(4-18)可知，g_A、g_B 必定不相等，也就是说，任何两邻近的正常水准面之间的距离在不同的点上是不相等的，并且与作用在这些点上的重力成反比。以上的分析表明正常水准面不是相互平行的，这是水准面的一个重要特性，称为正常水准面不平行性。

重力加速度 g 值是随纬度的不同而变化的，在赤道处有较小的 g 值，而在两极处 g 值较大。因此相互不平行的正常水准面向两极收敛，是接近椭圆形的曲面。

正常水准面的不平行性，对水准测量将产生什么影响呢？

由前面所学知识我们可知，水准测量所测定的高程是由水准路线上各测站所得高差求和而得到的，在图 4-22 中，地面点 B 的高程可以沿水准路线 OAB 按各测站测得的高差 Δh_1，Δh_2，…之和求得，即：

$$H_{测}^{B}=\sum_{\Delta AB}\Delta h \tag{4-19}$$

如果沿另一条水准路线 ONB 施测，则 B 点的高程应为水准路线 ONB 各测站测得高差 $\Delta h'_1$，$\Delta h'_2$，…之和求得，即

$$H'^{B}_{测}=\sum_{\Delta NB}\Delta'_h \tag{4-20}$$

由于正常水准面的不平行性,可知 $\sum_{\Delta AB}\Delta h \neq \sum_{\Delta NB}\Delta h'$,因此 $H_B^{测}$ 与 $H_B'^{测}$ 必定不相等,也就是说,用水准测量测得两点间的高差随测量所走水准路线不同而不同。

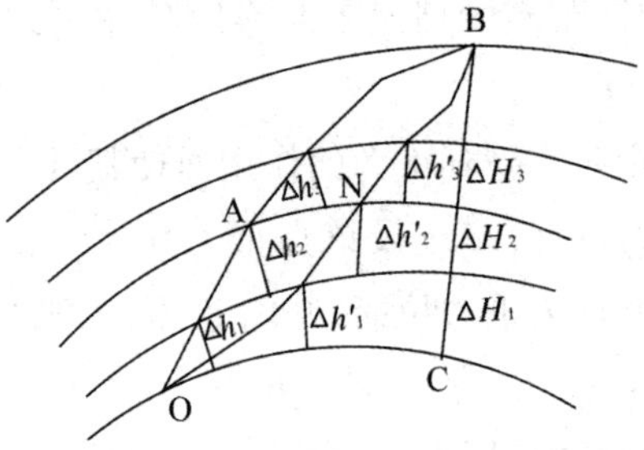

图 **4-22**　正常水准面不平行对水准测量的影响

由此可见,即使水准路线完全没有误差,但是由于 $H_B^{测} \neq H_B'^{测}$ 使水准路线构成闭合环 OABNO 的闭合差也不为零。在环形水准路线中,由正常水准面的不平行性所产生的闭合差称为理论闭合差。

正常水准面的不平行性,使得两高程控制点间的高差沿不同的水准测量路线所测得的结果不一致。为了使点的高程有唯一确定的数值,就必须在观测高差中加入正常水准面不平行改正数。这也就是采用统一高程系统的问题。我国采用统一的高程系统是正常高高程系统,在这个高程系统中,地面点的正常高高程是以似大地水准面为基准面的高程。

任务三　完成三角高程测量

用水准测量方法测定点与点之间的高差,从而由已知高程点求得另一点的高程。应用这种方法求得地面点的高程精度较高,普遍用于建立国家高程控制点及测定高级地形控制点的高程。三角高程测量是进行高程控制测量的一种辅助方法,主要用来测定平面控制点的高程,有时也布设专门的高程导线。实践证明,在一定密度的水准点控制下,并注意防止三角高程测量粗差的产生,精度可以达到四等,也是能满足测绘大比例尺地形图需要的。

4.3.1　三角高程测量基本原理

三角高程测量的基本原理是根据由测站向照准点所观测的垂直角(或天顶距)和它们之间的水平距离,计算测站点与照准点之间的高差。这种方法简便灵活,受地形条件的限制较少,主要是作为各种比例尺测图的高程控制的一部分。一般都是在一定密度的水准网控制下,用三角高程测量的方法测定三角点的高程。三角高程测量的用途主要有以下两点:

(1)有一些高程控制网,如果精度要求较低或地势起伏较大,没必要或不方便实施水准测量方法,可用三角高程方法获得控制点高差或高程。

(2)某些平面控制网,需要进行观测值的概算,即需要控制点的概略高程,此时三角高程方法是首选方法。

1.三角高程测量的基本公式

(1)基本公式。

关于三角高程测量的基本原理和计算高差的基本公式,在前面的课程中已有过讨论,但公式的推导是以水平面作为依据。而在控制测量中,由于距离较长,所以必须以椭球面为依据来推导三角高程测量的基本公式,如图4-23所示。

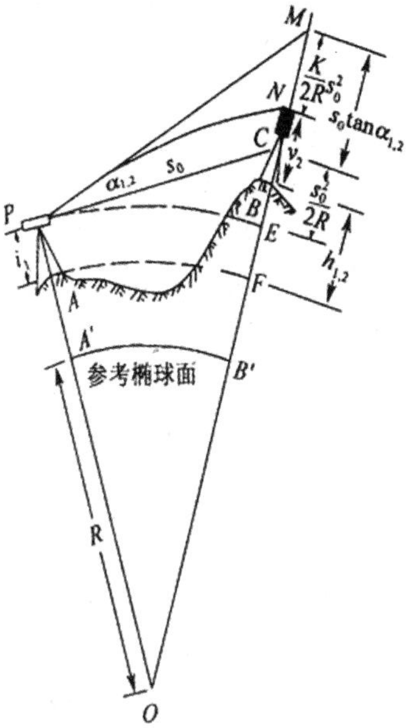

图4-23　三角高程测量示意图

在图4-23中,设s_0为A、B两点间的实测水平距离。仪器置于A点,仪器高度为i_1。B为照准点,觇标高度为v_2,R为参考椭球面上$A'B'$的曲率半径,弧线PE、AF分别为过P点和A点的水准面。$\overline{PC}$是弧线PE在P点的切线,PN为光程曲线。当位于P点的望远镜指向与PN相切的PM方向时,由于大气折光的影响,由N点出射的光线正好落在望远镜的横丝上。这就是说,仪器置于A点测得P、M间的垂直角为a_{12}。于是可以得出,A、B两地面点间的高差为:

$$h_{1,2}=BF=MC+CE+EF-MN-NB \tag{4-21}$$

式中,EF为仪器高i_1,NB为照准点的觇标高度v_2;而CE和MN分别为地球曲率和折光影响。根据在测量学中的推导知道

$$CE=\frac{1}{2R}s_0^2,MN=\frac{1}{2R'}s_0^2$$

式中,R'为光程曲线PN在N点的曲率半径。设$\frac{R}{R'}=K$,则

$$MN=\frac{1}{2R'}\cdot\frac{R}{R}S_0^2=\frac{K}{2R}S_0^2$$

K称为大气垂直折光系数。

由于A、B两点之间的水平距离s_0与曲率半径R之比值很小(当s_0=10 km时,s_0所对的圆心角仅5′多一点),故可认为PC近似垂直于OM,即认为$PCM\approx90°$,这样ΔPCM可视为直

角三角形。则式(4-21)中的 MC 为

$$MC=s_0\tan\alpha_{1,2}$$

将各项代入式(4-21),则 A、B 两地面点的高差为

$$h_{1,2}=s_0\tan\alpha_{1,2}+\frac{1}{2R}s_0^2+i_1-\frac{K}{2R}s_0^2-v_2$$

$$=s_0\tan\alpha_{1,2}+\frac{1-K}{2R}s_0^2+i_1-v_2 \tag{4-22}$$

令式中 $\frac{1-K}{2R}=C$,C 一般称为球气差系数,则上式可写成

$$h_{1,2}=s_0\tan\alpha_{1,2}+Cs_0^2+i_1-v_2 \tag{4-23}$$

式(4-23)就是单向观测计算高差的基本公式。式中垂直角 a,仪器高 i 和觇标高 v,均可由外业观测得到。s_0 为实测的水平距离,一般要化为高斯平面上的长度 d。

(2)距离的归算。

如图 4-24 所示,H_A、H_B 分别为 A、B 两点的高程(此处已忽略了参考椭球面与大地水准面之间的差距,其平均高程为 $H_m=\frac{1}{2}(H_A+H_B)$,mM 为平均高程水准面。由于实测距离 s_0 一般不大(工程测量中一般在 10 km 以内),所以可以将 s_0 视为在平均高程水准面上的距离。

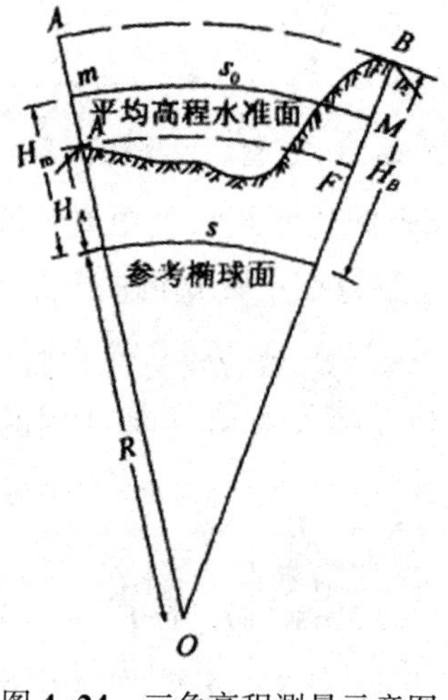

图 4-24　三角高程测量示意图

在图 4-24 中,根据几何关系有下列关系:

$$\frac{s_0}{s}=\frac{R+H_m}{R}=1+\frac{H_m}{R} \tag{4-24}$$

$$S_0=S\left(1+\frac{H_m}{R}\right)$$

式(4-24)表达了实测距离 s_0 与参考椭球面上的距离 s 之间的关系。

参考椭球面上的距离 s 和投影在高斯投影平面上的距离 d 之间有下列关系

$$s=d(1-\frac{y_m^2}{2R^2}) \tag{4-25}$$

式中,y_m 为 A、B 两点在高斯投影平面上投影点的横坐标的平均值。将式(4-24)代入式(4-25)中,并略去微小项后得:

$$s_0=d\left(1+\frac{H_m}{R}-\frac{y_m^2}{2R^2}\right) \tag{4-26}$$

(3)用椭球面上的边长计算单向观测高差的公式。

将式(4-24)代入式(4-23),得:

$$h_{1,2}=s\tan\alpha_{1,2}\left(1+\frac{H_m}{R}\right)+Cs^2+i_1-v_2 \tag{4-27}$$

式中,C_s^2 项的数值很小,故未顾及 s_0 与 s 之间的差异。

(4)用高斯平面上的边长计算单向观测高差的公式。

将式(4-26)代入式(4-27),舍去微小项后得

$$h_{1,2}=d\tan\alpha_{1,2}+C_d^2+i_1-v_2+d\tan\alpha_{1,2}\left(\frac{H_m}{R}-\frac{y_m^2}{2R^2}\right)$$

$$=d\tan\alpha_{1,2}+C_d^2+i_1-v_2+h'\left(\frac{H_m}{R}-\frac{y_m^2}{2R^2}\right) \tag{4-28}$$

式中,$h'=d\tan\alpha_{1,2}$。

令 $\Delta h_{1,2}=h'\left(\frac{H_m}{R}-\frac{y_m^2}{2R^2}\right)$,则式(4-28)为

$$h_{1,2}=d\tan\alpha_{1,2}+C_d^2+i_1-v_2+\Delta h_{1,2} \tag{4-29}$$

式(4-28)中的 H_m 与 R 相比较是一个微小的数值,只有在高山地区当 H_m 甚大而高差也较大时,才有必要顾及 $\frac{H_m}{R}$ 这一项。例如当 $H_m=1\ 000$ m,$h'=100$ m 时,$\frac{H_m}{R}$ 这一项对高差的影响还不到0.02 m,一般情况下,这一项可以略去。此外,当 $y_m=300$ km,$h'=100$ m,$\frac{y_m^2}{2R^2}$ 这一项对高差的影响约为0.11 m。如果要求高差计算正确到0.1 m,则只有 $\frac{y_m^2}{2R^2}$ 项小于0.04 m时才可略去不计,因此,式(4-29)中最后一项 $\Delta h_{1,2}$ 只有当 H_m,h' 或 y_m 较大时才有必要顾及。

(5)对向观测计算高差的公式。

一般要求三角高程测量进行对向观测,也就是在测站 A 上向 B 点观测垂直角 $\alpha_{1,2}$,而在测站 B 上也向 A 点观测垂直角 $\alpha_{2,1}$,按式(4-29)有下列两个计算高差的式子。

由测站 A 观测 B 点:

$$h_{1,2}=d\tan\alpha_{1,2}+i_1-v_2+C_{1,2}d^2+\Delta h_{1,2} \tag{4-30}$$

由测站 B 观测 A 点:

$$h_{2,1}=d\tan\alpha_{2,1}+i_2-v_1+C_{2,1}d^2+\Delta h_{2,1} \tag{4-31}$$

式中,i_1、v_1 和 i_2、v_2 分别为 A、B 点的仪器和觇标高度;$C_{1,2}$ 和 $C_{2,1}$ 为由 A 观测 B 和 B 观测 A 时的球气差系数。如果观测是在同样情况下进行的,特别是在同一时间作对向观测,则可以近似地假定折光系数 K 值对于对向观测是相同的,因此 $C_{1,2}=C_{2,1}$。在上面两个式子中,

$\Delta h_{1,2}$与$\Delta h_{2,1}$的大小相等而正负号相反。

从以上两个式子可得对向观测计算高差的基本公式

$$h_{1,2(\text{对向})}=d\tan\frac{1}{2}(\alpha_{1,2}-\alpha_{2,1})+\frac{1}{2}(i_1+v_1)-\frac{1}{2}(i_2-v_2)+\Delta h_{1,2} \tag{4-32}$$

式中,

$$\Delta h_{1,2}=(\frac{H_m}{R}-\frac{y_m^2}{2R^2})\cdot h',h'=d\tan\frac{1}{2}(\alpha_{1,2}-\alpha_{2,1})$$

(6)电磁波测距三角高程测量的高差计算公式。

由于电磁波测距仪的发展异常迅速,不但其测距精度高,而且使用十分方便,可以同时测定边长和垂直角,提高了作业效率,因此,利用电磁波测距仪作三角高程测量已相当普遍。根据实测试验表明,当垂直角观测精度$m_a\leqslant\pm2.0''$,边长在2 km范围内,电磁波测距三角高程测量完全可以替代四等水准测量,如果缩短边长或提高垂直角的测定精度,还可以进一步提高测定高差的精度。如$m_a\leqslant\pm1.5''$,边长在3.5 km范围内可达到四等水准测量的精度;边长在1.2 km范围内可达到三等水准测量的精度。

电磁波测距三角高程测量可按斜距由下列公式计算高差:

$$h=D\sin\alpha+(1-K)\frac{D^2}{2R}\cos^2\alpha+i-Z \tag{4-33}$$

式中,h为测站与镜站之间的高差;α为垂直角;D为经气象改正后的斜距;K为大气折光系数;i为经纬仪水平轴到地面点的高度;Z为反光镜瞄准中心到地面点的高度。

2.球气差系数C值和大气折光系数K值的确定

大气垂直折光系数K,是随地区、气候、季节、地面覆盖物和视线超出地面高度等条件不同而变化的,要精确测定它的数值,目前尚不可能。通过实验发现,K值在一天内的变化,大致在中午前后数值最小,也较稳定;日出、日落时数值最大,变化也快。因而垂直角的观测时间最好在地方时10时至16时之间,此时K值约在0.08~0.14之间。不少单位对K值进行过大量的计算和统计工作,例如某单位根据16个测区的资料统计,得出$K=0.107$。

在实际作业中,往往不是直接测定K值,而是设法确定C值,因为$C=\frac{1-K}{2R}$。而平均曲率半径R对一个小测区来说是一个常数,所以确定了C值,K值也就知道了。由于K值是小于1的数值,故C值永为正。

下面介绍确定C值的两种方法。

(1)根据水准测量的观测成果确定C值。

在已经由水准测量测得高差的两点之间观测垂直角,设由水准测量测得的高差为h,那么,根据垂直角的观测值按式(4-27)计算两点之间的高差,如果所取的C值正确的话,也应该得到相同的高差值,即

$$h=s_0\tan\alpha_{1,2}+Cs_0^2+i_1-v_2 \tag{4-34}$$

在实际计算时,一般先假定一个近似值C_0,代入式(4-34)可求得高差的近似值h_0,即

$$h_0=s_0\tan\alpha_{1,2}+C_0s_0^2+i_1-v_2 \tag{4-35}$$

即

$$h-h_0=(C-C_0)s_0^2$$

或

$$C-C_0=\frac{h-h_0}{s_0^2} \tag{4-36}$$

令式中 $C-C_0=\Delta C$,则按式(4-36)求得的 ΔC 值加在近似值 C_0 上,就可以得到正确的 C 值。

(2)根据同时对向观测的垂直角计算 C 值。

设两点间的正确高差为 h,由同时对向观测的成果算出的高差分别为 $h_{1,2}$ 和 $h_{2,1}$,由于是同时对向观测,所以可以认为 $C_{1,2}=C_{2,1}=C_0$,则

$$h=h_{1,2}+\Delta Cs_0^2 \tag{4-37}$$

$$-h=h_{2,1}+\Delta Cs_0^2 \tag{4-38}$$

由式(4-37)和式(4-38)得

$$\Delta C=\frac{h_{1,2}+h_{2,1}}{2s_0}$$

从而可以按下式求出 C 值

$$C=C_0+\Delta C \tag{4-39}$$

无论用哪一种方法,都不能根据一两次测定的结果确定一个地区的平均折光系数,而必须从大量的三角高程测量数据中推算出来,然后再取平均值才较为可靠。

4.3.2 三角高程测量的观测方法

1.电磁波测距三角高程观测技术要求

电磁波测距三角高程观测的技术要求应符合下列规定:

(1)垂直角的对向观测,当直觇完成后应即刻进行返觇测量;

(2)仪器、反光镜或觇牌的高度,应在观测前后各量测一次并精确至 1 mm,取其平均值作为最终高度;

(3)直返觇的高差,应进行地球曲率和折光差的改正;

(4)高程成果的取值,应精确至 1 mm。

电磁波测距三角高程测量的主要技术要求,垂直角与距离观测的技术要求应符合表 4-14和表 4-15 所示的规定。

表 4-14 电磁波测距三角高程测量的主要技术要求(1)

等级	垂直角观测				边长测量	
	仪器精度	测回数	指标差较差/(″)	测回较差/(″)	仪器精度	观测次数
四等	2″级	3	≤7″	≤7″	≤10 mm 级仪器	往返各一次
五等	2″级	3	≤10″	≤10″	≤10 mm 级仪器	往一次

成果的重测规定:

①若某一方向的垂直角或指标差互差超限,则需重测有关测回。

②重测的测回数,不得大于规定测回数的 1/2,否则该组的垂直角应全部重测。

表 4-15　电磁波测距三角高程测量的主要技术要求(2)

等级	每千米高差全中误差/mm	边长/km	观测次数	对向观测高差较差/mm	附合或环形闭合差/mm
四等	10	≤1	对向观测	$40\sqrt{D}$	$20\sqrt{D}$
五等	15	≤1	对向观测	$60\sqrt{D}$	$30\sqrt{D}$

注:①D 为电磁波测距边长度(km);

②起讫点的精度等级,四等应起讫于不低于三等水准的高程点上,五等应起讫于不低于四等的高程点上;

③线路长度不应超过相应等级水准路线的总长度。

2.全站仪三角高程观测方法

(1)单向三角高程测量。

单向三角高程测量如图 4-25 所示,其中 A 为已知高程点,B 为待测高程点,将全站仪安置于 A 点,精确测定仪器高 i_1;将反光棱镜置于 B 点,量的棱镜高为 v_2。根据图中几何关系及参考面,单向三高高程测量的计算公式为

$$h_{1,2}=d_0\tan\alpha_{1,2}+Cd_0^2+i_1-v_2 \tag{4-40}$$

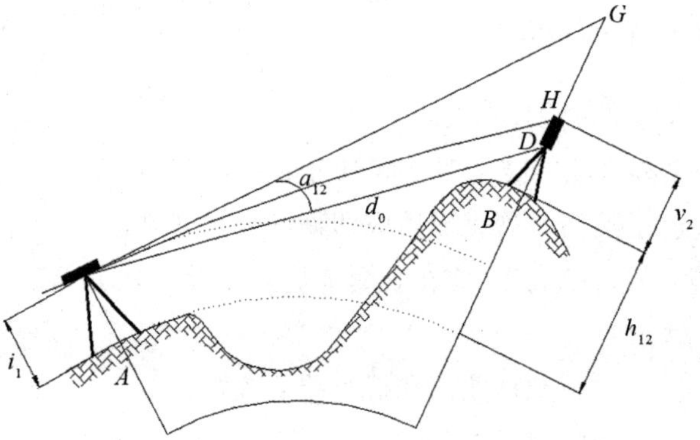

图 **4-25**　单向三角高程测量示意图

(2)对向三角高程测量的原理。

对向观测又称为往返观测,其观测原理与单向观测相同。将全站仪置于 A 点,棱镜置于 B 点,测得 A、B 两点间的高差 h_{12},称为往测高差;再将全站仪置于 B 点,棱镜置于 A 点,测得 B、A 两点间的高差 h_{21},称为返测高差。将往返两次观测高差的平均值作为最终的测量结果。

由于采用对向观测,取两次测量高差的平均值,可基本消除大气垂直折光和地球弯曲对测量高差的影响,根据式(4-40),最终得出对向观测高差(以往测为准)为

$$h_{12(对向)}=\frac{1}{2}d_0(\tan a_{12}-\tan a_{21})+\frac{1}{2}(i_1-i_2+v_1-v_2) \tag{4-41}$$

根据式(4-41)可见,对向三角高程测量可消除地球曲率和大气垂直折光的影响,如果让往返测的觇标高(棱镜高)相等,则量测误差主要在仪器高的测量上,与单向三角高程测量精度相比,精度可以明显提高。

(3)中点法三角高程测量。

如图4-26所示,在已知高程点A和待测高程点B上分别安置反光棱镜,在A、B的大致中间位置选择与两点均通视的O点安置仪器,根据三角高程测量原理,O、A两点的高差h_1为

$$h_1=d_1\cdot\tan a_1+C_1d_1^2+i-v_1$$

同理可得O、B两点间的高差h_2为

$$h_2=d_2\cdot\tan a_2+C_1d_2^2+i-v_2$$

则A、B两点间的高差h_{12}为

$$h_{12}=h_2-h_1=d_2\cdot\tan a_2-d_1\tan a_1+C_2d_2^2-C_1d_1^2+v_1-v_2 \tag{4-42}$$

由式(4-42)可知,采用适当的方法,重点法高程测量与仪器高、棱镜高完全无关,只与测量距离、垂直角及大气折光系数有关,去掉仪器高和棱镜高的量测误差,因而可以有效提高测量精度。

采用中点法测量高程,相邻两点间可以不通视,可灵活选取测站点位置,测站不需要对中、不量仪器高,可节约时间,降低劳动强度,与对向观测相比较观测精度更高,优势更明显,若要进一步提高精度,则尽量使前后视距相等。

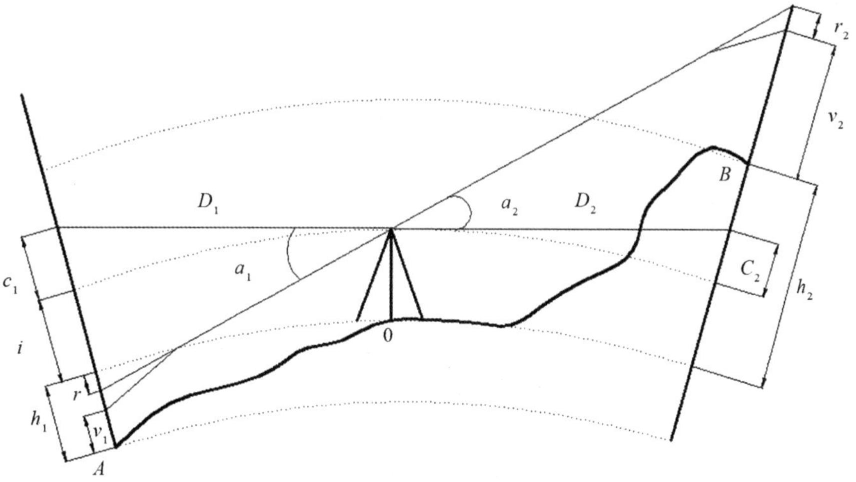

图4-26　中点法三角高程测量示意图

3.抄录数据

首先应从观测记录本上将观测数据抄录下来,某段往返测数据见表4-16。

表4-16　双井子山三角高程测量观测数据

点名	D68	双井子山
斜距边长	2 480.020 m	2 480.026 m
竖直角	+1°48′53″	-1°50′10″

续表

点名	D68	双井子山
仪器高	1.491 m	1.605 m
棱镜高	1.625 m	1.467 m

4.高差计算

目前通常采用计算机程序计算三角高程,如计算量较小,也可采用手工计算。手工计算算例见表 4-17。

表 4-17　三角高程计算表

边名	D68 至双井子山		备注
测向	往	返	$C=6.906\ 8\times10^{-8}$ 取 $K=0.12$ $R=6\ 370\ 520$
观测斜距 d/m	2 480.020 m	2 480.026 m	
竖直角 a	+1°48′53″	−1°50′10″	
仪器高 i/m	1.491	1.605	
棱镜高 v/m	1.625	1.467	
$h'=d\sin a+i-v$	78.372	−79.324	
$E=Cd2\cos 2a$	0.424	0.424	
$h=h'+E$	78.826	−78.900	
往返不符值 $h_{往}+h_{返}$	−0.074		
高差中数$(h_{往}-h_{返})/2$	78.863		

[**任务训练**] 全站仪三角高程测量

扫描下列二维码,学习全站仪三角高程测量操作教程,动手操作学校实验室全站仪,完成三角测量任务。

全站仪三角高程测量教学视频

任务四　掌握 GNSS 高程测量

目前 GNSS 技术在测绘领域得到了广泛的应用，主要表现在建立各级国家平面控制网、布设城市控制网和工程测量控制网等方面，GNSS 技术主要应用于 GNSS 平面坐标的测量，而 GNSS 高程没有得到很好的应用，主要原因是日常所采用的高程系统是正常高系统，而 GNSS 高程则是大地高。由于参考面的不同，两者存在差异，因此 GNSS 高程不能直接应用。相对于传统测量高程的方法水准测量，GNSS 高程有着自身的优点和缺点，优点是实时，快速，需要较少的人力，缺点是不能直接被应用。随着社会的高速发展，测量技术的日益更新和软件的更新，GNSS 高程受到了越来越多的关注，因此如何实现由 GNSS 所得大地高转换为正常高就成为人们研究的重点问题。国内外在 GNSS 高程转换方法上进行了大量的研究，提高 GPS 高程的转换精度，使之能够得到应用。GNSS 高程转换实质就是求出大地高和正常高的高程异常。

1.等值线图示法

等值线图示法是最直接的求算高程异常的方法。这种方法的核心思想就是内插的思想，绘制高程异常的等值线图，然后采用内插法来确定未知点的高程异常值。具体操作十分简单，在测区内制定分布均匀的 GNSS 点，用水准测量的方法来测定这些点的水准高，根据公式 $\zeta=H-H_r$ 求出这些点的高程异常，选择适当的比例尺按照已知点的平面坐标展会在图纸内，对已知点标注出高程异常值，再确定等高距，绘制出高程异常值的等值线图。之后就可以内插出待测点的高程异常值，进而求出待测点的正常高。这种方法只适用地形相对平坦的地方，在此种测区内采用这种方法拟合的高程精度可达到厘米级。测区的地形相对复杂，内插出的高程异常值就不准确，而且这种内插法的精度往往取决于两个方面，分别是测区内 GNSS 点的分布密度和已知点大地高的精确度。首先 GNSS 点的分布比较密集，那么内插精度就相对较高，如果比较稀疏，就要借助于此测区的重力测量资料，提高内插精度。还要注意 GNSS 点间高程异常的非线性变化。另外就是水准点的精度，联测时尽量选取高精度的正常高，尽可能使得出的高程异常值准确，进而才能内插出待测点高精度的高程异常值。这种方法虽然简单易操作，但是有其弱点，就是精度不高，只有当对拟合精度要求不高的时候才使用此种方法。

2.狭长带状区域线性拟合

解析内插法作为拟合高程最常用的方法，主要思想是把似大地水准面用数学曲面近似拟合，建立所在测区内最为接近似大地水准面的数学模型，以此来计算测区内任意点的高程异常值，从而计算出正常高。这种方法计算出的高程异常值的精度是由所采用的数学模型和似大地水准面的拟合程度所决定的。

解析内插法在选择数学模型时，首先要考虑的就是 GNSS 点的分布情况。GNSS 点的分布情况可分为带状分布和面状分布。若 GNSS 点是呈线状布设，而且是以沿线似大地水准面为一条连续且光滑的曲线,这时就可以采用相对于狭长带状区域的解析内插法来内插出待定点的高程异常值,从而求出待定点的正常高。这种线状分布的内插原理是:测区内已知水准点,用 GNSS 测出其 GNSS 高程,计算出已知水准点高程异常值,根据已知点的平面坐标和计算得出的高程异常值,构造出一个插值函数,这个函数是用来拟合 GNSS 分布线上的似大地水准面的。用这个函数内插出位置点的高程异常值。下面是两种用来拟合线状分布的 GNSS 高程的内插法。

(1)多项式曲线拟合法。

多项式曲线拟合是线状分布拟合的主要方法。多项式拟合,顾名思义其插值函数是一个 m 次的代数多项式,若高程控制点的高程异常为 ζ,则坐标为 x_l 的函数关系式为

$$\zeta_1=a_0+a_1x_l^1+a_2x_l^2+a_3x_l^3+\dots a_mx_l^m \tag{4-43}$$

各高程控制点的已知高程异常与其拟合值之差为

$$r_i=\zeta_l(x)-\zeta_i \quad (i=0,1,2\cdots,n) \tag{4-44}$$

我们称式(4-44)为离差。x_i 是拟合点到参考点(x_0,y_0)的直线距离,(x_0,y_0)为设定的常数值。在一般情况下都认为(x_0,y_0)就是测区内已知点坐标的均值。

多项式曲线拟合使用起来非常方便,但是它有自身的局限性,即使用这种方法的时候,所测路线不能太长,要限制控制点到测点的距离,不能太远,通常把距离控制在 300 m 以内。这个要求是因为使用多项式曲线方法拟合似大地水准面,如果它拟合的范围太大,点位的高程异常变化就越复杂,削高补低的方法不能满足我们所要求的精度。多项式阶数的增大,也会使拟合出的曲线振荡得更厉害,从而造成拟合的误差增大。这些造成了多项式曲线拟合的缺陷,但是在路线较短的情况下,这种方法有足够的精度来拟合 GNSS 点的正常高程。

在式(4-3)中用 m 次多项式拟合似大地水准面,这个 m 的值如何取定,一般情况下如果测区不是很长,地形相对平坦,那么通常取 m 为 3。也就是说多项式为三次多项式。若测区比较长或者测区地形比较复杂,就要依情况而定,增加多项式的次数,提高拟合精度。依上述分析,m 的取值主要和测区长度以及测区的复杂程度有关。

(2)三次样条曲线拟合法。

三次样条曲线拟合法针对测线长,已知点多的测区 GNSS 高程拟合问题。由上述可知,当测线比较长,已知点较多的时候,就需要构造高次的拟合多项式,当 m 值比较高的情况下,会出现不稳定的现象,对求解高程异常值会有比较大的影响,并且最小二乘法在求多项式系数中也会增大削高补低的误差。因此为了避免测线长、已知点多这种情况下所出现的问题,通常采用分段拟合的方法,采用三次样条函数拟合数学模型。这种方法很好地解决了因测线长而引起的问题。

三次样条曲线的实质就是一个拼接而成的连续函数,在把测线分为多段的情况下,每段设为三次多项式函数,然后将这些多项式函数组成三次样条函数。为了计算准确,应用中要求这种构造的曲线不仅在连接点处函数要连续,而且还要求这个函数的一级导数还有二级导数全部要是连续的,才能保证在分段之后构造的三次样条函数后期运算中计算出准确的高程异常值。

设过 n 个已知点，ζ_i 和 x_i 在区间 $[x_i, x_{i+1}]$ $(i=1,2,\cdots,n-1)$ 上有三次样条函数关系为

$$\zeta(x)=\zeta(x_i)+(x-x_i)\zeta(x_i,x_{i+1})+(x-x_i)(x-x_{i-1})\zeta(x,x_i,x_{i+1}) \tag{4-45}$$

式中，x 为待定点坐标；$\zeta(x_i,x_{i+1})$ 为一阶差商，$\zeta(x_i,x_{i+1})=\dfrac{\zeta_i-\zeta_{i-1}}{x_{i+1}-x_i}$；$\zeta(x,x_i,x_{i+1})$ 为二阶差商，$\zeta(x,x_i,x_{i+1})=\dfrac{1}{6}[\zeta''(x)+\zeta''(x_i)+\zeta''(x_{i+1})]$，而 $\zeta''(x_i)$ $(i=1,2,\cdots,n-1)$ 满足系数矩阵为对称三角阵的线性方程组

$$(x_i,x_{i+1})\zeta''(x_{i-1})+2(x_{i+1},x_{i-1})\zeta''(x_i)+(x_i,x_{i+1})\zeta''(x_{i+1})=6[\zeta''(x,x_{i+1})-\zeta(x,x_i)] \tag{4-46}$$

$$\zeta(x_0)=\zeta''(x_n)=0$$

用追赶法解上述方程组，可求出 $\zeta''(x_i)$，$\zeta(x_i,x_{i+1})$，而

$$\zeta''(x)=\zeta''(x_i)+(x-x_i)\zeta''(x_i,x_{i+1}) \tag{4-47}$$

这种做法有诸多好处，其中有三点：其一计算简便，其二保留了多项式的优点，其三克服了多项式的缺点。多项式的缺点是，单个多项式会有不灵活不稳定的现象。由于三次样条曲线的种种优点，在实际中当遇到测线长、已知点多的情况下往往采用此方法拟合高程。

(3)曲面拟合法。

曲面拟合法是用于 GNSS 点的分布在一定区域的时候，且可以选择数学曲面拟合该区域的似大地水准面，构造适当的数学模型，计算该区域内的高程异常值，然后求出正常高。这种拟合法的主体思想和曲线拟合法异曲同工。具体思想是：已知测区的若干已知水准点，并且用 GNSS 测定这些点的高程，利用公式求得这些点的高程异常，有了已知点的高程异常，已知点的平面坐标，所以利用其平面坐标 (x,y) 和高程异常值 ζ 构造出来的数学模型拟合最接近于该测区的似大地水准面，然后内插出未知点的高程异常值 ζ，进而求出正常高。

①多项式曲面拟合法。

测站点的大地高 H 与正常高 h 之间有如下关系：

$$h=H-\zeta \tag{4-48}$$

多项式函数拟合法的基本思想是在小区域 GNSS 网内，将似大地水准面看成曲面（或平面），将高程异常表示为平面坐标 (x,y) 的函数，通过网中起算点（既进行了 GNSS 测量又进行了几何水准联测的点）已知的高程异常确定测区的似大地水准面形状，求出其余各点的高程异常，然后根据式(4-48)求出其他点的正常高，其数学模型为

$$\zeta=f(x,y)+\varepsilon \tag{4-48}$$

式中，$f(x,y)$ 为拟合的似大地水准面；ε 为拟合误差。

$$f(x,y)=a_0+a_1x+a_2y+a_3x^2+a_4xy+a_5y^2\cdots \tag{4-50}$$

$$x=B-B_0 \qquad y=L-L_0$$

$$B_0=\frac{1}{n}\sum B \qquad L_0=\frac{1}{n}\sum L_0$$

其中，n 为 GNSS 网中点的数量；(B,L) 为已知点的大地坐标；$(a_0,a_1,a_2,a_3,a_4,a_5\cdots)$ 为拟合

待定参数;(x,y)为各 GNSS 点的平面坐标的近似值,一般取起算点的平面坐标减去网中全部点平面坐标的均值。

①移动曲面拟合法。

移动曲面拟合法是一种局部逼近法,其基本思想是以每一个内差点为中心,利用内差点周围数据点的值,建立一个拟合曲面,使其到各个数据点的距离之加权平方和为极小,而这个曲面在内插点上的值就是所求的内插值。

设 P 为内插的点,下面对 P 构造相应的曲面。

$$f(x,y)=a_0+a_1x+a_2y+a_3x^2+a_4xy+a_5y^2$$

设选取数据点的坐标为(x_i,y_i),$i=1,2,3\cdots n$;$n\geqslant 6$ 且设内插点 P 的坐标为(x_P,y_P)。将(x_i,y_i)改化到以 P 为原点的局部坐标系中,即:

$$x_i'=x_i-x_P \qquad y_i'=y_i-y_P \tag{4-51}$$

形成新的坐标(x_i',y_i')为移动坐标。

任一点数据(x_i,y_i)假设距离 d 的递减函数为

$$\omega(d)=\omega\sqrt{(x_i-x_P)^2+(y_i-y_P)^2} \tag{4-52}$$

将 $\omega(d)$ 作为权函数,对每个数据点赋予权 ω_i,这里 ω_i 不是代表数据点的观测精度,而是反映该点与内插点的相关程度的大小。因此,权 ω_i 确定的原则应该与该数据点和内插点的距离 d_i 有关,d_i 越小,它对内插点的影响越大,则权应越大。相反,d_i 越小,它对内插点的影响越小,则权应越小。

最后,由最小二乘法解如下带权的极小值问题:

$$Min|\sum_{i=1}^{n}\omega_i v_i^2|=R \tag{4-53}$$

为了给出二次多项式曲面,式(4-50)的系数,需要选取 P 点周围的数据点。当点数不够多时,则应扩大 R 的取值。现在这里由 n 个数据点的值,可得到如下的方程式:

$$v_i=a_0+a_1x_i'+a_2y_i'+a_3x_i'^2+a_4x_i'y_i'+a_5y_i'^2-f_i \quad i=(1,2,3\cdots,n) \tag{4-54}$$

由此得系数 $a_i i=(1,2,3\cdots,n)$,从而得到所对应的二次曲面方程,进而得到所求内插点的高程异常值。

③多面函数曲面拟合法。

多面函数曲面拟合法的本质是数学曲面逼近的方法。其基本思想是用数学表面逼近所测区域的大地水准面,通常认为任何表面,无论这个表面是否是有规则的,都能通过一定的方法构造出来一个有规则的数学表面逼近其表面。通过构造数学表面,用数学表达式高精度地逼近并且代替其真实表面。也就是说每个插值点都可以和已知点建立起相应的函数关系式,然后将这些函数关系式迭加在一起,组成一个全新的函数关系式,那么称这个迭加函数为多面函数。由于这是每个插值点与已知数据建立的函数关系,因此多面函数具有计算最佳拟合值的特点,正因如此,多面函数曲面拟合法就能够更准确地拟合出未知点的高程值。

多面函数的数学表达式为

$$\zeta=f(x,y)=\sum_{i=1}^{n}a_iQ(x,y,x_i,y_i) \tag{4-55}$$

多面函数式中包含了待定系数 a_i,核函数 $Q(x,y,x_i,y_i)$,其中核函数是关于(x,y)的函

数,核函数的中心在(x_i, y_i)处。

在选择多面函数求解测区内的点的高程异常值的时候,需要注意的是δ以及核函数的选取问题,由于其取值是自主取值,为了能达到拟合最佳效果,就要逐步地试验进而改进,然后选定一个最佳取值。

[任务训练] GNSS 高程拟合训练

扫描右侧二维码,学习 GNSS 高程拟合操作教程,动手操作学校实验室 RTK,完成高程拟合测量任务。

[项目拓展] 请扫右侧二维码或在云班课资源库中“项目四”分组中打开资源链接学习三种高程测量精度的对比分析,查看水准仪的检验与校正详细操作方法,掌握水准仪检验内容和校正方法。

中海达 **RTK** 高程拟合参数输入

三种高程测量精度对比分析

水准仪检验及校正方法

[项目小结]

项目四的主要内容可总结为以下框架图,请学习者在框架的基础上完成详细的个人学习总结,并参与蓝墨云班课项目四在线学习小结及讨论。

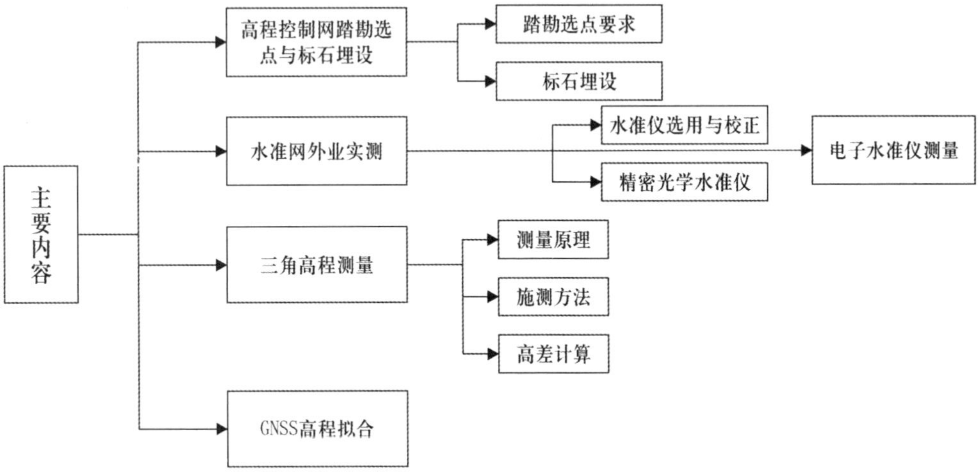

[项目讨论]

1.精密水准仪、水准尺有哪些特点?

2.精密水准仪的检验包括那些方面?

3.二等水准测量返测时,偶数站的观测程序是什么?

4.精密水准测量的误差有哪些? 如何减弱消除误差?

5.精密三角高程测量的步骤是什么?

6.什么是地球弯曲差,什么是大气折光差?他们对观测高差的影响是什么?

7.三角高程测量有哪些方法?各自的优缺点是什么?

8.简述中点法三角高程测量的基本方法。

9.什么是GNSS高程拟合?

10.GNSS高程拟合有哪些方法?各自应用的领域及特点是什么?

项目五　地面观测成果归算至高斯平面

[项目引入]

本项目主要介绍控制测量中椭球计算与高斯投影的相关知识内容，包括椭球的基本概念，椭球参数及椭球面上的相关计算；地面观测值归算至椭球面，高斯投影的基本概念与高斯投影分带，椭球面元素归算至高斯平面、高斯正反算等。

[项目教学目标]

领域	目标	权重	自我测评
认知领域	通过本项目学习，学生能够了解椭球面上的测量计算内容，掌握将地面观测值归化到椭球面及椭球面观测值归化至高斯平面的方法。	30%	云班课测试
技能领域	通过学习地面观测值到椭球面及椭球面观测值到高斯平面的归化计算，学生可以解决高斯投影坐标计算以及大地线方向和长度的投影计算等实际问题。	35%	软件操作考核
情感领域	学生通过对地球表面观测成果归化到椭球面上，并最终转化至高斯投影平面上归化计算的学习，切实体会外业观测成果与内业成果处理间的密切联系。	35%	作业任务学生互评

[项目学时]

本项目推荐学时为6学时。

[项目分析]

无论是平面控制网还是高程控制网，都是通过野外采集某些数据——观测量，经过适当处理，最终获得待定点的平面坐标和高程，然而，观测量之间的矛盾是客观存在的，合理处理观测量之间矛盾的工作，称为平差。在平差之前，又必须将所有观测量归算到某一个基准面上。我们知道，参考椭球面是测量计算的基准面，因此，需要把地面测量的水平方向、边长等成果归算到椭球面上，以便进行计算，得到椭球面上的大地坐标(L、B)、大地线长(S)、大地方位角(A)。但这些量都是基于椭球面进行计算的，在它上面进行测量计算依然相当复杂，如果按一定的投影规律，先将椭球面上的起算元素和观测元素化算成相应的平面元素,然后在平面上进行各种计算(坐标、边长和方位角等)就简单多了。因此,需要把椭球面上的观测值投影到平面上。本项目需要在完成四个任务学习的基础上,熟悉椭球几何特征与测量计算,掌握地面观测值归算至椭球面,椭球面元素归算至高斯平面的内容和方法,能结合具体工程项目利用相关测绘软件完成有关控制网的高斯计算。本项目要完成以下四个任务。

任务一 掌握椭球的几何特征与测量计算

任务二 完成地面观测值归算至椭球面

任务三 完成椭球面元素归算至高斯平面

任务四 掌握高斯投影软件计算

任务一 掌握椭球的几何特征与测量计算

5.1.1 椭球面的几何特征

在项目一任务二中,已述及地球自然表面是极不规则的,有高山、丘陵、平原、盆地、海洋等起伏变化,但这种起伏变化和庞大的地球半径(约 6 371 km)比较起来是很小的。同时,就地球表面而言,海洋面积约占 71%,陆地仅占 29%,所以海水面所包围的形体基本上代表了地球的形状和大小。为帮助我们理解地球的基本形状,人们抽象出一个“大地水准面”的概念。大地水准面通过长期验潮确定出来,不同国家和地区都有其自己的大地水准面,大准面所包裹的地球的形体称为大地体,大地体就代表了地球的形状和大小。

但由于大地水准面依然不规则,还无法用数学公式精确地描述,人们又定义出一个规则的旋转椭球去代替大地体,这个旋转椭球又可称为参考椭球(其中具有一定几何参数、定位及定向地用以代表某一地区大地水准面的地球椭球即为参考椭球),旋转椭球面就是参考椭球体面。参考椭球的表面是一个规则的数学曲面,可用简单的数学公式将其准确地表达出来,控制测量的数据处理都是以所选择的旋转椭球体面为基础,所以,它是测量工作内业计算和投影制图的基准面,同时也是研究地球形状和地图投影的参考面。根据每个国家的实际情况,各个国家都可以定义出自己的参考椭球。为统一计算,需将地面上所有观测元素先归算到参考椭球面上。

1.地球椭球上的点和线

地球椭球是以自转轴为短轴、以赤道直径为长轴的椭圆绕短轴旋转而成的旋转椭球,其几何定义如图 5-1 所示,O 为椭球中心,NS 为旋转轴,a 为长半轴,b 为短半轴。为便于理解地球椭球的基本形状,人们在地球椭球上还定义了一系列点和线。

(1)南、北极:椭球短轴的两端点,S 表示南极,N 表示北极。

(2)子午线(经线):包含旋转轴 NS 的平面称为子午面,子午面与椭球面相截所得的曲面称为子午线(也称为子午圈),图 5-1 中 *NKAS* 表示 *K* 点的子午线,同一子午线上经度是相等的,故子午线也称经线。

(3)平行圈(纬圈):垂直于旋转轴 *NS* 的平面与椭球面相截所得的圆即为平行圈,如图 5-1中 *QKQ′* 表示过 *K* 点的平行圈,同一平行圈上各点的纬度是相等的,故平行圈又称纬线。

(4)赤道:通过椭球中心 *O* 的平行圈即为赤道,如图 5-1 中的 *EAE′*。赤道是最大的平行圈,南极点与北极点是最小的平行圈。

(5)法线:通过椭球面上任一点 *P* 可做一平面与椭球面相切,过 *P* 点做一垂直于切平面的直线称为 *P* 点法线,法线与椭球短轴必然相交,但一般不交于椭球中心。

(6)法截面与法截线:包含 *P* 点法线 *PK*(图 5-2)的平面称为法截面。法截面与椭球面相截得出的曲线称为法截线。

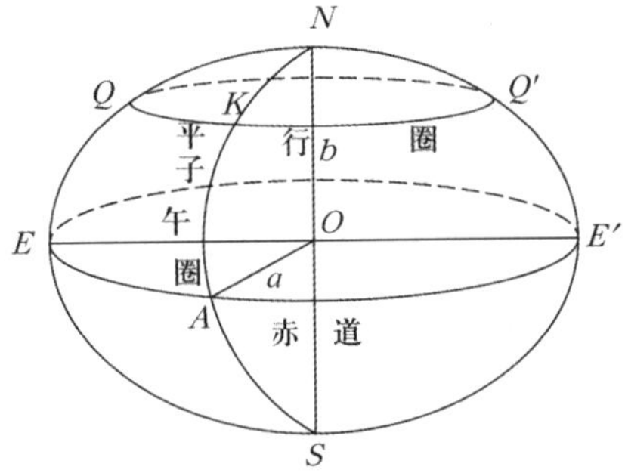

图 **5-1**　地球椭球

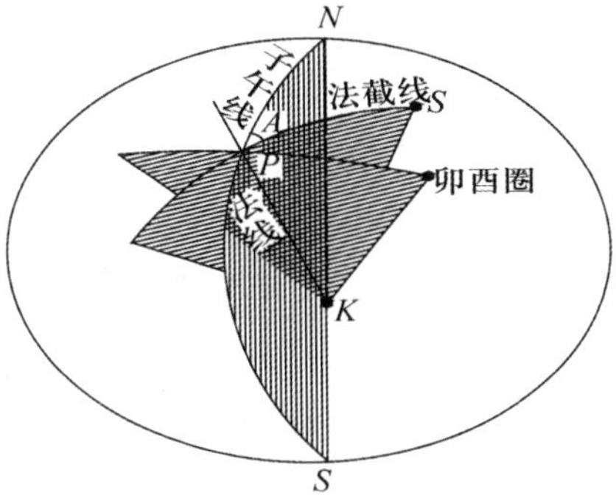

图 **5-2**　法截线、卯酉圈示意图

(7)卯酉面与卯酉圈:与子午面相垂直的法截面称为卯酉面(图 5-2),卯酉面与椭球相截得出的曲线称为卯酉线,也称为卯酉圈。

(8)大地线:椭球面上两点间的最短程曲线称为大地线。在椭球面上进行测量计算时,地面上测得的观测元素(水平方向及水平距离)应当归算成相应大地线的方向和距离。

2.地球椭球的基本几何参数

确定椭球的形状和大小的基本元素有长半轴、短半轴、扁率、第一偏心率、第二偏心率。五个基本几何参数分别是:

椭圆长半轴 a;

椭圆短半轴 b;

椭圆的扁率 $f=\dfrac{a-b}{a}$;

椭圆的第一偏心率 $e=\dfrac{\sqrt{a^2-b^2}}{a}$;

椭圆的第二偏心率 $e'=\dfrac{\sqrt{a^2-b^2}}{b}$。

其中 a,b 为长度元素。当 $a=b$ 即扁率 $\alpha=0$ 时,椭球即为球体;当 b 逐渐减小 α 逐渐增大时椭球体逐渐变扁;当 $b=0$ 即扁率 $\alpha=1$ 时,椭球变为平面;由此可以看出扁率 α 反映椭球体的扁平程度且其取值介于 0 和 1 之间。偏心率 e 和 e' 表示子午椭圆的焦点离开中心的距离与椭圆半径之比,数值恒小于1,其所反映的也是椭球体的扁平程度,偏心率越大椭球越扁。

五个参数中仅需两个(至少包含一个长度元素)便可决定旋转椭球的形状和大小,通常为了便于级数展开会选择一个小于1的量,如 a 和 e^2、a 和 e'^2 或 a 和 α。

此外,常用到两个辅助函数,第一基本纬度函数 W 及第二基本纬度函数 V。

$$W=\sqrt{1-e^2\sin^2 B}$$

$$V=\sqrt{1+e'^2\cos^2 B}$$

式中,B 为大地纬度。

选取不同椭球体系,其几何参数取值不同。传统大地测量利用天文大地测量和重力测量资料推求地球椭球参数,随着空间大地测量学的发展,为研究地球形状大小和引力提供了新思路。

我国建立的1954年北京坐标系应用的是克拉索夫斯基椭球;1980年国家大地坐标系应用的是1975年国际椭球;而全球定位系统(GPS)是WGS-84坐标系,应用的是WGS-84椭球,其常数为国际大地测量与地球物理学联合会(IUGG)第17届大会的推荐值,我国现法定坐标系为2000国家大地坐标系(China Geodetic Coordinate System 2000,CGCS2000)是全球地心坐标系在我国的具体体现。各椭球具体参数见表5-1。

表5-1 几种常见椭球参数值

参数	克拉索夫斯基	1975年国际椭球体	WGS-84椭球体
a	6 378 245.000 000 000 0/m	6 378 140.000 000 000 0/m	6 378 137.000 000 000 0/m
b	6 356 863.018 773 047 3/m	6 356 755.288 157 528 7/m	6 356 752.314 2/m
c	6 399 698.901 782 711 0/m	6 399 596.651 988 010 5/m	6 399 593.625 8/m
f	1/298.3	1/298.257	1/298.257 223 563
e^2	0.006 693 421 622 966	0.006 694 384 999 588	0.006 694 379 901 3
e'^2	0.006 738 525 414 683	0.006 739 501 819 473	0.006 739 496 742 27

3.地球椭球参数间的相互关系

根据各参数的定义式,便可推导出其间关系。通常为简化书写常引入下列符号:

$c=\dfrac{a^2}{b}$,

$t=\tan B$,

$\eta^2=e'^2\cos^2 B$。

其中,c 表示极点处的子午线曲率半径。

经推导,各参数间关系式归纳如下:

$$\begin{cases} a=b\sqrt{1+e'^2}, b=a\sqrt{1-e^2} \\ c=a\sqrt{1+e'^2}, a=c\sqrt{1-e^2} \\ e'=e\sqrt{1+e'^2}, e=e'\sqrt{1-e^2} \\ V=W\sqrt{1+e'^2}, W=V\sqrt{1-e^2} \\ e^3=2\alpha-\alpha^2\approx 2\alpha \end{cases} \tag{5-1}$$

$$\begin{cases} W=\sqrt{1-e^2}\cdot V=(\dfrac{b}{a})\cdot V \\ V=\sqrt{1+e'^2}\cdot W=(\dfrac{a}{b})\cdot W \\ W^2=1-e^2\sin^2 B=(1-e^2)V^2 \\ V^2=1+\eta^2=(1+e'^2)W^2 \end{cases} \tag{5-2}$$

4.椭球定位

椭球定位就是将具有一定参数的椭球与大地体的相关位置确定下来，一旦确定了椭球与大地体的相关位置，也就可以确定相应的大地坐标系统。因此，可以说建立大地坐标系统的问题，主要取决于椭球的定位。

椭球的定位通常包括定位和定向两个方面，定位是指确定椭球中心的位置，定向则是指确定该椭球坐标轴的指向。从数学上讲，椭球的定位和定向就是确定大地直角坐标系相对于地心直角坐标系的平移量和旋转角，即三个平移参数（X_0, Y_0, Z_0）和三个旋转角度（$\varepsilon_x, \varepsilon_y, \varepsilon_z$）。经典大地测量难以获得这六个参数，椭球定位一般都是通过大地原点的天文观测来实现的。

椭球的定位一般需满足以下三个条件：

① 椭球的短轴与某一指定历元的地球自转轴平行；

② 起始大地子午面与起始天文子午面平行；

③ 在一定区域范围内，椭球面与大地水准面（或似大地水准面）最为密合。

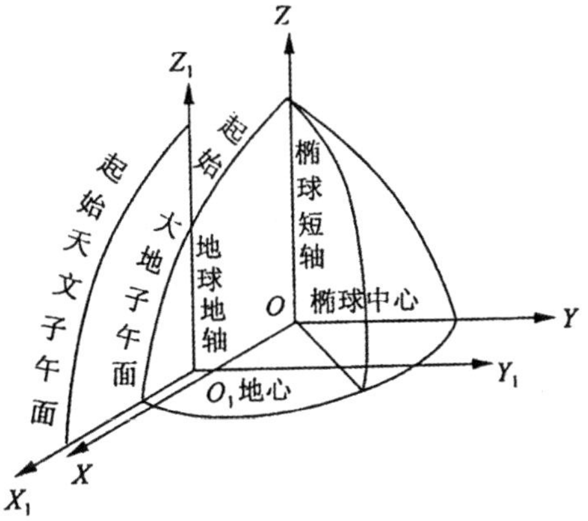

图 **5-3**　椭球定位定向

在上述条件中，前两个条件为椭球的定向条件，满足第一个条件，必须使 $\varepsilon_z=0$；满足第二个条件，必须使 $\varepsilon_x=0, \varepsilon_y=0$。于是已知天文经纬度、天文方位角，就可以根据垂线偏差公式和拉普拉斯方程计算相应的大地经纬度和大地方位角。第三个条件，即要求 $\sum N^2 = \min$（或

$\sum \zeta^2 = \min$),以减少垂线偏差和大地水准面差距(或高程异常)的数值。

采用经典大地测量技术建立参心坐标系时,都是在选定的大地原点上,实测该点的正常高 $H_{0常}$、天文经度 λ_0、天文纬度 φ_0 及其至另一点的天文方位角 a_0。由垂线偏差基本公式(5-3)、拉普拉斯方程式(5-4)以及式(1-1)可得式(5-5):

$$\begin{cases} B=\varphi-\xi \\ L=\lambda-\eta\sec\varphi \end{cases} \tag{5-3}$$

$$A=a-\eta\tan\varphi \tag{5-4}$$

$$\left.\begin{aligned} B_0&=\varphi_0-\xi_0 \\ L_0&=\lambda_0-\eta_0\sec\varphi_0 \\ A_0&=a_0-\eta_0\tan\varphi_0 \\ H_0&=H_{0常}+\zeta_0 \end{aligned}\right\} \tag{5-5}$$

式(5-5)中,ξ_0、η_0 和 ζ_0 为大地原点的垂线偏差和高程异常。这些椭球定位参数若能确定,那么大地测量的起算数据也就随之确定。

但是,在一个国家的天文大地测量初期,缺乏确定 ξ_0、η_0 和 ζ_0 的必要资料,只能简单地取 $\xi_0=0$、$\eta_0=0$、$\zeta_0=0$,于是得式(5-6):

$$\left.\begin{aligned} B_0&=\varphi_0 \\ L_0&=\lambda_0 \\ A_0&=a_0 \\ H_0&=H_{0常} \end{aligned}\right\} \tag{5-6}$$

式(5-6)表明,在大地原点处,铅垂线与椭球面法线重合,大地水准面与椭球面相切,大地子午面与天文子午面重合,且起始大地子午面与起始天文子午面平行。这样,椭球在大地体内既不能平移,也不能旋转,其位置被完全固定下来,达到了椭球定位的目的。这种定位方法称为一点定位。

利用大地原点的大地经纬度 L_0、B_0、大地方位角 A_0 和大地高 H_0 作为大地起算数(基准数据),再依据归算到椭球面上的方向和边长观测值,在椭球面上进行各种计算和平差,就可得到天文大地网中各点的大地经纬度。所以,大地原点也可称为大地起算点或大地基准点。

大地原点一般应选择在某一国家或地区的中部附近,这样可以缩短推算大地坐标和大地水准面差距(或高程异常)的路程,以减少推算误差的积累。大地原点的点位要稳固,便于长期保存。考虑到各个方面研究的需要,大地原点还应该和天文台、卫星观测网等相联测。

显然,一点定位没有顾及椭球定位的第三个条件,虽然在大地原点上能使椭球面与大地水准面完全密合,但在广大范围内,一点定位难以保证椭球面与大地水准面达到最佳密合。为此,当一个国家的天文大地测量工作基本完成后,可以利用国家天文大地测量成果,在大致均匀分布的多个天文大地点上列出高程的弧度测量方程,按式(5-7)的要求,求出 ξ_0、η_0 和 ζ_0,再按式(5-5)确定大地起算数据,这种定位方法称为多点定位。

$$\sum_{i=1}^{n}\zeta_i^2=\min \text{ 或 } \sum_{i=1}^{n}(\xi_i^2+\eta_i^2)=\min \tag{5-7}$$

多点椭球定位时,在大地原点上法线与铅垂线不重合,椭球面也不再与大地水准面相切。然而在布设天文大地网的整个区域内,椭球面与大地水准面达到了最佳密合。但椭球的中心一般与地球质心不相重合,因此仍属局部定位,称为相对定位或非地心定位,所定义的坐标系称为参心坐标系。世界各国和地区,由于各自采用的地球椭球参数和定位参数不同,得到许多不同的参心坐标系。

现代科学技术的发展,要求椭球面与整个地球的大地水准面有最佳的密合,椭球的中心与地球的质心相重合,这样的椭球称为总地球椭球。当然,就某一个国家或地区而言,总地球椭球未必与该区域的大地水准面密合得最好。

5.1.2　椭球面上的计算

控制测量的外业工作以大地水准面为基准面,以铅垂线为基准线,内业工作则以参考椭球面为基准面,以法线为基准线。因此在控制测量工作中需要将外业成果归算至参考椭球面,因此涉及椭球面上的计算。

1.曲率半径的计算

过椭球面上任意一点可作一条垂直于椭球面的法线,包含这条法线的平面称为法截面,法截面与椭球面的交线称为法截线或法截弧。包含椭球面一点的法线可作无数个法截面,相应有无数个法截线,而在椭球面上方向不同的法截弧具有不同的曲率半径。控制测量中常用到的法截弧曲率半径主要有子午圈曲率半径 M、卯酉圈曲率半径 N 和平均曲率半径 R。

(1)子午圈曲率半径。

通过参考椭球面上一点并且包含南极点与北极点的平面为该点的子午面,子午面与参考椭球面相截而成的椭圆称为子午圈或子午椭圆。子午圈是一个椭圆,因此子午圈上每一点处的曲率半径均不相同,求解子午圈曲率半径则需要从微分意义上来探讨。

如图 5-4 所示,在某一子午圈上取一微分弧 DK,其弧长为 $\mathrm{d}S$,微分弧两端点 D、K 间 x 坐标增量为 $\mathrm{d}x$,点 n 是微分弧 DK 的曲率中心,因此 Dn、Kn 即为子午圈曲率半径 M。

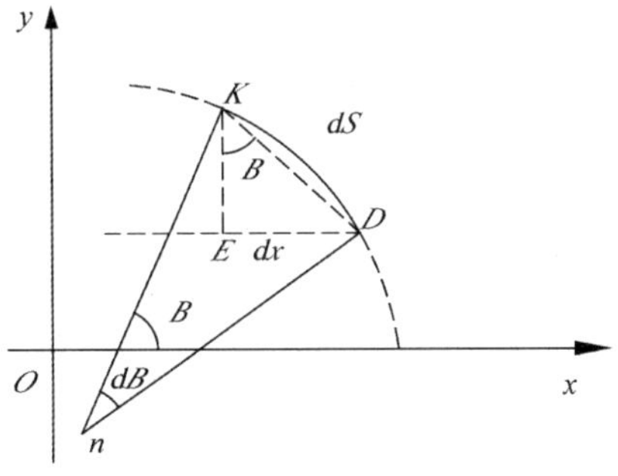

图 5-4　子午圈曲率半径

由任意平面曲线曲率半径的定义公式可知:

$$M=\frac{\mathrm{d}S}{\mathrm{d}B} \tag{5-8}$$

在微分三角形 DKE 中有

$$\mathrm{d}S=-\frac{\mathrm{d}x}{\sin\cdot B} \tag{5-9}$$

式中负号表示子午圈上点的横坐标 x 随纬度 B 的增加而减小。

将式(5-8)代入式(5-9)得

$$M=\frac{\mathrm{d}x}{\mathrm{d}B}\cdot\frac{1}{\sin B} \tag{5-10}$$

求得$\frac{dx}{dB}=a(\frac{-\sin BW-\cos B\frac{dW}{dB}}{W^2})$，$\frac{dW}{dB}=\frac{-2e^2\sin B\cos B}{2\sqrt{1-e^2\sin^2 B}}=\frac{-e^2\sin B\cos B}{W}$

计算得到

$$\frac{dx}{dB}=-a\sin B(\frac{1}{W}-\frac{e^2\cos^2 B}{W^3})=-\frac{a\sin B}{W^3}(W^2-e^2\cos^2 B)$$

$$=-\frac{a\sin B}{W^2}(1-e^2\sin^2 B-e^2\cos^2 B)=-\frac{a\sin B}{W^3}(1-e^2) \quad (5-11)$$

将式(5-11)代入式(5-10)可得:

$$M=\frac{a(1-e^2)}{W^3} \quad (5-12)$$

或写为式(5-13)。

$$M=\frac{c}{V^3}=\frac{N}{V^2} \quad (5-13)$$

从式(5-12)中可以看出子午圈曲率半径与点的纬度有关,随着纬度的升高子午圈曲率半径逐渐增大。具体见表5-2。

表5-2 子午圈曲率半径与纬度的关系

B	M	说明
$B=0°$	$M_0=a(1-e^2)$	在赤道上,M小于赤道半径a
$0°<B<90°$	$a(1-e^2)<M<c$	此间M随纬度的增大而增大
$B=90°$	$M_{90}=\frac{a}{\sqrt{1-e^2}}=c$	在极点上,M等于极点曲率半径

(2)卯酉圈曲率半径。

过椭球面上一点法线所形成的并与该点子午面相垂直的法截面与椭球表面相截而成的闭合圈即为卯酉圈,其曲率半径用N表示。

如图5-5所示,为推求过椭球面上一点P的卯酉圈PEE'的曲率半径N,作过P点的垂直于子午面的平行圈PHK,其半径$PO'=r$。过P点作平行圈PHK的切线PT且该切线位于位于平行圈PHK平面内,因卯酉圈PEE'也垂直于子午面,故PT同样为卯酉圈PEE'在P点处的切线,即PT垂直于法线Pn,因此PT是平行圈PHK与卯酉圈PEE'在P点处的公切线。根据麦尼尔定理可知,具有公切线的平行圈在P点处的斜截弧曲率半径r等于卯酉圈在P点处的法截弧曲率半径N乘以两截弧平面夹角的余弦,又因平行圈与卯酉圈平面夹角即为大地纬度B,故有

$$r=N\cos B \quad (5-14)$$

由子午面直角坐标系与大地坐标系的关系可知平行圈半径r即为P点横坐标x,并结合式$x=\frac{a\cos B}{\sqrt{1-e^2\sin^2 B}}=\frac{a\cos B}{W}$可以得出

$$x=r=\frac{a\cos B}{W} \tag{5-15}$$

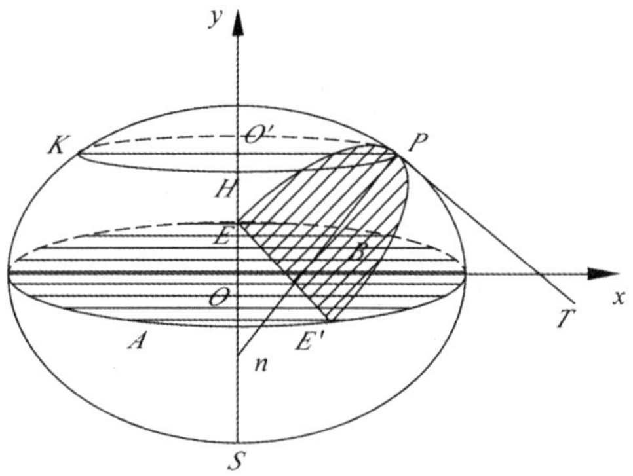

图 5-5　卯酉圈曲率半径

因此得到卯酉圈曲率半径

$$N=\frac{a}{W} \tag{5-16}$$

或写为以下形式：

$$N=\frac{c}{V} \tag{5-17}$$

式(5-16)与式(5-17)即为卯酉圈曲率半径的计算公式。从式中可以看出卯酉圈曲率半径同样与点的纬度有关，随着纬度的升高卯酉圈曲率半径逐渐增大。具体关系见表 5-3。

表 5-3　卯酉圈曲率半径与纬度的关系

B	N	说明
$B=0°$	$N_0=a$	在赤道上，N 等于赤道半径 a
$0°<B<90°$	$a<N<c$	此间 N 随纬度的增大而增大
$B=90°$	$N_{90}=\frac{a}{\sqrt{1-e^2}}=c$	在极点上，N 等于极点曲率半径

此外，从图 5-4 中也可以看出：

$$P_n=N=\frac{PO'}{\cos B}=\frac{r}{\cos B} \tag{5-18}$$

卯酉圈曲率半径 N 恰好等于法线介于椭球面与短半轴之间的长度，也就是说卯酉圈的曲率中心在椭球的旋转轴上。

(3)任意方向法截弧曲率半径。

如图 5-6 所示，对于椭球面上任一点 P，过 P 点的子午法截弧 PM 为南北方向，其切线为 PX，过 P 点的卯酉法截弧 PN 为东西方向，其切线为 PY，子午法截弧 PM 与卯酉法截弧 PN 在 P 点处正交。这两个相互垂直的法截弧曲率半径即子午圈曲率半径 M 与卯酉圈曲率半径 N 在微分几何中统称为主曲率半径。

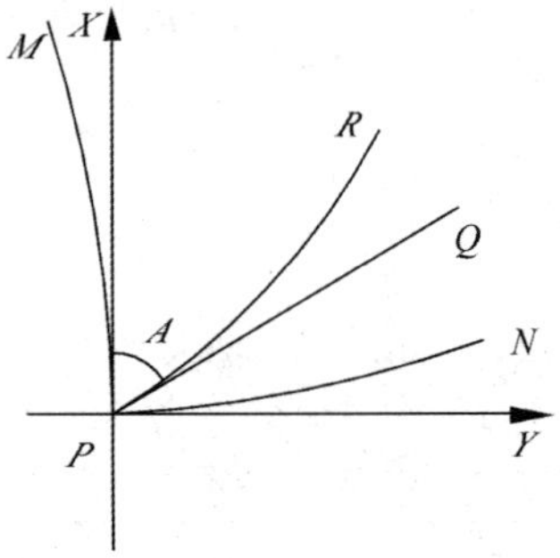

图 **5-6**　任意法截线曲率半径

对于 P 点上任一条法截线 PR,其大地方位角为 A,切线为 PQ,现来讨论其曲率半径 R_A 的计算公式。

根据微分几何的欧拉(Euler)公式,由曲面上任一点的主曲率半径计算该点处任意方位角为 A 的法截弧曲率半径 R_A 的计算公式为

$$\frac{1}{R_A}=\frac{\cos^2 A}{M}+\frac{\sin^2 A}{N} \tag{5-19}$$

式(5-19)经变换可得

$$R_A=\frac{MN}{N\cos^2 A+M\sin^2 A} \tag{5-20}$$

将分子分母同时除以 M 并顾及 $\frac{N}{M}=V^2=1+\eta^2$,可得

$$R_A=\frac{N}{1+\eta^2\cos^2 A}=\frac{N}{1+e'^2\cos^2 B\cos^2 A} \tag{5-21}$$

式(5-21)即为大地方位角为 A 的任意方向法截弧曲率半径计算公式。

由任意方向法截弧曲率半径计算公式可以看出 R_A 不仅与纬度 B 有关,还与过该点的法截弧方位角 A 有关。考虑到曲率 k_A 与曲率半径 R_A 互为倒数,为求得曲率 k_A 为极值时的方位角值,将式(5-19)两边对 A 求导并令其为零可得:

$$\frac{\mathrm{d}k_A}{\mathrm{d}_A}=2\left(\frac{1}{N}-\frac{1}{M}\right)\sin A\cos A=0$$

通常 $M\neq N$,于是有 $\sin A\cos A=0$,由此可得方位角 A 为 0、$\pi/2$、π、$3\pi/2$ 时曲率 k_A 为极大值或极小值,而此方位角恰为子午圈与卯酉圈的方位角方向。具体而言当 $A=0°$ 或 $180°$ 时,R_A 值最小,为子午圈曲率半径 M;当 $A=90°$ 或 $270°$ 时,R_A 值最大,为卯酉圈曲率半径 N,由此可以看出主曲率半径 M 与 N 是 R_A 的极小值与极大值。

此外由式(5-21)可以看出,当 A 由 0°逐渐增加到 90°时 R_A 值由 M 逐渐增大到 N,当 A 由 90°逐渐增加到 180°时 R_A 值由 N 逐渐减小到 M,由此可见 R_A 值的变化以 90°为周期并且与子午圈和卯酉圈对称。

(4)平均曲率半径及其相互间关系。

实际工程应用中,根据测量工作的精度要求,在一定范围内,把椭球面当成具有适当半径的球面。取过地面某点的所有方向 R_A 的平均值来作为这个球体的半径是合适的。这个

球面的半径称为平均曲率半径，即：

$$R=\sqrt{MN}=\frac{N}{V}=\frac{c}{V^2}=\frac{b}{W^2}=\frac{a}{W^2}\sqrt{1-e^2} \tag{5-22}$$

式(5-22)即为平均曲率半径的计算公式，由该式可以看出曲面上任意一点的平均曲率半径是该点上主曲率半径的几何平均值。

至此我们已经推导出过椭球面上一点处的子午圈曲率半径 N、卯酉圈曲率半径 M 及平均曲率半径 R 的计算公式，并将其整理于表 5-4 中。

表 5-4　三种曲率半径的计算公式

曲率半径	N	R	M
公式	$\frac{c}{V^1}$	$\frac{c}{V^2}$	$\frac{c}{V^3}$
	$\frac{a(\sqrt{1-e^2})^0}{W^1}$	$\frac{a(\sqrt{1-e^2})^1}{W^2}$	$\frac{a(\sqrt{1-e^2})^2}{W^3}$

由表中可以看出三者关系为 $N>R>M$，且在极点处三者同时等于极曲率半径 c，即

$$N_{90}=R_{90}=M_{90}=c$$

2.弧长的计算

在进行高斯投影计算和弧度测量计算等与椭球体有关的测量计算时，经常用到子午圈和平行圈弧长计算公式。

(1)子午线弧长的计算。

由子午圈的定义可知两个极点将子午圈分为两半，而子午圈同时又以赤道为对称，因此只需推导由赤道开始到已知纬度 B 间的子午线弧长公式即可。

如图 5-7 所示，取子午线上某一微分弧 $DK=\mathrm{d}x$，设 D 点纬度为 B，K 点纬度为 $B+\mathrm{d}B$，D 点的子午线曲率半径为 M，于是有

$$\mathrm{d}x=M\mathrm{d}B \tag{5-23}$$

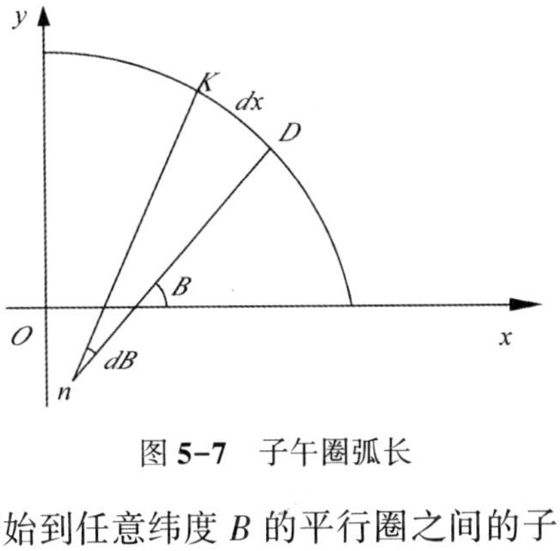

图 5-7　子午圈弧长

因此为了求得从赤道开始到任意纬度 B 的平行圈之间的子午圈弧长，需要计算其积分值，如下：

$$X=\int_0^B M\mathrm{d}B \tag{5-24}$$

为了便于求解积分,将 M 按照牛顿二项式定理级数展开并取至8次项,进行积分并经整理可得:

$$X=a_0B=\frac{a_2}{2}\sin 2B+\frac{a_4}{4}\sin 4B-\frac{a_6}{6}\sin 6B+\frac{a_8}{8}\sin 8B \tag{5-25}$$

式(5-25)即为子午线弧长计算公式,利用该公式计算子午线弧长时只需将不同椭球参数代入即可,式中最后一项系数$\frac{a_8}{8}=\frac{m_8}{1\ 024}$总是小于0.000 03 m,故可忽略不计。

(2)平行圈弧长的计算。

平行圈即纬圈,地球椭球是旋转椭球,因此平行圈是一个圆,其半径 r 就是圆上任意一点的子午面直角坐标 x,因此有

$$r=x=N\cos B=\frac{a\cos B}{\sqrt{1-e^2\sin^2 B}} \tag{5-26}$$

如果在同一个平行圈上有两点,其经差为 $l''=L_2-L_1$,于是便有平行圈弧长公式

$$S=N\cos B\frac{l''}{\rho''}=b_1 l'' \tag{5-27}$$

式中,$b_1=\frac{N}{\rho''}\cos B$,其取值可以大地纬度 B 为引数在《高斯投影坐标计算表》中查取。

从平行圈弧长计算公式(5-27)中可以看出,同一个经度差 l'' 在不同纬度的平行圈上其弧长是不同的,并且相差较为悬殊。

(3)子午线弧长与平行圈弧长的变化对比。

为对子午线弧长与平行圈弧长有具体数量上的认识,现将不同纬度处的一些具体弧长数值列于表5-5中。

表5-5 子午线弧长与平行圈弧长的变化对比 m

B	子午线弧长			平行圈弧长		
	$\Delta B=1°$	$\Delta B=1'$	$\Delta B=1''$	$l=1°$	$l=1'$	$l=1''$
0°	110 576	1 842.94	30.716	111 321	1 855.36	30.923
15°	110 656	1 844.26	30.738	107 552	1 792.54	29.876
30°	110 863	1 847.71	30.795	96 488	1 608.13	26.802
45°	111 143	1 852.39	30.873	78 848	1 314.14	21.902
60°	111 423	1 857.04	30.951	55 801	930.02	15.500
75°	111 625	1 860.42	31.007	28 902	481.71	8.028
90°	111 696	1 861.60	31.027	0	0.00	0.000

从表中可以看出,单位纬度差的子午线弧长随纬度的升高而缓慢增长;单位经度差的平行圈弧长随纬度升高而急剧缩短。此外平行圈弧长与子午线弧长仅在赤道附近大致相当,随着纬度的升高其差异愈加明显。

3.梯形面积的计算

我国国家基本比例尺地形图按照比例尺可分为 1：100 万、1：50 万、1：25 万、1：10 万、1：5 万、1：2.5 万、1：1 万及 1：5000 八种，八种基本比例尺地形图采用经纬线分幅法（梯形分幅法）进行图幅分割。经纬线分幅法按照固定的经纬差划分图幅，采用这种分幅方法虽使得每个图幅都有明确的地理位置概念，但每个图幅大多数情况表现为上下图廓为曲线的梯形，因此在进行面积计算时需要根据每一张图的位置分别对其所表示的球面面积进行求解。

这种由两条子午线和两条平行圈围成的椭球表面称为椭球面梯形，采用经纬线法分幅的图幅本质上属于椭球面梯形，因此接下来我们将讨论椭球面梯形面积的计算。

如图 5-8 所示，在参考椭球面上取一微分梯形，其微分面积 $\mathrm{d}P$ 等于

$$\mathrm{d}P=\mathrm{d}x\times\mathrm{d}y \tag{5-28}$$

式中，$\mathrm{d}x$、$\mathrm{d}y$ 表示坐标微分长度。

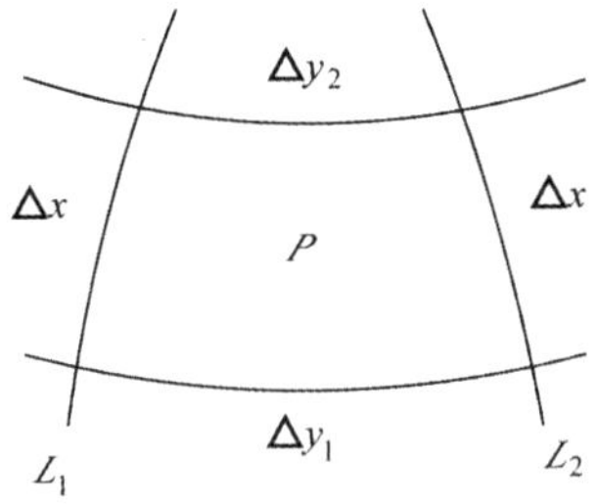

图 **5-8**　椭球面梯形面积

从图 5-7 中还可看出

$$\begin{cases}\mathrm{d}x=M\mathrm{d}B\\ \mathrm{d}y=N\mathrm{d}L\end{cases} \tag{5-29}$$

将式（5-29）代入式（5-28）并结合式（5-12）和式（5-17）有

$$\mathrm{d}P=\frac{a^2(1-e^2)\cos B}{W^4}\mathrm{d}B\mathrm{d}L \tag{5-30}$$

因为

$$\begin{aligned}a^2(1-e^2)&=b^2\\ W^2&=1-e^2\sin B\end{aligned} \tag{5-31}$$

代入式（5-30）积分可得

$$\begin{aligned}P&=b^2\int_{L_1}^{L_2}\int_{B_1}^{B_2}(1-e^2\sin^2 B)^{-2}\cos B\mathrm{d}B\mathrm{d}L\\ &=b^2(L_2-L_1)\int_{B_1}^{B_2}(1-e^2\sin^2 B)^{-2}\cos B\mathrm{d}B\end{aligned} \tag{5-32}$$

将式（5-32）被积函数展开级数可得

$$P=b^2(L_2-L_1)\int_{B_1}^{B_2}(\cos B+2e^2\sin^2 B\cos B+3e^4\sin^4 B\cos B+4e^6\sin^6 B\cos B+\cdots)dB$$

（5-33）

积分后可得

$$P=b^2(L_2-L_1)\left|\sin B+\frac{2}{3}e^2\sin^3 B+\frac{4}{5}e^4\sin^5 B+\frac{4}{7}e^6\sin^7 B+\cdots\right|_{B_1}^{B_2} \tag{5-34}$$

式(5-34)即为椭球面梯形图幅面积的计算公式。

在式(5-32)中令 $L_2-L_1=2\pi$, $B_1=0$, $B_2=\pi/2$,则可获取到地球椭球一半的表面积,将其乘以 2 倍即可得到地球椭球全面积为

$$P_E=4\pi b^2\left(1+\frac{2}{3}e^2+\frac{3}{5}e^4+\frac{4}{7}e^6+\cdots\right) \tag{5-35}$$

将克拉索夫斯基椭球参数代入,可得地球全面积约为 510 083 058.777 km^2;将 1975 年国际椭球参数代入,可得地球全面积约为 510 066 100.124 km^2。

现假设与地球椭球面积相等的地球圆球半径为 R_E,则有

$$P_E=4\pi R_E^2=4\pi d^2\left(1+\frac{2}{3}e^2+\frac{3}{5}e^4+\frac{4}{7}e^6+\cdots\right) \tag{5-36}$$

由此可得

$$R_E=b\sqrt{1+\frac{2}{3}e^2+\frac{3}{5}e^4+\frac{4}{7}e^6+\cdots} \tag{5-37}$$

将克拉索夫斯基椭球参数代入可得等价的地球半径 $R_E=6\ 371\ 116$ m,因此在解决有关地球的问题时可近似认为地球半径为 6 371.116 km。

任务二　完成地面观测值归算至椭球面

参考椭球面是测量计算的基准面。野外的各种测量都是在地面上进行的,观测的基准线不是各点相应椭球面的法线,而是各点的铅垂线,各点的铅垂线与法线存在着垂线偏差 μ。因此不能直接在地面上处理观测成果,而应将地面观测元素(包括方向和距离)归算至椭球面。将地面观测元素归算至椭球面有两个基本要求:

(1)以椭球面的法线为基准线;

(2)将地面观测元素归化为椭球面上大地线的相应元素。

1.将地面观测的水平方向观测值归算至椭球面

无论是平面控制网还是高程控制网,都是通过野外采集某些数据——观测量,经过适当处理,最终获得待定点的平面坐标和高程,然而,观测量之间的矛盾是客观存在的,合理处理观测量之间矛盾的工作,称为平差。在平差之前,又必须将所有观测量归算到某一个基准面上。我们知道,参考椭球面是测量计算的基准面,因此,需要把地面测量的水平方向、边长等成果归算到椭球面上,以便进行计算。将水平方向观测值归算到椭球面上主要涉及垂线偏差改正、标高差改正及截面差改正,习惯上称其为“三差改正”。

(1)垂线偏差改正 δ_u。

地面上水平方向的观测均以垂线为根据,而在椭球面上则要求以法线为根据。因此在每一个三角点上,将地面观测的以垂线为依据的水平方向值归算到椭球面上以法线为依据的方向值所应加的改正定义为垂线偏差改正,记以 δ_u。

如图 5-9 所示,以测站 A 为中心作单位半径的辅助球,u 为垂线偏差,它在子午圈上的分量为 ξ,卯酉圈上的分量为 η,M 为地面观测目标 m 在球面上的投影。

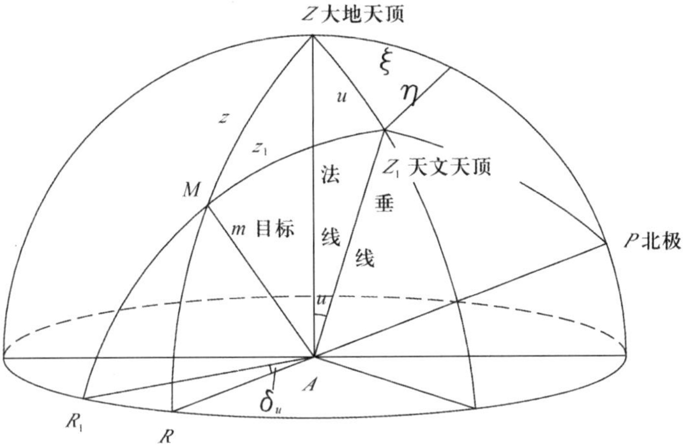

图 **5-9**　垂线偏差改正

垂线偏差改正 δ_u 的计算公式为

$$\begin{aligned}\delta_u'' &= -(\xi''\sin A_m - \eta''\cos A_m)\cot Z_1 \\ &= -(\xi''\sin A_m - \eta''\cos A_m)\tan \alpha_1\end{aligned} \tag{5-38}$$

式中垂线偏差在子午圈和卯酉圈上的分量 ξ、η 可在测区的垂线偏差分量图中内插求得。A_m 表示测站点至照准点的大地方位角;Z_1 表示照准点的天顶距;α_1 表示照准点的垂直角。

由式(5-38)可以看出,垂线偏差改正的数值主要与测站点的垂线偏差分量、观测方向以及观测方向的天顶距(垂直角)有关。通常垂线偏差改正 δ_u 较小,因此只在国家一、二等三角测量计算中才进行该项改正。

(2)标高差改正 δ_h。

标高差改正又称为由照准点高度引起的改正。不在同一子午面或不在同一平行圈上的两点的法线是不共面的。因此,当进行水平方向观测时,如果照准点高出椭球面某一高度,则照准面就不能通过照准点的法线同椭球面的交点,由此引起的方向偏差的改正称为标高差改正,记以 δ_h。

如图 5-10 所示,A 为测站点,若测站点观测值已加垂线偏差改正,即可以认为垂线与法线一致。这时测站点在椭球面上或者高出椭球面某一高度,对水平方向是没有影响的。这是因为测站点法线不变,则通过某一照准点只能有一个法截面,因此为便于分析我们假设测站点 A 在椭球面上。

设照准点 B 高出椭球面,其大地高为 H_2,过 A、B 两点分别作法线 An_A 和 Bn_B,B 点法线 Bn_B 与椭球面交于 b 点。通常 An_A 和 Bn_B 不在同一平面内,因此在测站点 A 照准 B 点所得的法截线并非 Ab,而是 Ab',这就造成了 Ab 与 Ab'方向的差异。按规算要求,地面各点均应沿自己的法线方向投影到椭球面上,也就是说需要 Ab 方向值而不是 Ab' 方向值,因此需要加上标高差改正 δ_h 将 Ab' 方向改正到 Ab 方向上。

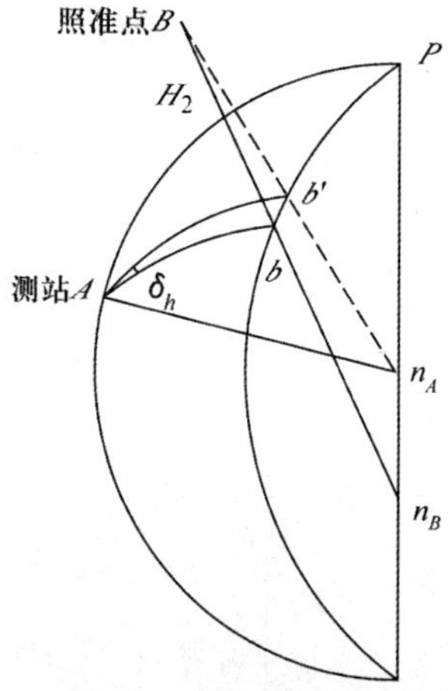

图 **5-10** 标高差改正

标高差改正 δ_h 的计算公式为

$$\delta''_h = \frac{\rho'' e^2}{2M_2} H_2 \cos^2 B_2 \sin 2A_1 \tag{5-39}$$

式中,B_2 为照准点大地纬度;A_1 为测站点至照准点的大地方位角;M_2 为与照准点大地纬度 B_2 相应的子午圈曲率半径;H_2 为照准点高出椭球面的高程即大地高,H_2 由三部分组成:

$$H_2 = H_{常} + \xi + a \tag{5-40}$$

其中,$H_{常}$ 为照准点标石中心的正常高;ξ 为高程异常;a 为照准点的觇标高。

由式(5-39)可以看出,标高差改正 δ_h 主要与照准点高程 H_2 有关,经此项改正后便将地面观测的水平方向值归化为椭球面上相应的法截弧方向。

(3)截面差改正 δ_g。

在椭球面上,纬度不同的两点由于其法线不共面,因此在进行对向观测时相对法截弧并不重合,应当用两点间的大地线代替相对法截弧。将法截弧方向化为大地线方向应加的改正即为截面差改正,记作 δ_g。

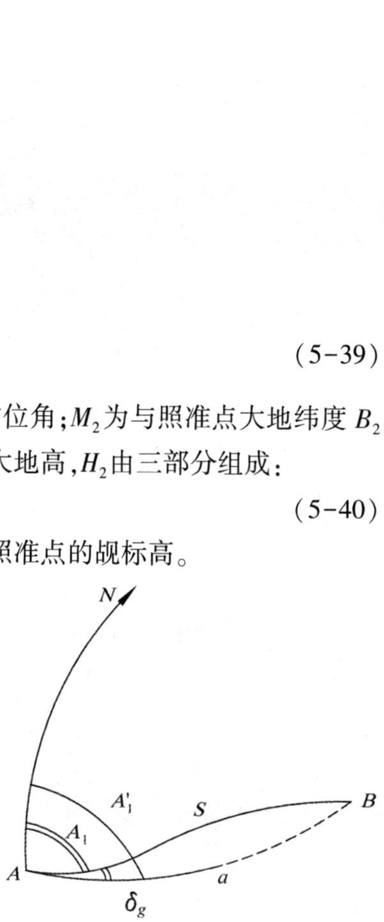

图 **5-11** 截面差改正

如图 5-11 所示,AaB 是 A 至 B 的法截弧,它在 A 点处的大地方位角为 A'_1,ASB 是 AB 间的大地线,它在 A 点的大地方位角是 A_1,A_1 与 A'_1 之差 δ_g 就是截面差改正。

截面差改正 δ_g 计算公式为

$$\delta''_g = -\frac{e^2}{12\rho'' N_1^2} S^2 \cos^2 B_1 \sin 2A_1 \tag{5-41}$$

式中,S 为 AB 间的大地线长度;N_1 为测站点纬度 B_1 相对应的卯酉圈曲率半径。

由式(5-41)可知截面差改正 δ_g 主要由测站点至照准点间的距离 S 有关。

同样为便于计算,常令

$$K_2 = \frac{e^2}{12\rho'' N_1^2} S^2 \cos^2 B_1 \tag{5-42}$$

故式(5-41)改写为

$$\delta''_g = -K_2 \sin 2A_1 \tag{5-41}$$

K_2的取值可在《测量计算用表集》(之一)中以测站点至照准点间的大地线长度S(单位:km)及测站点纬度B_1为引数查取。

通常情况下,一等三角测量应进行三差改正,二等三角测量应进行垂线偏差改正和标高差改正,三等和四等三角测量可不进行三差改正。但当$\xi=\eta>10''$时,或者$H>2$ km 时,应分别考虑进行垂线偏差改正和标高差改正。特殊情况时应根据测区实际情况具体分析。

2.将地面电磁波测距边长归算至椭球面

电磁波测距仪观测得到的是连接地面两点间的直线斜距,因此也需要将其归算到椭球参考面上。如图 5-12 所示,地面两点Q_1和Q_2的大地高分别为H_1和H_2,电磁波测距仪观测得到两点间斜距为D,现欲获得两大地点沿法线在椭球面上投影点Q'_1和Q'_2间的大地线长度S。

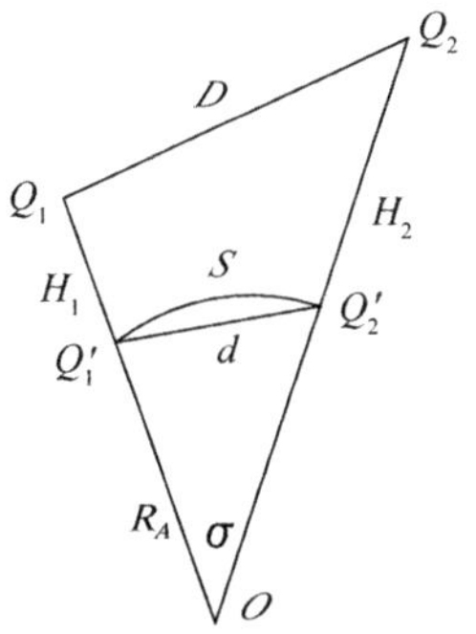

图 **5-12**　电磁波测距边长归算至椭球面

椭球面上两点间的大地线长度与相应法截线长度之间的差异是极其微小的,因此可以忽略不计,即可认为两点间大地线长度等于两点间法截线长度。此外,两点间法截线长度与半径等于其起始点曲率半径的圆弧长间的差异也是很微小的,因此待求的大地线长度等于半径为R_A所对应的圆弧长。其中

$$R_A = \frac{N}{1+e'^2\cos^2 B_1 \cos^2 A_1} \tag{5-44}$$

在平面三角形Q_1Q_2O中根据余弦定理可得

$$\cos\sigma = \frac{(R_A+H_1)^2+(R_A+H_2)^2-D^2}{2(R_A+H_1)(R_A+H_2)} \tag{5-45}$$

考虑到

$$\cos\sigma = \cos\frac{S}{R_A} = 1-2\sin^2\frac{S}{2R_A} \tag{5-46}$$

可得

$$\sin^2\frac{S}{2R_A} = \frac{D^2-(H_2-H_1)^2}{4(R_A+H_1)(R_A+H_2)} \tag{5-47}$$

经变化可得

$$S=2R_A\arcsin\frac{D}{2R_A}\sqrt{\frac{1-\left(\frac{H_2-H_1}{D}\right)^2}{\left(1+\frac{H_1}{R_A}\right)\left(1+\frac{H_2}{R_A}\right)}} \tag{5-48}$$

将式(5-48)按正弦函数级数展开并略去五次项可得

$$S=D\sqrt{\frac{1-\left(\frac{H_2-H_1}{D}\right)^2}{\left(1+\frac{H_1}{R_A}\right)\left(1+\frac{H_2}{R_A}\right)}}+\frac{D^3}{24R_A^2} \tag{5-49}$$

式(5-49)即为电磁波测距的归算公式。式中的大地高 H 由正常高和高程异常两部分构成。通常为保证 S 的计算精度不低于 10^{-6}级,当 $D<10$ km 时要求高差 $\Delta h=H_2-H_1$ 的精度达到 0.1 m;当 $D>10$ km 时其精度必须达到 1 m。大地高 H 本身的精度须达到 5 m 级,曲率半径 R_A 达到 1 km 即可。

式(5-49)进一步简化可得

$$S=D-\frac{1}{2}\frac{\Delta h^2}{D}-D\frac{H_m}{R_A}+\frac{D^3}{24R_A^2} \tag{5-50}$$

其中 $H_m=\frac{1}{2}(H_1+H_2)$。

式(5-50)同为电磁波测距的归算公式,其几何意义可解释如下:

(1)式(5-50)等号右端第二项表示由于控制点高差而引起的倾斜改正主项,经此项改正后测线由斜距变为平距。

(2)式(5-50)等号右端第三项是由于平均测线高出参考椭球面而引起的改正,经改正后测线变为弦线。

(3)式(5-50)等号右端第四项是将弦长化为弧长的改正项。

电磁波测距边长归算至椭球面上的计算公式还可用下式表达:

$$S=\sqrt{D^2-\Delta h^2}\left(1-\frac{H_m}{R_A}\right)+\frac{D^3}{24R_A^2} \tag{5-51}$$

显然式中等号右端第一项即为经高差改正后的平距。

经以上各项改正后将地面上用电磁波测距仪观测的地面两点间的斜距归化为参考椭球面上的弧长。

任务三　完成椭球面元素归算至高斯平面

任务二中,将地面观测值化算到椭球面上,得到了椭球面上的大地坐标(L、B)、大地线长(S)、大地方位角 A,但这些量都是基于椭球面上的。控制测量的作用之一是测定地面点坐标以控制地形测图,地图是平面的,作为控制测图的坐标必须是平面坐标,一个是平面系统,一个是球面系统,无法起到控制作用;另外,虽然参考椭球面是个规则的数学曲面,可以精确表达,但在它上面进行测量计算依然相当复杂,如果按一定的投影规律,先将椭球面上的起算元素和观测元素化算成相应的平面元素,然后在平面上进行各种计算(坐标、边长和方位角等)就简单多了。因此,需要把椭球面上的观测值投影到平面上。

5.3.1　高斯投影

1.投影与变形

地图投影就是将椭球面各元素(包括坐标、方向和长度)按一定的数学法则投影到平面上。研究这个问题的专门学科称为地图投影学。可用下面两个方程式(坐标投影公式)表示,即

$$\left.\begin{aligned} x&=F_1(L,B)\\ y&=F_2(L,B)\end{aligned}\right\} \tag{5-52}$$

式中,L、B——椭球面上某点的大地坐标;x、y——该点投影后的平面直角坐标。

椭球面是一个凸起的、不可展平的曲面。将这个曲面上的元素(距离、角度、图形)投影到平面上,就会和原来的距离、角度、图形呈现差异,这一差异称为投影变形。

投影变形的形式有角度变形、长度变形和面积变形。

地图投影的方式:

(1)等角投影——投影前后的角度相等,但长度和面积有变形。

(2)等距投影——投影前后的长度相等,但角度和面积有变形。

(3)等积投影——投影前后的面积相等,但角度和长度有变形。

2.控制测量对地图投影的要求

在控制测量中应根据测量的任务与目的来选择地图投影方式,因此控制测量对地图投影提出以下要求:

(1)应采用等角投影即正形投影。采用正形投影可保证三角测量中获取的大量角度观测元素在投影前后保持不变,进而减少了大量的投影计算工作;此外等角投影还可保证在有限范围内地图上的图形与椭球面原形保持相似,为地图测制以及图上的各种量算工作带来极大便利。

(2)要求采用的正形投影所引起的长度和面积变形不大,因此为了控制投影变形,测量中采用的地图投影通常限制在不大的投影范围内,并以简单公式计算投影变形的改正数。

(3)能按分带投影。对于一个国家乃至全世界,投影后应该保证具有一个单一起算点的统一的坐标系,但这是不可能的。因为如果这样,变形将会很大,并且难以顾及。为解决这个矛盾,测量中往往将较大的区域按照一定规律分为若干小区域(即分带),对每个小区域单独进行投影并建立每一小区域的直角坐标系后,采用简单的数学方法将这些小区域的直角坐标系连接在一起,形成整体的平面直角坐标系。因此要求投影便于分带,并能按照高精度的、简单的、统一的计算公式和用表将各带连成整体。

3.高斯投影的基本概念

高斯-克吕格投影简称“高斯投影”,是以地球椭球面为原面的一种等角横轴切椭圆柱投影。高斯投影方法最初由德国数学家、物理学家、大地测量学家高斯于19世纪20年代提出,后经德国测量学家克吕格深入研究并推导出其实用的坐标投影公式后得以推广使用。

现在世界上诸如德国、奥地利、英国、美国、希腊等多个国家均采用高斯投影,我国于1952年正式决定采用高斯投影作为国家大地测量和1∶50万及更大比例尺的国家基本地形图的数学基础。

如图5-13所示,假想用一个椭圆柱面横切于地球椭球体面某一条子午线(中央子午线)处,椭圆柱的中心轴通过椭球体中心,然后按照等角条件将中央子午线两侧一定经差范围内椭球体面上的地区投影到椭圆柱体面上,最后将椭圆柱体面沿过南北极的母线剪开展平即为高斯投影平面。

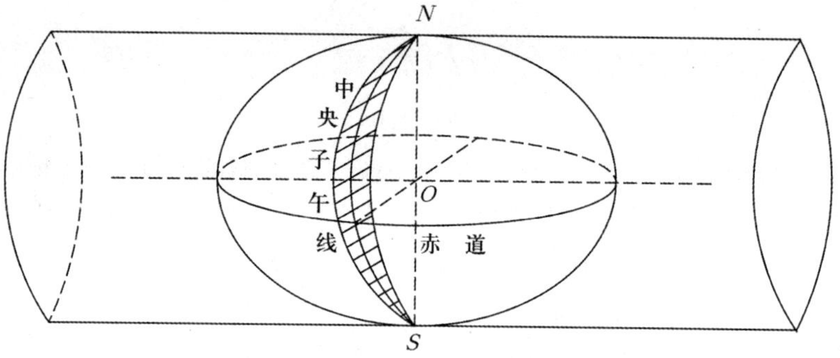

图**5-13**　高斯投影示意图

高斯投影作为一种常用投影方法不仅满足控制测量对地图投影的基本要求,还具备以下基本条件:

(1)投影前后角度保持不变,即为正形投影;

(2)中央子午线投影后长度保持不变;

(3)中央子午线与赤道均投影为直线且正交,并且是投影的对称轴。

以上条件中第一条是正形投影基本条件,后面两条是高斯投影本身的特定条件。根据高斯投影所满足的3个基本条件便可确定投影函数,进而推求投影公式。

高斯投影除中央子午线与赤道投影为相互垂直的直线外,其余子午线投影为对称凹向中央子午线的曲线,纬线投影为对称凸向赤道的曲线,整个图形呈东西对称及南北对称,子午线与纬线均正交。

高斯投影没有角度变形,因此面积比是长度比的平方;除中央子午线投影后没有长度变形外,其余子午线和全部纬线投影后均有长度变形,并且长度比大于1,即投影后较实际长度略长。

在同一条子午线上,纬度越低变形越大;在同一条纬线上,长度变形随经差的增加而增大,并与经差的平方成正比,因此最大变形出现在投影带的赤道两端。所以在实际应用中为了控制投影变形,我国通常按经差6°和3°进行投影分带,在6°带范围内虽然赤道两端存有约0.138%的最大长度变形和0.27%的最大面积变形,但是在地形图上这种变形而产生的误差亦很小，因此高斯投影广泛用作大中比例尺地形图的数学基础。

4.高斯投影的分带

因高斯投影的最大变形位于赤道上，并且随经差的增大而增大，因此通过限制投影的经度范围就能控制最大变形进而满足精度要求，因此高斯投影常采取分带单独进行投影。由于0.138%的长度变形所产生的误差小于1∶2.5万比例尺地形图的绘图误差，因此我国1∶2.5万至1∶50万地形图采用6°分带投影。考虑到1∶1万及更大比例尺地形图对制图精度的要求更高，需进一步限制投影带的经度范围，因此采用3°分带投影。

如图5-14所示，高斯投影6°带自0°子午线起每隔经差6°自西向东分带，凡是6°整倍数的经线均为分带子午线，全球共被分为60带。东半球划分为30带，从0°~180°依次编号1，2，3…，30。经度为L某点所在投影带的中央子午线经度L_E和带号N_E可由下式求得：

$$
\begin{aligned}
L_E &= 6°N_E - 3° \\
N_E &= \mathrm{int}(L/6°) + 1(0) \quad \text{（有余数加1，整除加0）}
\end{aligned}
\tag{5-53}
$$

西半球也划分为30带，从180°~0°依次编号31，32，33，…，60。经度为L某点所在投影带的中央子午线经度L_W和带号N_W可由下式求得：

$$
\begin{aligned}
L_W &= (6°N_W - 3°) - 360° \\
N_W &= \mathrm{int}(360° - L/6°) + 1(0) \quad \text{（有余数加1，整除加0）}
\end{aligned}
\tag{5-54}
$$

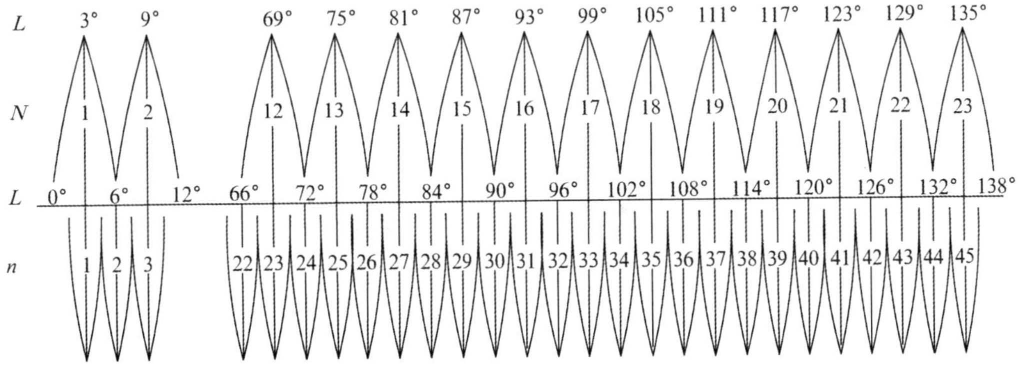

图 **5-14** 分带投影示意图

分带后各带分别进行投影，各自建立坐标系统从而形成彼此相互独立的平面直角坐标系。但在实际生产作业中，作业区域往往跨越不同的投影带，因此需要进行投影带之间的坐标换算即邻带换算将不同投影带化为同一坐标系中。

此外由于分带造成了边界子午线两侧的控制点和地形图处于不同的投影带内，这给使用带来不便，为了将各带连成整体规定各投影带要有一定的重叠度，对于每一6°带规定向东加宽30′，向西加宽15′或7.5′，这样在重叠范围内的控制点具有两套相邻投影带的坐标值，地形图具有两套公里格网，进而保证边缘地区控制点间的相互应用以及地图的拼接与使用。

高斯投影3°带是在6°带的基础上形成的，3°带的一部分中央子午线与6°带重合，一部分与6°带的分界子午线重合，3°带中央子午线经度$L=3°n$，n为带号，其关系如图5-14所示。

5.坐标写法的规定

高斯平面直角坐标如图5-15所示，是以中央子午线的投影为坐标系纵轴x轴，赤道的投影为

横轴 y 轴,各个投影带自成一个直角坐标系统。为了区别不同投影带内点的坐标,规定在横坐标 y 值前面冠以两位数带号,此外为了避免横坐标出现负值,还规定将 y 值加上 500 km(6°带中横坐标 y 的实际值最大约为 330 km)。例如某点横坐标 y=20 637 538.36 m,则可知此点位于第 20 带(L_o=117°),对于中央子午线而言的横坐标,y=637 538.36−500 000=137 538.36 m。又如某点的横坐标 y=26 428 368.45 m,该点位于3°带第 26 带。而纵坐标无论在哪一带,都是由赤道起算的实际值,我国位于北半球,因此 x 坐标始终为正值。

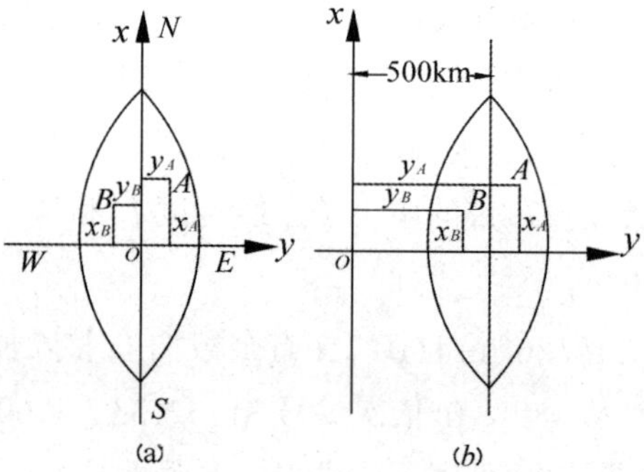

图 5-15　高斯平面直角坐标系

高斯平面直角坐标系的应用大大简化了测量计算工作,它把在椭球体面上的观测元素全部改化到高斯平面上进行计算,这比在椭球体面上解算球面图形要简单得多。线状工程往往横跨省市,所以在线状工程的测量中经常应用高斯平面直角坐标,如高速公路、高速铁路的勘测设计和施工测量就是在高斯平面直角坐标系中进行的。

5.3.2　高斯投影坐标计算

将椭球体上的元素采用高斯投影方法投影到平面上,其关键是实现大地坐标对平面坐标的转化,即确定高斯平面坐标(x,y)与大地坐标(L,B)间的相互关系。由(L,B)推求(x,y)称为高斯投影正算,由(x,y)推求(L,B)为高斯投影反算。

1.高斯投影正算

高斯投影正算是指椭球面元素到平面元素的投影计算,即已知椭球面上的大地坐标(L,B)计算高斯平面直角坐标(x,y)的过程,也就是确定高斯投影方程的过程。

椭球面到平面投影方程的一般形式为

$$\begin{cases} x=f_1(l,q) \\ y=f_2(l,q) \end{cases} \tag{5-55}$$

其中

$$\begin{cases} q=\int_0^B \dfrac{M\mathrm{d}B}{N\cos B} \\ \mathrm{d}q=\dfrac{M\mathrm{d}B}{N\cos B} \end{cases} \tag{5-56}$$

q 仅与大地纬度 B 相关,称为等量纬度,l 为椭球面上点的经度与中央子午线的经度差。

因高斯投影为分带投影,故每一带内经差 l 是不大的,$\dfrac{l}{\rho}$是一个微小量,并顾及高斯投影第三个基本条件可知 x 为 l 的偶函数,y 为 l 的奇函数,因此可将式(5-55)中的函数展开为经差 l 的幂级数,形式如下:

$$\begin{cases} x=m_0+m_2l^2+m_4l^4+\cdots \\ y=m_1l+m_3l^3+m_5l^5+\cdots \end{cases} \tag{5-57}$$

式中,$m_0,m_1,m_2,\cdots$为待定系数,是纬度 B 的函数。

根据高斯投影的第一个基本条件要求即满足正形投影需求,对式(5-57)求偏导可得

$$\begin{cases} \dfrac{\partial x}{\partial q}=\dfrac{\mathrm{d}m_0}{\mathrm{d}q}+l^2\dfrac{\mathrm{d}m_2}{\mathrm{d}q}+l^4\dfrac{\mathrm{d}m_4}{\mathrm{d}q}+\cdots \\ \dfrac{\partial x}{\partial l}=2m_2l+4m_4l^3+\cdots \\ \dfrac{\partial y}{\partial q}=l\dfrac{\mathrm{d}m_1}{\mathrm{d}q}+l^3\dfrac{\mathrm{d}m_3}{\mathrm{d}q}+l^5\dfrac{\mathrm{d}m_5}{\mathrm{d}q}+\cdots \\ \dfrac{\partial y}{\partial l}=m_1+3m_3l^2+5m_5l^4+\cdots \end{cases} \tag{5-57}$$

并引入正形投影一般条件$\dfrac{\partial x}{\partial q}=\dfrac{\partial y}{\partial l},\dfrac{\partial x}{\partial l}=-\dfrac{\partial y}{\partial q}$可得

$$\begin{cases} m_1+3m_3l^2+5m_5l^4+\cdots=\dfrac{\mathrm{d}m_0}{\mathrm{d}q}+l^2\dfrac{\mathrm{d}m_2}{\mathrm{d}q}+l^4\dfrac{\mathrm{d}m_4}{\mathrm{d}q}+\cdots \\ 2m_2l+4m_4l^3+\cdots=-l\dfrac{\mathrm{d}m_1}{\mathrm{d}q}-l^3\dfrac{\mathrm{d}m_3}{\mathrm{d}q}-l^5\dfrac{\mathrm{d}m_5}{\mathrm{d}q}-\cdots \end{cases} \tag{5-59}$$

式(5-59)中等号两边相等的充分必要条件是 l 同次幂的系数相等,因此有

$$\begin{cases} m_1=\dfrac{\mathrm{d}m_0}{\mathrm{d}q} \\ m_2=-\dfrac{1}{2}\dfrac{\mathrm{d}m_1}{\mathrm{d}q} \\ m_3=\dfrac{1}{3}\dfrac{\mathrm{d}m_2}{\mathrm{d}q} \\ m_4=-\dfrac{1}{4}\dfrac{\mathrm{d}m_3}{\mathrm{d}q} \\ \cdots \end{cases} \tag{5-60}$$

显然确定系数 $m_1,m_2,m_3\cdots$的关键在于确定导数$\dfrac{\mathrm{d}m_0}{\mathrm{d}q}$。

由高斯投影满足的第二个基本条件可知,位于中央子午线上的点投影后的纵坐标 x 等于投影前从赤道量至该点的子午线弧长,即对于式(5-57)中的第一式,当 $l=0$ 时 $x=m_0$,X 表示从赤道量起的子午线弧长。

顾及子午线弧长微分公式$\dfrac{\mathrm{d}X}{\mathrm{d}B}=M$ 及$\dfrac{\mathrm{d}B}{\mathrm{d}q}=\dfrac{N\cos B}{M}$,则有

$$\frac{\mathrm{d}m_0}{\mathrm{d}q}=\frac{\mathrm{d}X}{\mathrm{d}q}=\frac{M\mathrm{d}B}{\mathrm{d}q}=N\cos B=r \tag{5-61}$$

因此

$$m_1=N\cos B=\frac{c}{V}\cos B \tag{5-62}$$

上式对 q 求偏导得

$$\frac{\mathrm{d}m_1}{\mathrm{d}q}=\frac{\mathrm{d}m_1}{\mathrm{d}B}\cdot\frac{\mathrm{d}B}{\mathrm{d}q}=\frac{\mathrm{d}}{\mathrm{d}B}\left(\frac{c}{V}\cos B\right)\frac{\mathrm{d}B}{\mathrm{d}q}=\left(-\frac{c}{V^2}\frac{\mathrm{d}V}{\mathrm{d}B}\cos B-\frac{c}{V}\sin B\right)\frac{\mathrm{d}B}{\mathrm{d}q} \tag{5-63}$$

考虑到$\frac{\mathrm{d}V}{\mathrm{d}B}=-\frac{1}{V}\eta^2 t$,于是有

$$\begin{aligned}\frac{\mathrm{d}m_1}{\mathrm{d}q}&=\left[-\frac{c}{V^2}\left(1-\frac{1}{V}\eta^2 t\right)\cos B-\frac{c}{V}\sin B\right]\frac{N\cos B}{M}\\&=\left[\frac{c}{V^3}\sin B(\eta^2-V^2)\right]\frac{\frac{c}{V}\cos B}{\frac{c}{V^3}}=-\frac{c}{V}\sin B\cos B=-N\sin B\cos B\end{aligned} \tag{5-64}$$

即

$$m_2=-\frac{1}{2}\frac{\mathrm{d}m_1}{\mathrm{d}q}=\frac{N}{2}\sin B\cos B \tag{5-65}$$

依次求导代入式(5-61)便可确定 $m_3, m_4, m_5\cdots$各值

$$\begin{cases}m_3=\frac{N}{6}\cos^3 B(1-t^2+\eta^2)\\ m_4=\frac{N}{24}\sin B\cos^3 B(5-t^2+9\eta^2+4\eta^4)\\ m_5=\frac{N}{120}\cos^5 B(5-18t^2+t^4)\\ \cdots\end{cases} \tag{5-66}$$

将确定出的 $m_0, m_1, m_2, \cdots$系数值代入式(5-57),略去 $\eta^2 l^5$ 及 l^6 以上各项,便可推求出高斯投影坐标正算公式

$$\begin{cases}x=X+\frac{N}{2\rho''^2}\sin B\cos B l''^2+\frac{N}{24\rho''^4}\sin B\cos^3 B(5-t^2+9\eta^2)l''^4\\ y=\frac{N}{\rho''}\cos B l''+\frac{N}{6\rho''^3}\cos^3 B(1-t^2+\eta^2)l''^3+\frac{N}{120\rho''^5}\cos^5 B(5-18t^2+t^4)l''^5\end{cases} \tag{5-67}$$

式中,l 为椭球面上 P 点与中央子午线间的经差,如果 P 点在中央子午线以东则 l 为正,如果 P 点在中央子午线以西则 l 为负。当 P 点所在投影带的中央子午线经度 L_0及 P 点大地坐标 (L,B)已知时,便可通过式(5-67)计算 P 点的平面坐标(x,y)。

当经差 $l<3.5°$时,按照式(5-67)的计算精度为±0.1 m,如果需要换算精确至 0.001 m 的

坐标正算公式,可将上式的级数继续扩充,具体公式如下:

$$\begin{cases} x=X+\dfrac{N}{2\rho''^2}\sin B\cos Bl''^2+\dfrac{N}{24\rho''^4}\sin B\cos^3 B(5-t^2+9\eta^2+4\eta^4)l''^4 \\ \quad +\dfrac{N}{720\rho''^6}\sin B\cos^5 B(61-58t^2+t^4)l''^6 \\ y=\dfrac{N}{\rho''}\cos Bl''+\dfrac{N}{6\rho''^3}\cos^3 B(1-t^2+\eta^2)l''^3 \\ \quad +\dfrac{N}{120\rho''^5}\cos^5 B(5-18t^2+t^4+14\eta^2-58\eta^2t^2)l''^5 \end{cases} \tag{5-68}$$

2.高斯投影反算

高斯投影反算是由高斯平面坐标(x,y)推求大地坐标(B,L)的过程,此时由平面到椭球面投影方程为

$$\begin{cases} B=\varphi_1(x,y) \\ l=\varphi_2(x,y) \end{cases} \tag{5-69}$$

与高斯投影正算一样,反算投影函数依然满足高斯投影的 3 个基本条件,因此推导反算投影公式的方法与推导正算投影公式类似,具体而言首先根据 x 计算纵坐标在椭球面上的投影的垂足纬度(底点纬度)B_f,然后依据 B_f 计算(B_f-B)及经差 l,最后得到

$$\begin{cases} B=B_f-(B_f-B) \\ L=L_0+l \end{cases} \tag{5-70}$$

为简化计算公式的推导,依然引入等量纬度 q。高斯投影区域不大,因此 y 值和椭球半径相比也不大,所以可将(q,l)展开为 y 的幂级数。顾及高斯投影第三个基本条件可知 q 是 y 的偶函数, l 是 y 的奇函数,因此有

$$\begin{cases} q=n_0+n_2y_2+n_4y^4+\cdots \\ l=n_1y+n_3y^3+n_5y^5+\cdots \end{cases} \tag{5-71}$$

式中,$n_0,n_1,n_2,\cdots$为待定系数。

根据高斯投影的第一个基本条件要求即满足正形投影需求,式(5-71)分别对 x 和 y 求偏导数可得

$$\begin{cases} \dfrac{\partial q}{\partial x}=\dfrac{\mathrm{d}n_0}{\mathrm{d}x}+y^2\dfrac{\mathrm{d}n_2}{\mathrm{d}x}+y^4\dfrac{\mathrm{d}n_4}{\mathrm{d}x}+\cdots \\ \dfrac{\partial q}{\partial y}=2n_2y+4n_4y^3+\cdots \\ \dfrac{\partial l}{\partial x}=\dfrac{\mathrm{d}n_1}{\mathrm{d}x}+y^3\dfrac{\mathrm{d}n_3}{\mathrm{d}x}+\cdots \\ \dfrac{\partial l}{\partial x}=n_1+3n_3y^2+5n_5y^4+\cdots \end{cases} \tag{5-72}$$

并考虑第一基本条件引入正形投影一般条件$\dfrac{\partial x}{\partial q}=\dfrac{\partial y}{\partial l},\dfrac{\partial x}{\partial l}=-\dfrac{\partial y}{\partial q}$可得

$$\begin{cases} n_1+3n_3y^2+5n_5y^4+\cdots=\dfrac{\mathrm{d}n_0}{\mathrm{d}x}+y^2\dfrac{\mathrm{d}n_2}{\mathrm{d}x}+y^4\dfrac{\mathrm{d}n_4}{\mathrm{d}x}+\cdots \\ 2n_2y+4n_4y^3+\cdots=-y\dfrac{\mathrm{d}n_1}{\mathrm{d}x}-y^3\dfrac{\mathrm{d}n_3}{\mathrm{d}x} \end{cases} \tag{5-73}$$

根据同次幂系数相等可得

$$\begin{cases} n_1=\dfrac{\mathrm{d}n_0}{\mathrm{d}x} \\ n_2=-\dfrac{1}{2}\dfrac{\mathrm{d}n_1}{\mathrm{d}x} \\ n_3=\dfrac{1}{3}\dfrac{\mathrm{d}n_2}{\mathrm{d}x} \\ n_4=-\dfrac{1}{4}\dfrac{\mathrm{d}n_3}{\mathrm{d}x} \\ n_5=\dfrac{1}{5}\dfrac{\mathrm{d}n_4}{\mathrm{d}x} \\ \cdots \end{cases} \tag{5-74}$$

与高斯投影正算公式的推导类似,为求得式(5-74)中各系数,关键在于确定 n_0。由高斯投影第二基本条件可知,当 $y=0$ 时点位于中央子午线上,即有 $l=0,x=X_f$,并设此时 X_f 对应的等量纬度为 q_f,即 $\varphi_1(x)=q_f$。将上述关系带入式(5-71)中第一式可得

$$q=n_0=q_f \tag{5-75}$$

将式(5-75)代入式(5-74)可得

$$n_1+\frac{\mathrm{d}q_f}{\mathrm{d}x}=\left(\frac{\mathrm{d}q}{\mathrm{d}x}\right)_f=\left(\frac{\mathrm{d}q\,\mathrm{d}B}{\mathrm{d}B\mathrm{d}X}\right)_f=\left(\frac{M}{N\cos B}\frac{1}{M}\right)_f=\frac{1}{N_f\cos B_f}=\frac{\sec B_f}{N_f} \tag{5-76}$$

上式 x 写成 X 只在 $y=0$ 处成立,即 $q=q_f$ 时成立,因此各阶导数值均为垂足纬度计算求得。

依次求导并代入式(5-74)可求得各系数 $n_2,n_3,n_4,\cdots$ 为

$$\begin{cases} n_2=-\dfrac{t_f\sec B_f}{2N_f^2} \\ n_3=-\dfrac{\sec B_f}{6N_f^3}(1+2t_f^2+\eta_f^2) \\ n_4=-\dfrac{t_f\sec B_f}{24N_f^4}(5+6t_f^2+\eta_f^2-4\eta_f^4) \\ n_6=-\dfrac{t_f\sec B_f}{720N_f^6}(61+180t_f^2+120t_f^4+46\eta_f^4-48\eta_f^2t_f^2) \end{cases} \tag{5-77}$$

将得到的系数 n_i,代入式(5-71)便有

$$\begin{cases} q = q_f - \dfrac{t_f \sec B_f}{2N_f^2} y^2 + \dfrac{t_f \sec B_f}{24N_f^4}(5+6t_f^2+\eta_f^2-4\eta_f^4) y^4 \\ \quad - \dfrac{t_f \sec B_f}{720N_f^6}(61+180t_f^2+120t_f^4+46\eta_f^4+48\eta_f^2 t_f^2) y^6 + \cdots \\ l = \dfrac{\sec B_f}{N_f} y - \dfrac{\sec B_f}{6N_f^3}(1+2t_f^2+\eta_f^2) y^3 \\ \quad + \dfrac{\sec B_f}{120N_f^5}(5+28t_f^2+24t_f^4+6\eta_f^2+8\eta_f^2 t_f^2) y^5 - \cdots \end{cases} \tag{5-78}$$

现已求得等量纬度 q，下面将进一步化算大地纬度 B。

由式(5-56)可以看出等量纬度与大地纬度存在函数关系并令其为

$$B = F(q) \tag{5-79}$$

即有　$B_f = F(q_f)$

又　$B = F(q) = F(q_f + \mathrm{d}q)$　(5-80)

式中，$\mathrm{d}q = q - q_f$。

按泰勒级数将 $F(q)$ 在 q_f 附近展开可得

$$B = B_f + \left(\frac{\mathrm{d}B}{\mathrm{d}q}\right)_f \mathrm{d}q + \frac{1}{2}\left(\frac{\mathrm{d}^2 B}{\mathrm{d}q^2}\right)_f \mathrm{d}q^2 + \frac{1}{6}\left(\frac{\mathrm{d}^3 B}{\mathrm{d}q^3}\right)_f \mathrm{d}q^3 + \cdots \tag{5-71}$$

由式(5-56)可求得各阶导数结果

$$\begin{cases} \left(\dfrac{\mathrm{d}B}{\mathrm{d}q}\right)_f = \left(\dfrac{r}{M}\right)_f = \left(\dfrac{N\cos B}{M}\right)_f = V_f^2 \cos B_f \\ \left(\dfrac{\mathrm{d}^2 B}{\mathrm{d}q^2}\right)_f = -\sin B_f \cos B_f (1+4\eta_f^2+3\eta_f^4) \\ \left(\dfrac{\mathrm{d}^3 B}{\mathrm{d}q^3}\right)_f = -\cos^3 B_f (1-t_f^2+5\eta_f^2-13\eta_f^2 t_f^2) \\ \cdots \end{cases} \tag{5-82}$$

将式(5-82)代入式(5-81)可得

$$B = B_f + V_f^2 \cos B_f \mathrm{d}q - \frac{1}{2}\sin B_f \cos B_f (1+4\eta_f^2+3\eta_f^4)\mathrm{d}q^2 - \frac{1}{6}\cos^3 B_f (1-t_f^2+5\eta_f^2-13\eta_f^2 t_f^2)\mathrm{d}q^3 + \cdots \tag{5-83}$$

由(5-78)第一式可得

$$\begin{cases} \mathrm{d}q = q - q_f = -\dfrac{t_f \sec B_f}{2N_f^2} y^2 + \dfrac{t_f \sec B_f}{24N_f^4}(5+6t_f^2+\eta_f^2-4\eta_f^4) y^4 \\ \quad - \dfrac{t_f \sec B_f}{720N_f^6}(61+180t_f^2+120t_f^4+46\eta_f^4+48\eta_f^2 t_f^2) y^6 \cdots \\ \mathrm{d}q^2 = (q-q_f)^2 = \dfrac{t_f^2 \sec B_f}{4N_f^4} y^4 - \dfrac{t_f^2 \sec B_f}{24N_f^6}(5+6t_f^2+\eta_f^2-4\eta_f^4) y^6 \cdots \\ \mathrm{d}q^3 = (q-q_f)^3 = -\dfrac{t_f^3 \sec^3 B_f}{8N_f^6} y^6 \cdots \end{cases} \tag{5-84}$$

将式(5-84)代入式(5-83)并略去 $\eta_f^4y^4$ 和 $\eta_f^6y^6$ 次项,经整理可得

$$B=B_f-\frac{t_f}{2M_fN_f}y^2+\frac{t_f}{24M_fN_f^3}(5+3t_f^2+\eta_f^2-9\eta_f^2t_f^2)y^4-\frac{t_f}{720M_fN_f^5}(61+90t_f^2+45t_f^4)y^6 \quad (5-85)$$

结合式(5-78)第二式最终可以得到高斯投影坐标反算公式

$$\begin{cases}B=B_f-\dfrac{t_f}{2M_fN_f}y^2+\dfrac{t_f}{24M_fN_f^3}(5+3t_f^2+\eta_f^2-9\eta_f^2t_f^2)y^4\\ \quad-\dfrac{t_f}{720M_fN_f^5}(61+90t_f^2+45t_f^4)y^6\\ l=\dfrac{\sec B_f}{N_f}y-\dfrac{\sec B_f}{6N_f^3}(1+2t_f^2+\eta_f^2)y^3\\ \quad+\dfrac{\sec B_f}{120N_f^5}(5+28t_f^2+24t_f^4+6\eta_f^2+8\eta_f^2t_f^2)y^5\end{cases} \quad (5-86)$$

当 $l<3.5°$ 时式(5-86)的换算精度为0.000 1″,若需要换算精度为0.01″可将式(5-86)简化为

$$\begin{cases}B=B_f-\dfrac{t_f}{2M_fN_f}y^2+\dfrac{t_f}{24M_fN_f^3}(5+3t_f^2+\eta_f^2-9\eta_f^2t_f^2)y^4\\ l=\dfrac{\sec B_f}{N_f}y-\dfrac{\sec B_f}{6N_f^3}(1+2t_f^2+\eta_f^2)y^3\\ \quad+\dfrac{\sec B_f}{120N_f^5}(5+28t_f^2+24t_f^4+6\eta_f^2+8\eta_f^2t_f^2)y^5\end{cases} \quad (5-87)$$

最终便可求得大地坐标(L,B),如下:

$$\begin{cases}L=L_0+l\\ B=B_f-(B_f-B)\end{cases} \quad (5-88)$$

5.3.3 椭球面上的方向和长度归算至高斯投影平面

由于在椭球面上,进行平差计算通常较复杂,平面控制测量的平差计算一般都是在平面上进行的(即高斯投影平面),所以椭球面上的观测元素需要化算至高斯平面上,然后才能进行后续的平差计算。

为了在平面上进行平差和计算,必须将椭球面上以大地线为边的三角网换算成高斯投影平面上以直线为边的三角网,需要进行下列工作:

① 将起始点的大地坐标(B,L)归算为高斯平面直角坐标(x,y);为了检核还应根据(x,y)反算(B,L),这项工作统称为高斯投影坐标计算。

② 将椭球面上起算边大地方位角 A 归算到高斯平面上相应边的坐标方位角 α,这是通过计算该点的子午线收敛角 γ 和方向改正 δ 实现的。

③ 将椭球面上各三角形内角归算到高斯平面上由相应直线组成的三角形内角,这是通过计算各方向的曲率改正和方向改正来实现的。

④ 将椭球面上起算边长度 S 归算为高斯平面上的直线长度 s，这是通过计算距离改正 Δs 实现的。

由此可见将椭球面元素归算到高斯平面上主要包括高斯投影坐标计算、平面子午线收敛角计算、方向改化、距离改化。其中高斯投影坐标计算详见5.3.2节，下面介绍平面子午线收敛角 γ、方向改化值 δ 及距离改化值 Δs 的计算。

1.子午线收敛角公式

一点处的子午线收敛角 γ 是通过该点的子午线投影曲线切线与该点处纵坐标线之间的夹角，纵坐标线在子午线投影以东为正，以西为负。如图5-16所示，过椭球面上一点 P 的子午线 PN 及平行圈 PE 在高斯平面上投影为 $P'N'$ 及 $P'E'$，$P'N'$ 在 P' 点处切线 $P'n'$ 与纵坐标线 $P'L$ 之间的夹角，即 P' 点处真北方向与坐标北方向间的夹角即为高斯平面子午线收敛角 γ。

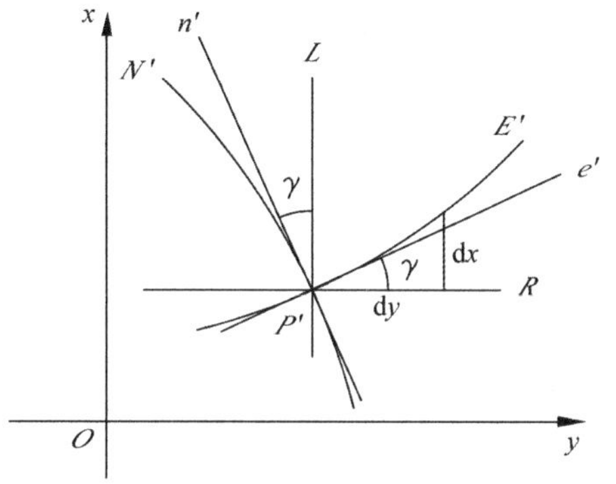

图 5-16　平面子午线收敛角示意图

由于高斯投影为正形投影，因此在椭球面上正交的子午线与平行圈投影后的曲线 $P'N'$ 及 $P'E'$ 依然正交，因此 $P'E'$ 的切线 $P'e'$ 与横坐标线 $P'R'$ 间的夹角同为 λ。平面子午线收敛角可由大地坐标 (B,L) 或平面直角坐标 (x,y) 计算求得，下面将分别推导其计算公式。

(1) 由大地坐标 (B,L) 计算子午线收敛角 γ。

由图5-16所示，根据一阶导数的几何意义可得

$$\tan\gamma=\frac{\mathrm{d}x}{\mathrm{d}y} \tag{5-89}$$

在平行圈 $P'E'$ 上，大地纬度 B 为常数，即 $\mathrm{d}B=0$，于是对 $x=F_1(L,B)$ 及 $y=F_2(L,B)$ 有

$$\begin{cases}\mathrm{d}x=\dfrac{\partial x}{\partial l}\mathrm{d}l\\[2ex]\mathrm{d}y=\dfrac{\partial y}{\partial l}\mathrm{d}l\end{cases} \tag{5-90}$$

代入式(5-89)可得

$$\tan\gamma=\frac{\delta x}{\delta l}\cdot\left(\frac{\partial y}{\partial l}\right)^{-1} \tag{5-91}$$

由高斯正算公式可得

$$\begin{cases}\dfrac{\partial x}{\partial l}=N\sin B\cos Bl+\dfrac{N}{6}\sin B\cos^3B(5-t^2+9\eta^2+4\eta^4)l^3\\ \quad +\dfrac{N}{120}\sin B\cos^5B(61-58t^2+t^4)l^5\\ \dfrac{\partial y}{\partial l}=N\cos B\left\{1+\dfrac{\cos^2B}{2}(1-t^2+\eta^2)l^2+\dfrac{\cos^4B}{24}(5-18t^2+t^4)l^4\right\}\end{cases}\tag{5-92}$$

为了便于求取式(5-92)中的第二式的倒数,由级数展开式

$$\frac{1}{1+x}=1-x+x^2-x^3\tag{5-93}$$

可得

$$\left(\frac{\partial y}{\partial l}\right)^{-1}=\frac{1}{N\cos B}\left\{1-\frac{l^2\cos^2B}{2}(1-t^2+\eta^2)+\frac{l^4\cos^4B}{24}(1+6t^2+5t^4)\right\}\tag{5-94}$$

将式(5-92)中的第一式及式(5-94)代入式(5-91)可得

$$\tan\gamma=\sin B\cdot l+\frac{1}{3}(1+t^2+3\eta^2+2\eta^4)\sin B\cos^2Bl^3+\frac{1}{15}(2+4t^2+2t^4)\sin B\cos^4Bl^5\tag{5-95}$$

应用三角学公式 $\tan\gamma=x$ 可得

$$\gamma=\arctan x=x-\frac{1}{3}x^3+\frac{1}{5}x^5+\cdots\tag{5-96}$$

于是有

$$\gamma=\tan\gamma-\frac{1}{3}\tan^3\gamma+\frac{1}{5}\tan^5\gamma+\cdots\tag{5-97}$$

将式(5-95)代入式(5-97)并整理可得

$$\gamma=\sin B\cdot l+\frac{1}{3}\sin B\cos^2Bl^3(1+3\eta^2+2\eta^4)+\frac{1}{15}\sin B\cos^4Bl^5(2-t^2)+\cdots\tag{5-98}$$

式(5-98)即为由大地坐标(B,L)计算子午线收敛角γ的公式。从该式中不难看出:

① 子午线收敛角γ为l的奇函数。当地面点在中央子午线以东时,l为正,子午线收敛角γ也为正值;当地面点在中央子午线以西时,l为负,子午线收敛角γ同样为负值。

② 当$l=0$或$B=0$时,$\gamma=0$,也就是说中央子午线和赤道上子午线收敛角为0。

③ 当纬度B保持不变时,地面点与中央子午线的经差l越大,子午线收敛角γ越大。

④ 当经差l保持不变时,纬度越高,子午线收敛角γ也越大,即极点处γ为最大值。

(2)由平面坐标(x,y)计算子午线收敛角γ。

由平面坐标(x,y)计算子午线收敛角γ的公式可由式(5-98)推导求得,只需将式(5-98)中的l利用高斯反算公式以直角坐标表示,将B以B_f表示即可。

B换以B_f的方法是将$\sin B$泰勒级数展开

$$\sin B=\sin[B_f-(B_f-B)]=\sin B_f-\cos B_f(B_f-B)+\cdots\tag{5-99}$$

式中(B_f-B)可由式(5-86)中第一式取其主项,得

$$B_f - B = \frac{t_f}{2M_f N_f} y^2 \tag{5-100}$$

并顾及

$$\frac{M_f}{N_f} = 1 + \eta_f^2 \tag{5-101}$$

代入式(5-99)可得

$$\sin B = \sin B_f \left[1 - \frac{y^2}{2N_f^2}(1+\eta_f^2) \right] \tag{5-102}$$

同理可得

$$\cos B = \cos B_f \left(1 + \frac{t_f^2}{2M_f N_f} y^2 \right) \tag{5-103}$$

将式(5-92)、式(5-93)及式(5-86)中的第二式代入式(5-98),并经整理略去 y^5 以上小项可得

$$\gamma'' = \frac{\rho'' y}{N_f} t_f - \frac{\rho'' y^3}{3N_f^3} t_f (1 + t_f^2 - \eta_f^2) \tag{5-104}$$

式(5-104)可达到 1″精度,如果需要满足 0.001″精度,可顾及 y^5,经推导可得

$$\gamma'' = \frac{\rho'' y}{N_f} t_f - \frac{\rho'' y^2}{3N_f^3} t_f (1 + t_f^2 - \eta_f^2) + \frac{\rho'' y^5}{15N_f^5} t_f (2 + 5t_f^2 + 3t_f^4) \tag{5-105}$$

式(5-104)及(5-105)即为由平面坐标(x,y)计算子午线收敛角 γ 的公式。

2.方向改化

如图 5-17 所示,若将椭球面上的大地线 AB 方向改化为平面上的弦的弦线 ab 方向,其相差一个角值 δ_{ab},即称为方向改化值。

图 5-17 中,假设地球椭球为一圆球,球面轴子午线东侧有一条大地线 AB,同时定是大圆弧的大地线 AB 在投影面上的投影为曲线 ab。过 A、B 两点在球面上分别作一大圆弧与轴子午线正交于 D、E 两点,它们在投影面上的投影为 ad 和 be。因为近似认为地球为一圆球,因此 ad 和 be 均为垂直于 x 轴的直线。从图中可以看出,a,b 两点处的方向改化分别为 δ_{ab} 和 δ_{ba}。当大地线长度不大于 10 km,y 坐标不大于 100 km 时,δ_{ab} 和 δ_{ba} 差值不大于 0.05″,因此可以近似认为 $\delta_{ab}=\delta_{ba}$。

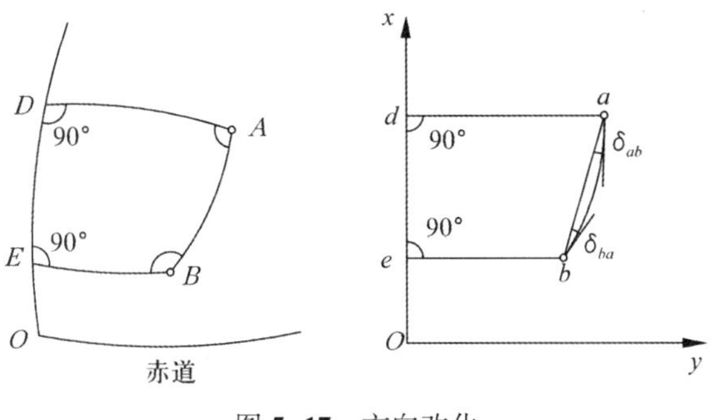

图 **5-17**　方向改化

球面上的四边形 $ABED$ 的内角和为 $360°+\varepsilon$,ε 为四边形的球面角超。在平面上的四边形 $abed$ 的内角和为 $360°+\delta_{ab}+\delta_{ba}$。由等角投影性质可知两四边形内角和相等,故有

$$\varepsilon=\delta_{ab}+\delta_{ba}=2\delta_{ab}=2\delta_{ba} \tag{5-106}$$

由此可得

$$\delta_{ab}=\delta_{ba}=\frac{1}{2}\varepsilon \tag{5-107}$$

由球面角超公式

$$\varepsilon''=\frac{P}{R^2}\rho'' \tag{5-108}$$

适用于三、四等三角测量方向改正的计算公式如下:

$$\begin{cases}\delta_{ab}=\dfrac{\rho''}{2R^2}(x_a-x_b)y_m\\ \delta_{ba}=-\dfrac{\rho''}{2R^2}(x_a-x_b)y_m\end{cases} \tag{5-109}$$

式中,y_m 为 a、b 两点的 y 坐标自然值平均值,$y_m=\frac{1}{2}(y_a+y_b)$。

3.距离改化

如图 5-18 所示,椭球面上两点 P_1 和 P_2 间大地线为 S,在高斯投影面上的投影为 P_1'、P_2' 和曲线 s。连接 P_1' 与 P_2' 两点间的直线为 D。将球面上的大地线 S 改化为平面上投影曲线两端点间的弦长 D 所加的改正即为距离改化 ΔS。

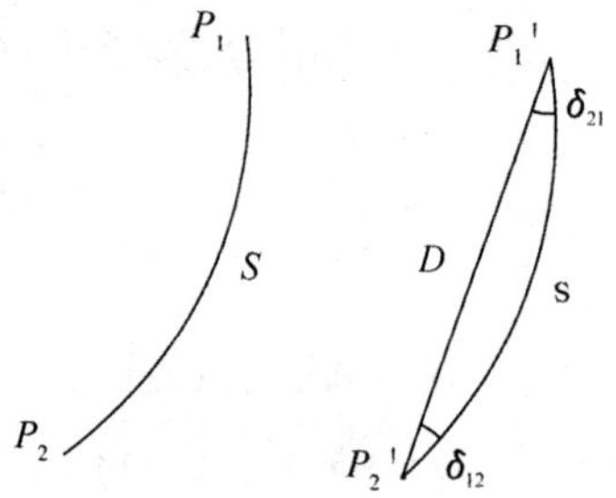

图 5-18　距离改化

由于高斯投影的长度比一般情况下恒大于 1,因此可以看出 $S<s>D$。推导距离改化 ΔS 实际就是找到 S 与 D 两者间的关系,因此可以首先确定大地线平面曲线长度 s 与曲线两端点间的弦长 D 的关系,然后利用大地坐标(B,l)和平面坐标(x,y)确定长度比 m,得到大地线 S 与其投影曲线 s 间关系,最后推导出距离改化 ΔS 的计算公式。

(1)s 与 D 的关系。

如图 5-19 所示,$P'_1P'_2$ 弦上一微分线段 $\mathrm{d}D$,对应 $P'_1P'_2$ 弧上微分线段为 $\mathrm{d}s$,两者间夹角为 v。由图中关系可知

$$\mathrm{d}D=\mathrm{d}s\cdot\cos v \tag{5-110}$$

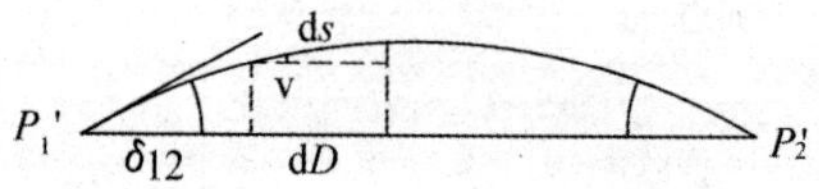

图 5-19　距离改化 D 与 s 之间的关系

因此有

$$D=\int_{0}^{s}\cos v\mathrm{d}s \tag{5-111}$$

顾及夹角 v 是一个最大不会超过方向改化值 δ 的小角,因此可将 $\cos v$ 展开为级数

$$\cos v=1-\frac{v^2}{2}+\cdots \tag{5-112}$$

带入式(5-111)并用 v 的最大值 δ 代替 v 可得

$$D=\int_{0}^{s}\left(1-\frac{v^2}{2}\right)\mathrm{d}s=s-\frac{\delta^2}{2}s \tag{5-113}$$

由式(5-113)可以看出,曲线两端点间的弦长 D 与大地线平面曲线长度 s 的差值是一个微小量 $\frac{\delta^2}{2}s$ 。通常用 D 代替 s 在最不利情况下误差也不会超过 1 mm,因此在实际应用上完全可以认为两者长度相等。

(2)投影长度比 m。

某点的长度比 m 是指椭球面上该点的一微分元素 $\mathrm{d}S$ 及其投影面上相应微分元素 $\mathrm{d}s$ 两者的比值,即

$$m=\frac{\mathrm{d}s}{\mathrm{d}S} \tag{5-114}$$

由于高斯投影的长度比 m 恒大于 1,通常称 $(m-1)$ 为长度变形,由此可以看出距离改化与长度比有关。由正形投影可知,某点的长度比仅与该点的位置有关,而与方向无关,因此长度比既可作为大地坐标位置(B,l)的函数,也可作为平面坐标位置(x,y)的函数,下面将不进行详细推导,直接给出其计算公式。

① 由大地坐标(B,l)计算长度比 m:

$$m=1+\frac{1}{2}l^2\cos^2B(1+\eta^2)+\frac{1}{24}l^4\cos^4B(5-4t^2) \tag{5-115}$$

式(5-115)可近似写为

$$m=1+\frac{1}{2}l^2\cos^2B(1+\eta^2) \tag{5-116}$$

式(5-115)及式(5-116)即为由大地坐标(B,l)计算长度比 m 的计算公式。

② 由平面坐标(x,y)计算长度比 m:

$$m=1+\frac{y^2}{2R_m^2}+\frac{y^4}{24R_m^4} \tag{5-117}$$

式(5-117)可近似写为

$$m=1+\frac{y^2}{2R_m^2} \tag{5-118}$$

式中,R_m 为由大地线两端点的平均纬度计算求得的椭球平均曲率半径。

式(5-117)及(5-118)即为由平面坐标(x,y)计算长度比 m 的计算公式。

(3)距离改化计算公式。

由长度比的计算公式可以看出,大地线上不同微分弧段处的长度比是不一样的,但实际上对于三角边而言,由于其长度较短,其长度比的变化实际十分微小,因此可认为是一个常数,即 $m=\frac{ds}{dS}=\frac{s}{S}=\frac{D}{S}$。进而式(5-117)变换为

$$\frac{D}{S}=1+\frac{y_m^2}{2R_m^2}+\frac{y_m^4}{24R_m^4} \tag{5-119}$$

式中,$y_m=\frac{y_1+y_2}{2}$,表示大地线投影后两端点横坐标平均值。

进而可得较为精密距离改化公式

$$D=S\left(1+\frac{y_m^2}{2R_m^2}+\frac{y_m^4}{24R_m^4}\right) \tag{5-118}$$

式(5-120)的计算精度可达到 0.01 m。若要求计算精度达到 0.001 m,则可采用更为精密的距离改化公式:

$$\frac{D}{S}=1+\frac{y_m^2}{2R_m^2}+\frac{\Delta y^2}{24R_m^2}+\frac{y_m^4}{24R_m^4} \tag{5-121}$$

或

$$D=S\left(1+\frac{y_m^2}{2R_m^2}+\frac{\Delta y^2}{24R_m^2}+\frac{y_m^4}{24R_m^4}\right) \tag{5-120}$$

式中,$\Delta y=y_2-y_1$,表示大地线投影后两端点横坐标差值。

式(5-121)和(5-122)即为距离改化计算公式。

由方向改化和距离改化的计算公式可以看出,两者的计算均需要知道点的平面坐标,而想要准确获取点的坐标却又需要进行方向改化和距离改化,这是相互矛盾的。因此在实际计算中由于两项改化数值往往不大,所以通常只需预先算出点的近似坐标即可,并且认为只要满足方向改化计算时要求的坐标精度,就可以保证距离改化的精度要求。

任务四　掌握高斯投影软件计算

通过上一节的讲解可知,基于参考椭球面上的元素如大地经纬度(L、B)、大地线长(S)、大地方位角(A)要归算至高斯投影面上,需要进行高斯正算(由 L、$B\rightarrow x$、y)、高斯反算(x、$y\rightarrow L$、B 用作检验)、子午线收敛角 γ(用于由大地方位角 A 计算坐标方位角 a)、距离改化(由大地线长 S 计算高斯平面上投影曲线弦长)、方向改正、换带计算等。这些计算虽可以辅助查表的方式进行手工计算,但比较麻烦,尤其信息技术高度发达的今天,使用专业软件进行计算可以大大简化计算量。

高斯投影计算中的方向改化、距离改化通常是作为概算的一部分,融入了平差计算中,

而高斯正算、高斯反算和换带计算是作为测量软件的一个功能模块,可以单独调出进行计算。在诸多测量软件中,可以进行高斯计算的软件有南方平差易 2005、科傻测量控制网通用处理软件包、NASEW2003 智能图文网平差、工程测量数据处理系统 ESDPS 等,下面就南方平差易 2005 为例,简要阐述相关的高斯计算功能,其软件概算功能界面,见图 5-20。

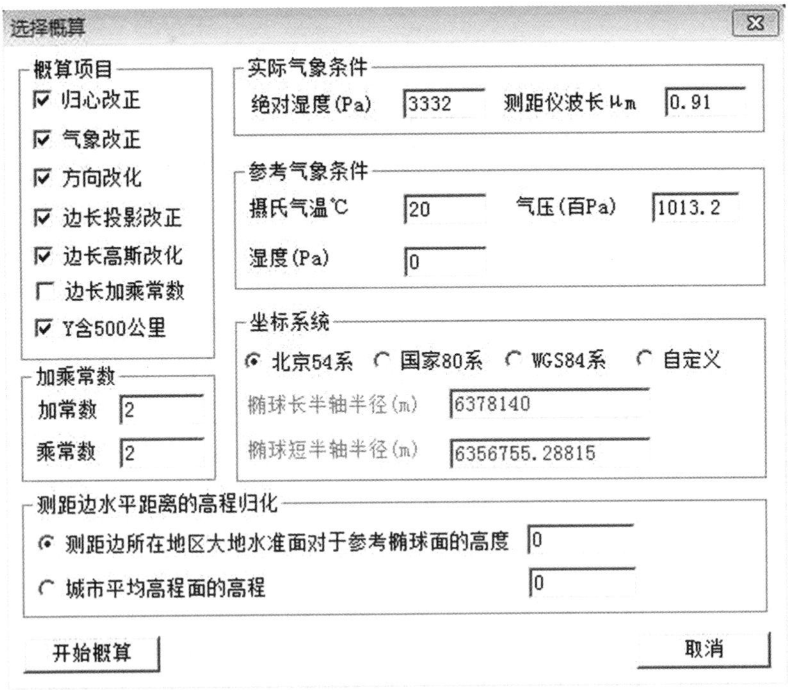

图 **5-20**　南方平差易 **2005** 概算功能

打开南方平差易 2005,执行“工具”菜单中的“大地正反算 F5”选项,如图 5-21 所示,调出大地正反算模块,如图 5-22 所示。

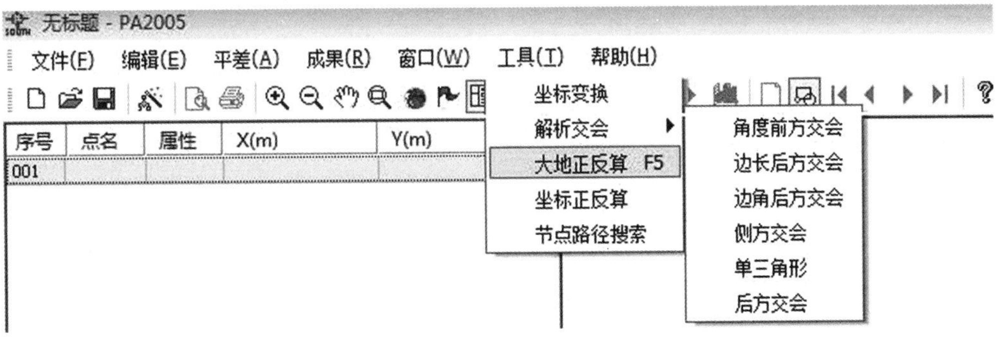

图 **5-21**　南方平差易软件界面

1.高斯正算

如图 5-22 所示,在计算方案中选择“正算”选项,投影带下拉列表框中根据要得到的高斯坐标的投影类型选择合适的投影带;在“已知数据”选项卡中,按行依次输入相关数据(点号、纬度 B 和经度 L),这里经纬度按照“dd.mmss”的格式输入,若需要使转换后的 y 坐标加 500 km,则选中“Y 坐标含 500 公里”选项。最后单击“计算”,即可得到相应投影带的高斯坐标。

在“已知数据”栏中,一行数据代表一个点的经纬度,若需要转换多个,可依次多行输入,即可实现批量转换,如图 5-22 所示。点击“保存”,即可把成果保存为 txt 文档。使用该模块的“打开”按钮,也可以打开已经编辑好的转换数据文件(txt 文档),进行批量数据转换。该 txt 文档的数据格式如图 5-23 所示。

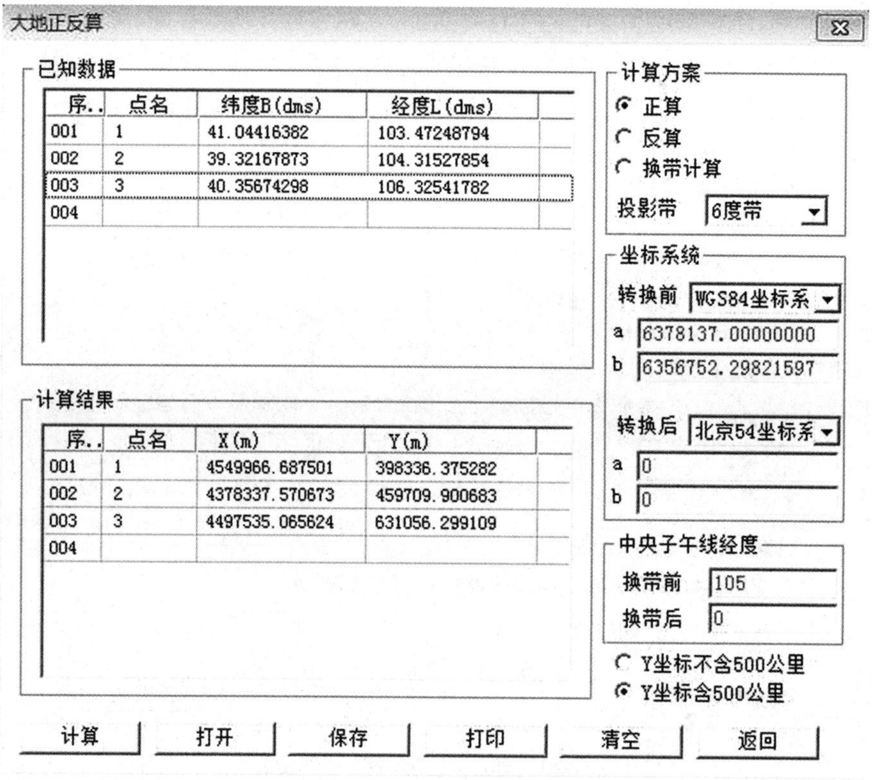

图 **5-22** 大地正算界面

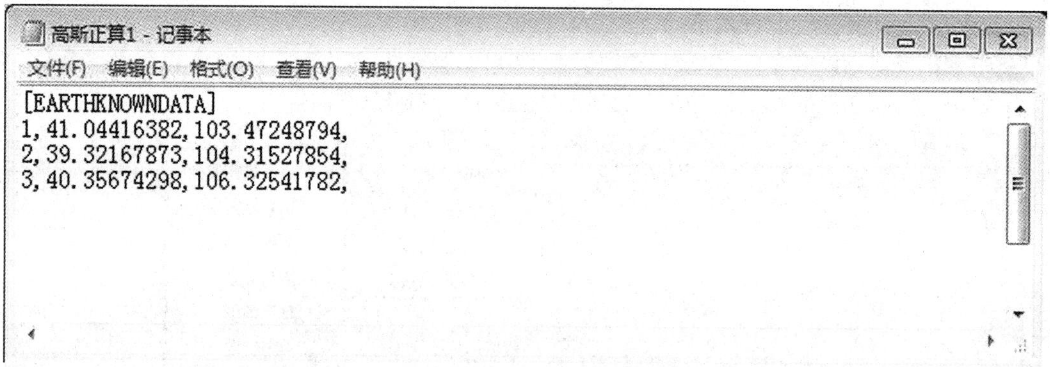

图 **5-23** 高斯正算数据文件格式

由图 5-23 可知,若按照该格式批量编辑要转换的大量点的经纬度数据,就可以使用南方平差易 2005 进行批量的高斯正算,省去了单个输入的麻烦。

2.高斯反算

如图 5-24 所示,在“计算方案”中选择“反算”选项,投影带下拉列表框中根据要得到的大地坐标选择合适的投影带类型;在“中央子午线经度”文本框中输入反算后的大地经纬度所在的中央子午线经度。若要转换的高斯坐标包含 500 公里，则选中“Y 坐标含 500 km”，否则选择“y 坐标不含 500 公里”。单击“计算”按钮，执行高斯反算，结果如图 5- 24 所示。

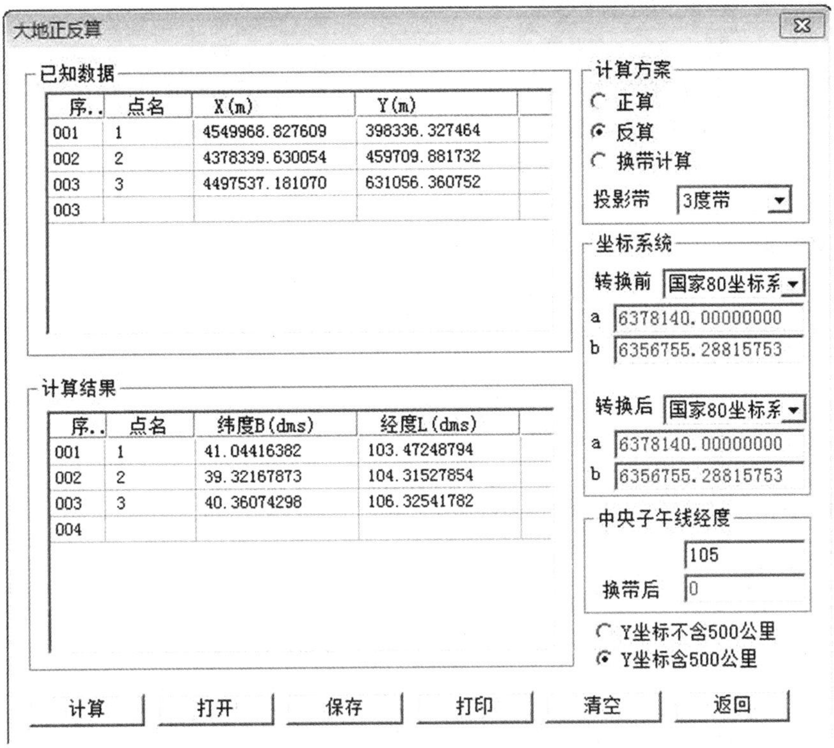

图 **5-24**　高斯反算界面

与高斯正算类似，在“已知数据”栏中，一行数据代表一个点的高斯 x 与 y 坐标，若需要转换多个，可依次多行输入，即可实现批量转换，如图 5-24 所示。点击“保存”，即可把成果保存为 txt 文档。使用该模块的“打开”按钮，也可以打开已经编辑好的转换数据文件（txt 文档），进行批量数据转换。该 txt 文档的数据格式与高斯正算数据格式类似，如图 5-25 所示。

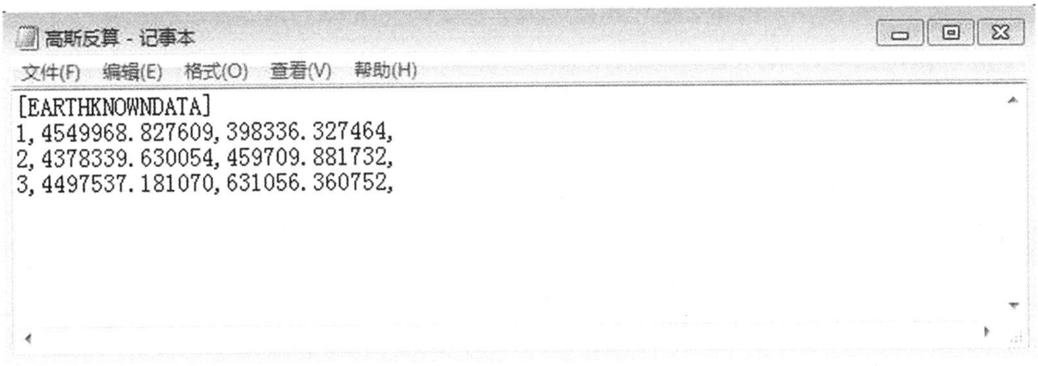

图 **5-25**　高斯反算数据文件格式

［**项目拓展**］南方测绘 2005 平差易软件下载及说明书在线阅读。

南方测绘 2005 平差易软件可扫描下面二维码进行下载，说明书 word 电子版可扫二维码或在云班课资源库中进行拓展阅读。

南方平差易 2005 软件下载　　　　南方平差易 2005 说明书

[项目小结]

项目五的主要内容可总结为以下框架图,请学习者在框架的基础上完成详细的个人学习总结,并参与蓝墨云班课项目五在线学习小结及讨论。

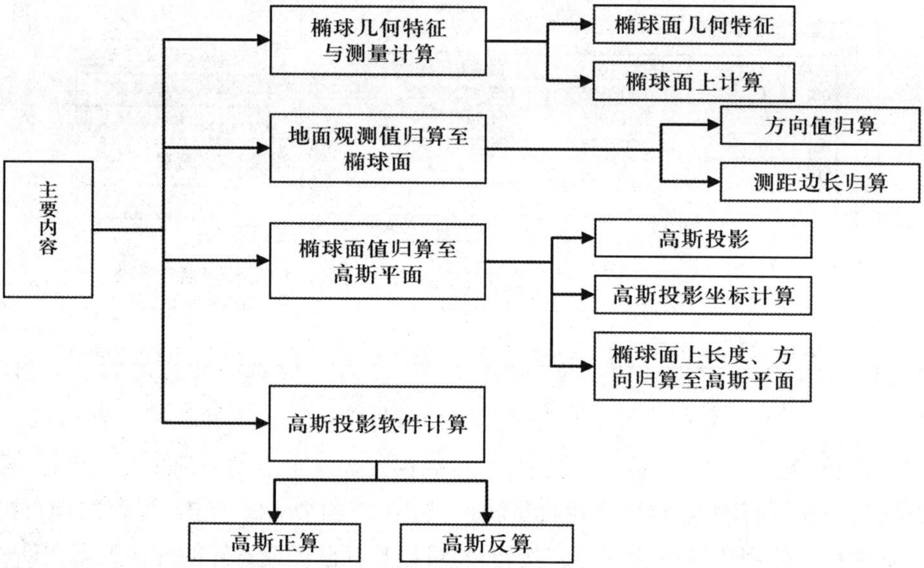

[项目讨论]

1.写出参考椭球体的 5 个基本元素及相互间的关系。

2.同一点处的子午圈曲率半径、卯酉圈曲率半径以及平均曲率半径有何关系?

3."三差改正"的含义,它们产生原因及主要影响因素是什么?

4.为什么要研究投影?我国目前采用的是何种投影?

5.高斯投影应满足哪些条件?6°带和 3°带的分带方法是什么?如何计算中央子午线的经度?

6.高斯投影坐标计算公式包括正算公式和反算公式两部分,各解决什么问题?

7.地面上的观测斜距,化算至椭球面的距离,要进行哪几项改正,计算公式是什么?

8.假定在我国有 3 个控制点的 Y 坐标,分别为:18 643 257.13 m,38 425 614.70 m,20 376 851.00 m。试问:

(1)它们是 3°带还是 6°带的坐标值?

(2)各点所在带分别是哪一带?

(3)各自中央子午线的经度是多少?

项目六　坐标换算及建立工程坐标系

[项目引入]

本项目主要介绍控制测量中常用坐标系统，包括椭球面上的常用坐标系统的定义及相互关系，我国常用坐标系统及其特点，重点掌握不同坐标系统之间的换算及坐标转换软件应用，还要建立起地球椭球和大地坐标系的基本空间概念，掌握工程坐标系统的选择与建立方法等。

[项目教学目标]

领域	目标	权重	自我测评
认知领域	通过本项目学习，学生能够了解椭球面上的常用坐标系统的概念及相互关系，理解不同坐标系统的定义，会进行坐标系统的相互换算。	30%	云班课测试
技能领域	通过学习坐标系统的换算，学习者能够熟练应用理论知识，运用测量软件进行坐标换算。	35%	软件应用考核
情感领域	能够应用所学理论，结合具体情境及工程项目选择相应的坐标系统，并采用合适的方法建立坐标系统解决生产问题。	35%	作业任务学生互评

[项目学时]

本项目推荐学时为 6 学时。

[项目分析]

世界各国或一个国家不同的历史时期，所建立和使用的大地坐标系是不同的。随着科学技术的进步，大地测量方法和观测技术不断改进，采用的参考椭球及其定位方式逐步完善和精化。我国从 20 世纪 50 年代开始，使用 1954 北京坐标系，80 年代开始，建立了 1980 西安大地坐标系，进入 21 世纪后，又建立了 2000 国家大地坐标系（CGCS2000）。实际应用中，存在着几种不同坐标系统之间的转换问题。另外，有些地区建立的局部的独立坐标系需要转换到国家统一的坐标系统中。本项目需要在完成四个任务学习的基础上，熟悉椭球面上常用坐标系统及其关系，掌握我国大地坐标系及其特点，会进行测量坐标的转换，能结合具体工程项目利用相关知识建立工程坐标系统。

本项目需要完成以下四个任务的学习。

任务一　掌握椭球面上常用坐标系及其关系

任务二　熟悉我国大地坐标系统

任务三　掌握测量坐标转换

任务四　建立工程坐标系统

任务一　掌握椭球面上常用坐标系及其关系

为了表示椭球面上某一点的位置,必须建立相应的坐标系,椭球面上常用的坐标系有以下四种:大地坐标系、空间直角坐标系、子午面直角坐标系和大地极坐标系。

6.1.1　常用坐标系

1.大地坐标系

大地坐标系是大地测量的基本坐标系,对于地球形状的研究、大地测量数据处理与计算及地图编绘等都有很大作用。

大地坐标系是用大地经度 L,大地纬度 B 和大地高 H 来表示地面上某一点的位置。

如图 6-1 所示,过 P 点的大地子午面 NPS 与起始大地子午面 NGS 所夹的两面角 L,就称为 P 点的大地经度。由起始大地子午面起算,向东为正,称为东经,其值为 0°~180°;向西为负,称为西经,其值为 0°~-180°。过 P 点的法线 Pn 与赤道面所夹的线面角 B,称为 P 点的大地纬度。由赤道面起算,向北为正,称为北纬(0°~ 90°);向南为负,称为南纬(0°~-90°)。地面 P 点沿椭球法线到椭球面的距离称为大地高 H。

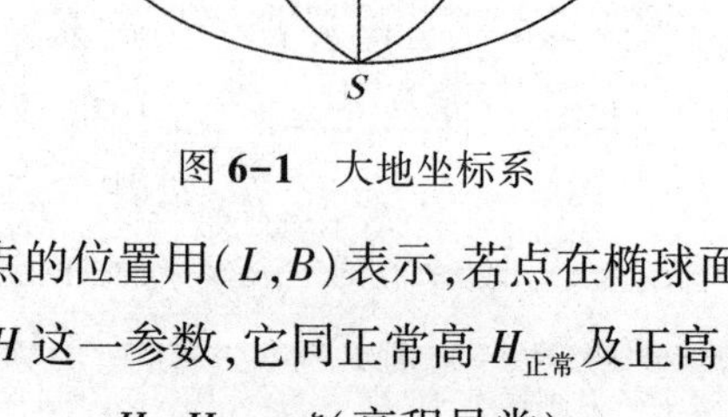

图 6-1　大地坐标系

在大地坐标系中,某一点的位置用(L,B)表示,若点在椭球面上,显然 $H=0$;若点不在椭球面上,则应该附加大地高 H 这一参数,它同正常高 $H_{正常}$ 及正高 $H_{正}$ 有如下关系:

$$H=H_{正常}+\xi(高程异常)$$

$$H=H_{正}+N(大地水准面差距)$$

我国1954北京坐标系和1980西安大地坐标系就是分别依据两个椭球建立的大地坐标系。

2.空间直角坐标系

如图6-2所示，原点O为参考椭球体中心，X轴为起始大地子午面与赤道面的交线，Y轴为赤道面上与X轴正交的方向，Z轴为椭球体的旋转轴，X、Y、Z构成右手坐标系，点P的空间直角坐标系可用OP分别在三个坐标轴上的投影X,Y,Z来表示，即(X、Y、Z)。

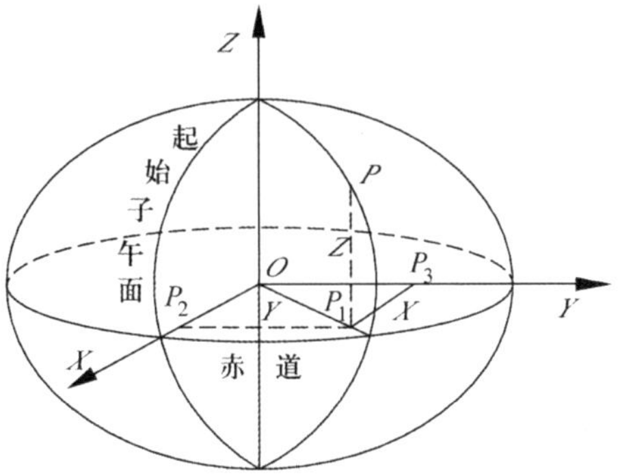

图6-2　空间直角坐标系

3.子午面直角坐标系

如图6-3所示，设P点的大地经度为L，在过P点的子午面上，以子午圈椭圆中心为原点，建立x,y平面直角坐标系。在该坐标系中，P点的位置用L,x,y表示。

4.大地极坐标系

如图6-4所示，点M为椭球体面上的任意一点，MN为过M的子午线，S为连接MP的大地线长，A为大地线在M点的方位角，以M为极点，MN为极轴，S为极半径，A为极角，构成大地极坐标系。在该坐标系中，用S,A来表示P点的位置。

椭球面上点的极坐标与大地坐标可以相互换算，把这一工作称为大地主题解算。

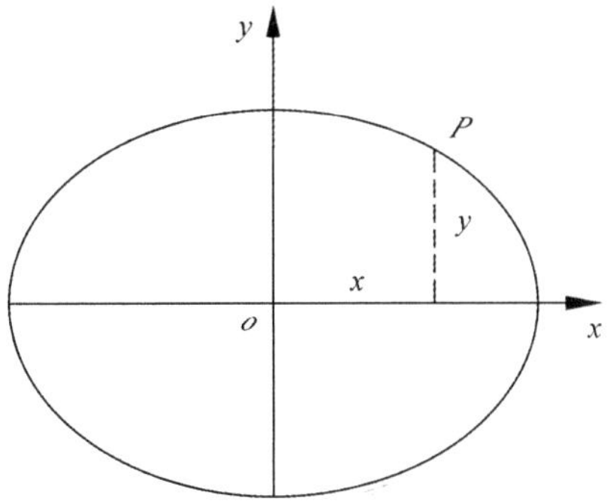

图6-3　子午面直角坐标系

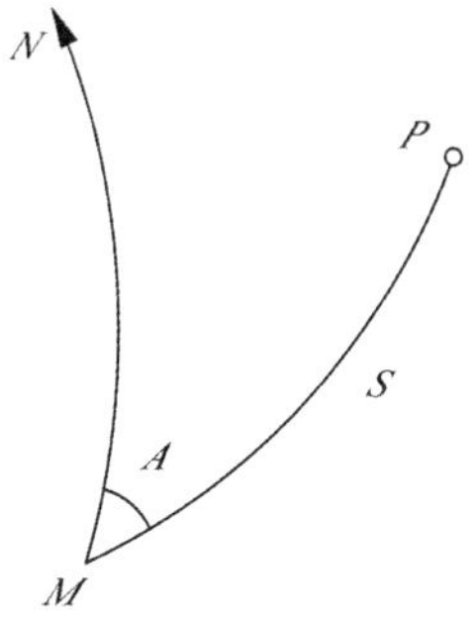

图6-4　大地极坐标系

6.1.2　各坐标系间的关系

综上所述，椭球面上任意一点的位置都可以在各坐标系中表示，由于所采用坐标系不同，则表达方式不同，对应的坐标值也不同。对于椭球面上同一点，各种坐标表示之间必然存在某种转换关系，这种转换关系是我们日后理论推导的基础，因而研究各坐标系间的内部关系显得尤为重要。

1.子午面直角坐标系同大地坐标系的关系

在子午面直角坐标系中,任意一点 P 的位置用 L,x,y 表示,在大地坐标系中用 (L,B) 表示,在这两个坐标系中,L 是相同的,问题的关键在于推求大地纬度 B 与 x,y 的关系。

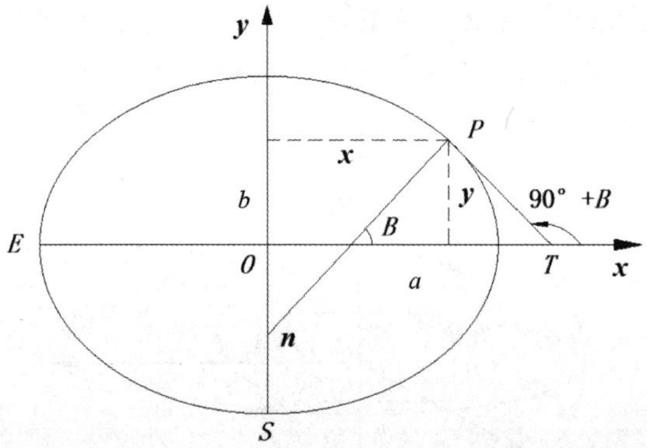

图 6-5　子午面直角坐标系与大地坐标系的关系

如图 6-5 所示,过 P 点的法线 Pn 与 X 轴的夹角为 B,过 P 点作子午圈的切线 TP,它与 X 轴的夹角是 $90°+B$。根据解析几何学的知识,该夹角的正切值称为曲线在 P 点处其切线的斜率,等于曲线在该点处的一阶导数,则有:

$$\frac{d_y}{d_x}=\tan(90°+B)=-\cot B \tag{6-1}$$

又因为 P 点在以 O 为中心的子午圈椭圆上,所以它的直角坐标 x,y 满足方程:

$$\frac{x^2}{a^2}+\frac{y^2}{b^2}=1 \tag{6-2}$$

上式对 x 求导,得:

$$\frac{d_y}{d_x}=-\frac{b^2}{a^2}\cdot\frac{x}{y} \tag{6-3}$$

由式(6-1)和式(6-3)可得:

$$\cot B=\frac{b^2}{a^2}\cdot\frac{x}{y}=(1-e^2)\frac{x}{y}\text{,所以 } y=x(1-e^2)\cdot\tan B \tag{6-4}$$

将式(6-4)代入式(6-2)中,得:

$$\frac{x^2}{a^2}+\frac{x^2(1-e^2)^2\tan^2 B}{b^2}=1 \tag{6-5}$$

用 $a^2\cdot\cos^2 B$ 乘式(6-5)两边,得:

$$x^2[\cos^2 B+(1+e^2)\sin^2 B]=a^2\cos^2 B$$

$$\text{或 } x^2(1-e^2\cdot\sin^2 B)=a^2\cos^2 B$$

由此得

$$x=\frac{a\cdot\cos B}{\sqrt{1-e^2\sin B}}=\frac{a\cdot\cos B}{W} \tag{6-6}$$

将式(6-6)代入式(6-4)中得:

$$y=\frac{a(1-e^2)\cdot\sin B}{\sqrt{1-e^2\sin^2 B}}=\frac{a}{W}(1-e^2)\sin B=\frac{b\sin B}{V} \tag{6-7}$$

式(6-6)和式(6-7)即为子午面直角坐标(x,y)与大地纬度B的关系表达式。

2.空间直角坐标系与子午面直角坐标系间的关系

如图6-2和图6-3所示,空间直角坐标系中的P_1P、OP_1分别对应于子午平面直角坐标系中的y和x,并且地面同一点在两坐标系下具有相同的大地经度L。所以二者之间的关系式如下:

$$\left.\begin{aligned}X&=x\cos L\\Y&=x\sin L\\Z&=y\end{aligned}\right\} \tag{6-8}$$

3.空间直角坐标系与大地坐标系间的关系

如图6-6所示,地面同一点P的空间直角坐标系与大地坐标系之间的关系式可用以下两组公式表示,这里不作推导,仅给出结论。

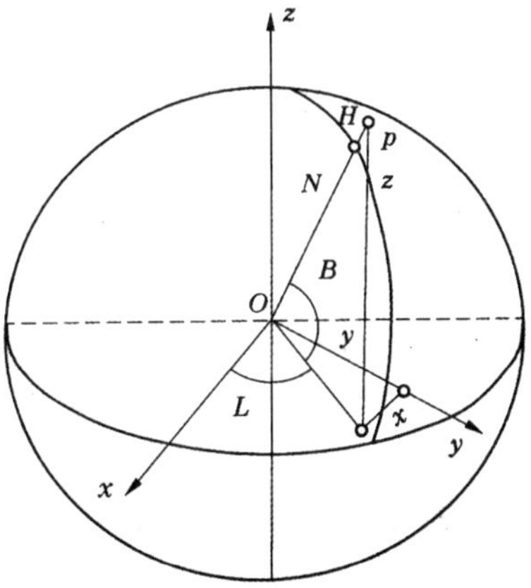

图6-6　空间直角坐标系与大地坐标系之间的关系

$$\left.\begin{aligned}x&=(N+H)\cos B\cos L\\y&=(N+H)\cos B\sin L\\z&=[N(1-e^2)+H]\sin B\end{aligned}\right\} \tag{6-9}$$

$$\left.\begin{aligned}L&=\tan^{-1}\frac{y}{x}\\B&=\tan^{-1}\frac{z+Ne^2\sin B}{\sqrt{x^2+y^2}}\\H&=\frac{z}{\sin B}-N(1-e^2)\end{aligned}\right\} \tag{6-10}$$

式中,e为子午椭圆第一偏心率,可由长短半径按式$e^2=(a^2-b^2)/a^2$求得;N为法线长度,可由式$N=a/\sqrt{1-e^2\sin^2 B}$求得。

任务二　熟悉我国的大地坐标系统

目前,我国的测绘工作常用的坐标系有 1954 北京坐标系、1980 西安大地坐标系、WGS-84 世界大地坐标系。2008 年 7 月 1 日,我国启用了 2000 国家大地坐标系。除此之外,还有各种不同的工程坐标系。在上述坐标系统中,除 WGS-84 和 2000 坐标系属于地心坐标系外,其他为参心坐标系。

6.2.1　1954 年北京坐标系(BJ54)

新中国成立初期,我国大地测量进入了全面发展时期,为了满足经济建设和国防建设对测图和大地测量的迫切需求,急需建立一套全国统一的参心坐标系统,由于当时特殊的政治趋向,我国采用了苏联的克拉索夫斯基椭球参数,并以 1942 普尔科沃大地坐标为起算数据,建立了 1954 北京坐标系,该坐标系事实上是苏联 1942 普尔科沃坐标系的一个延伸。

1954 年北京坐标系特点:

(1)参考椭球长半轴 $a=6\ 378\ 245$ m,扁率 $f=1/298.30$。

(2)大地原点在苏联的普尔科沃。

(3)采用多点定位法进行参考椭球的定位与定向。

(4)高程异常以苏联 1955 年大地水准面重新平差结果起算,按中国天文水准路线推算。

(5)1954 北京坐标系建立以后,采用分区局部平差法。

1954 北京坐标系自建立以后,其成果得到了广泛应用,完成了大量的测绘任务,15 万个国家大地点及数万个军控点、炮控点、测图控制点均以此坐标系为基准进行计算,为我国的国防建设、科研建设和经济建设等提供了重要依据。但随着测绘新技术、新理论的不断发展,该坐标系的缺点也凸显出来了:

(1)椭球参数有较大误差。克拉索夫斯基椭球参数与现代精确的椭球参数相比,长半轴约大 109 m。

(2)参考椭球面与我国大地水准面存在着自西向东的系统性倾斜,在东部地区大地水准面差距最大可达+68 m。这使得大比例尺地图反映地面的精度受到影响,同时也对观测元素的归算提出了严格要求。

(3)几何大地测量和物理大地测量应用的参考面不统一。我国在处理重力数据时采用赫尔默特 1900—1901 年正常重力公式,与这个公式对应的赫尔默特扁球不是旋转椭球,且与克拉索夫斯基椭球不一致,这给实际工作带来了麻烦。

(4)定向不明确。椭球短轴的指向不是国际上较普遍采用的国际协议原点(CIO),也不是我国地极原点 $JYD_{1968.0}$;起始大地子午面也不是国际时间局(BIH)所定义的格林尼治平均天文台子午面,给坐标换算带来不便和误差。

6.2.2　1980 年国家大地坐标系(GDZ80)

1954 北京坐标系存在椭球参数不够精确、参考椭球面与我国大地水准面拟合不好等缺点。为了更好地适应我国大地测量事业的发展,我国于 1978 年着手建立我国新的坐标系。因为该坐标系的原点位于陕西省泾阳县永乐镇,因此又称为 1980 西安大地坐标系,简称"西安 80 坐标系"。

1980 年国家大地坐标系的椭球参数采用的是国际大地测量学与地球物理联合会在 1975 年推荐的椭球参数,其参考椭球长半轴 a = 6 378 140m,扁率 f = 1/298.257。该坐标系有如下特征:

(1)采用多点定位法,使椭球面同似大地水准面在我国境内最为密合。

(2)椭球定向明确。椭球短轴平行于地轴,由地心指向地极原点 $JYD_{1968.0}$ 方向。

(3)起始大地子午面平行于格林尼治平均天文台起始子午面。

1980 年国家大地坐标系是综合利用天文、大地与重力测量成果,在 1954 年北京坐标系的基础上建立起来的,该坐标系建立以后,对全国天文大地网进行了整体平差,确保了全国控制网精度的统一。

6.2.3　新 1954 北京坐标系(BJ54 新)

1980 年国家大地坐标系建立后,各大地点的坐标与 1954 年北京坐标系的原坐标出现了较大差异。这种差异是由两种因素引起的:第一是由于椭球参数和定位不同导致的系统性差异;第二是全网整体平差和只经局部平差所导致的偶然性差异。经对比研究发现系统差异较大,这样大的差异势必造成成果换算的不便和地形图图廓线、方里线位置的较大变化。一些部门认为,在变更我国坐标系统时,既要考虑其科学性和严密性,又要考虑其实用性和可行性,要照顾 40 多年来的测绘历史和现状,从我国国情出发,建立新 1954 坐标作为过渡坐标系。

新 1954 北京坐标系是将 1980 年国家大地坐标系采用的 IUGG1975 年椭球参数变换成克拉索夫斯基椭球参数,并沿空间 3 个坐标轴进行空间平移而来的,其平移量等于 1980 年国家大地坐标系按"922 个点的弧度测量方程式"解得的参数 X_0,Y_0,Z_0 的反号值。

新 1954 北京坐标系有如下特点:

(1)采用克拉索夫斯基椭球,与 BJ54 采用的椭球参数相同,综合 BJ54 和 GDZ80 新建立起来的参心坐标系。

(2)采用多点定位,大地原点与 GDZ80 相同。

(3)BJ54 新坐标系采用整体平差,精度和 1980 年国家大地坐标系坐标精度一样。

(4)定向明确,坐标轴与 GDZ80 相平行。

(5)大地高程基准采用 1956 年黄海高程系。

6.2.4　2000 国家大地坐标系(CGCS2000)

2000 国家大地坐标系(China Geodetic Coordinate System 2000,CGCS2000)是全球地心坐

标系在我国的具体体现,其原点为包括海洋和大气的整个地球的质量中心,Z 轴由原点指向历元 2000.0 的地球参考极的方向,X 轴由原点指向格林尼治参考子午线与地球赤道面(历元 2000.0)的交点,Y 轴与 Z 轴、X 轴构成右手正交坐标系。2000 国家大地坐标系采用的地球椭球参数如下:

长半轴 $a=6378\ 137$ m;

扁率 $f=1/298.257\ 222\ 101$;

地心引力常数 $GM=3.986\ 004\ 418\times10^{14}m^3/s^2$;

地球自转角速度为 $\omega=7.292\ 115\times10^{-5}rad/s$。

根据这四个基本参数,可以推出椭球的其他几何和物理参数。

2008 年 6 月 18 日,经国务院批准,国家测绘局发布公告:我国将于 2008 年 7 月 1 日启用 2000 国家大地坐标系。2000 国家大地坐标系与现行国家大地坐标系转换、衔接的过渡期为 8~10 年。现有各类测绘成果,在过渡期内可沿用现行国家大地坐标系;2008 年 7 月 1 日后新生产的各类测绘成果应采用 2000 国家大地坐标系。现有地理信息系统,在过渡期内应逐步转换到 2000 国家大地坐标系;2008 年 7 月 1 日后新建设的地理信息系统应采用 2000 国家大地坐标系。

该坐标系通过空间大地网(包括 GPS 连续运行网,GPS A、B 级网和 GPS 一、二级和区域网)与天文大地网的组合实现,由空间大地网体现的参考框架的实现精度达到厘米级。参考框架通过连续的或重复的高精度空间大地测量观测维持其动态性。CGCS2000 框架由 2000 国家 GPS 大地控制网点构成,共有约 2 600 个三维大地控制点,其点位精度约为±30 cm。而由国务院测绘行政主管部门和军事测绘行政主管部门分别实施完成的全国天文大地网与 2000 国家 GPS 大地控制网联合平差形成的近 5 万个点构成了 CGCS2000 框架的加密网点,三维点位误差约为±0.3 m。

6.2.5 WGS-84 世界大地坐标系统

美国国防部自 1984 年开始,经过多年修正和完善,建成了 WGS-84 世界大地坐标系统。WGS-84 世界大地坐标系统是一个协议地球坐标系(Conventional Terrestrial System,CTS),该坐标系的原点是地球的质心,Z 轴指向 BIH 1984.0 定义的协议地极(Conventional Terrestrial Pole,CTP)方向,X 轴指向 BIH 1984.0 零度子午面和 CTP 赤道的交点,Y 轴与 Z 轴、X 轴构成右手坐标系统。

WGS-84 椭球采用国际大地测量与地球物理联合会第 17 届大会大地测量常数推荐值。

长半轴 $a=6378\ 137.0$ m

扁率 $f=1/298.257\ 223\ 563$

地心引力常数 $GM=(3\ 986\ 004.418\pm0.008)\times10^8m^3/s^2$

地球自转角速度为 $\omega=7\ 292\ 115\times10^{11}rad/s$。

自 1987 年 1 月 10 日之后,GPS 卫星星历均采用 WGS-84 坐标系统,因此 GPS 网的测站坐标均属于 WGS-84 坐标系统,若要求得 GPS 测站点在参心坐标系中的坐标,就必须进行不同坐标系之间的坐标转换。

任务三 掌握测量坐标转换

在控制测量工作及工程施工过程中，常会遇到不同坐标系统间坐标转换与换算的问题。常见的有以下几种：

(1)不同大地坐标系统之间的转换。

(2)不同平面坐标系统之间的转换。

(3)高斯投影邻带换算。

在转换和换算过程中，如果坐标基于同一椭球，则其几何参数是相关的，它们之间的转换只需要知道椭球体的几何参数及相应的投影参数即可，而不需要通过已知坐标数据求定其转换参数。如果坐标基于不同椭球基准，坐标系之间的转换从数学角度上讲也是严密的，但实际上，由于大地高不能精确地获得，因此此种坐标转换范围是有一定限制的，具体的转换范围通常通过转换后的残差确定，根据经验，一般 100 km 范围内是可以的，所以在 WGS-84 坐标和 1954 年北京坐标之间是不存在一套转换参数可以全国通用的，在每个地方会不一样，因为它们是两个不同的椭球基准，转换时受到大地高误差的影响。

6.3.1 同一基准(椭球)空间直角坐标与大地坐标的相互换算

在基于同一基准的坐标系中，地面上任意一点 P，在坐标系中的位置以空间直角坐标表示为(X,Y,Z)，以大地坐标表示为(B,L,H)，这两种坐标存在着数学上的换算关系，其计算公式涉及椭球面上微积分的相关知识，其推算过程较为复杂，其具体内容可以参考相关书籍，本书不做赘述。实际工作中常用测量软件进行换算，下面用利用 COORD 坐标转换软件(界面如图 6-7 所示)解算一个案例来说明其转换方法。

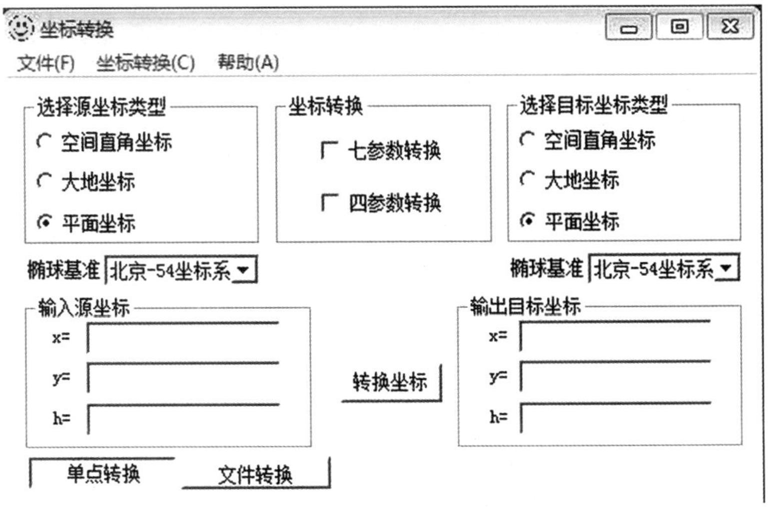

图 **6-7** **COORD** 测量坐标转换软件界面

案例:已知 1980 年西安坐标系下某点 P 的大地坐标是($B=30°33'38.830''$,$L=108°25'34.432''$,$H=967.786$),计算该点在同一基准下的空间直角坐标。

COORD 软件转换步骤如下:

① 选择源坐标类型为大地坐标,椭球基准为国家-80 坐标系;

② 目标坐标类型为空间直角坐标,椭球基准为国家-80 坐标系;

③ 输入 P 点的源坐标($B=32°33'38.830''$,$L=108°25'34.432''$,$H=967.786$);

④ 鼠标点击“转换坐标”按钮,得到 P 的空间直角坐标为($X=-1\ 701\ 055.070\ 902$,$Y=5\ 105\ 754.597\ 220$,$H=3\ 413\ 528.948\ 899$),具体如图 6-8 所示;

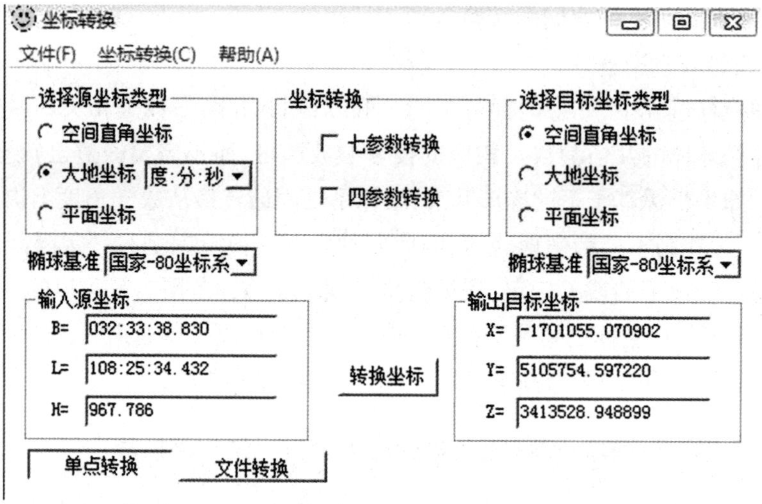

图 **6-8** **COORD** 大地坐标转换为空间直角坐标

⑤ 参照上述步骤,实现同一椭球基准下空间直角坐标转换成大地坐标。

6.3.2 同一基准(椭球)高斯平面直角坐标与大地坐标的相互换算

同一基准(椭球)高斯平面直角坐标与大地坐标的相互换算问题属于高斯计算中的高斯投影正(反)算,其计算公式在 5.3.2 节中已推导,任务 5.4 中用南方平差易进行了换算。此处以 5.4 节中实例通过 COORD 软件说明其转换方法:

在高斯投影的实际工作中,为了限制投影的变形程度,将椭球面按子午线分成若干带,每一带都有自己的中央子午线和坐标原点。

案例:已知 WGS-84 坐标系下某点 P 的大地坐标是($B=41°44'16.382''$,$L=103°47'24.879''$,$H=967.786$),计算该点在同一基准下的高斯平面直角坐标。

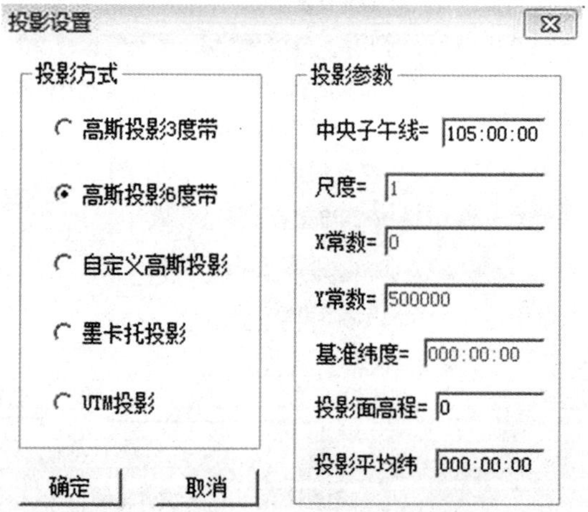

图 **6-9** **COORD** 坐标转换投影设置

COORD 软件转换步骤如下：

① 如图 6-9 所示，自定义高斯投影参数，将中央子午线输入 105°；

② 如图 6-10 所示，选择源坐标类型为大地坐标，椭球基准为 WGS-84；

③ 目标坐标类型为平面坐标，椭球基准为 WGS-84；

④ 输入 P 点的源坐标 $B=41°44'16.382''$，$L=103°47'24.879''$，$H=967.786$；

⑤鼠标点击“转换坐标”按钮，得到 P 点的高斯平面直角坐标为（$x=4\ 623\ 230.817\ 608$，$y=399\ 359.669\ 840$，$H=967.786\ 000$）

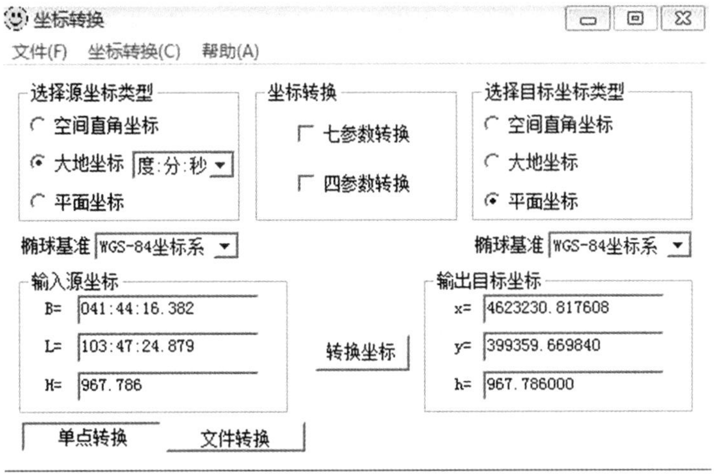

图 **6-10**　**COORD** 坐标转换高斯正反算

⑥ 参照上述步骤，实现同一椭球基准下高斯平面直角坐标转换成大地坐标。

6.3.3　高斯投影邻带换算

为了限制高斯投影的长度变形，采用分带的办法来解决。分带使得原本一个统一的大地坐标系被分割成了若干个高斯平面直角坐标系。这样给测绘生产实践提出了新的问题，在工程测量中，利用国家控制点时，为了减少投影变形，一般在下列几种情况下，需要换带。

(1)在投影带边缘地区测图或施工放样时，往往需要利用到另一带的控制点，因此必须将这些点的坐标换算到同一带中；

(2)当布设的控制网分跨于不同的投影带时，为了便于平差计算，需要将邻带的部分（或全部）坐标换算到同一带中；

(3)进行大比例尺测图时要求采用 3°带的坐标，而国家控制点通常是 6°带的坐标，因此需要将 6°带的坐标换算为 3°带的坐标；

(4)工程建设和大比例尺测图采用任意带时，需将已有的 6°带（或 3°带）的坐标，换算为任意带的坐标。

换带计算时是利用椭球面上的大地坐标作为过渡，即把某投影带的平面坐标通过投影反算（已知 x、y，求 L、B）公式，换算成椭球面上的大地坐标；再将此大地坐标，利用投影正算（已知 B、L，求 x、y）公式，换算成相邻带的平面坐标。

这种方法适用于各种不同宽度的相邻投影带之间的坐标换算。例如，由一个 6°带换算为另一个6°带,6°带换算为3°带,3°带换算为另一个3°带或6°带,以及3°带和6°带与任意带间的互相换算。

例:已知某点 P 在国家高斯平面坐标系6°带的第18带内,其坐标为:x = 4 273 640.427 m,y = 535 437.233 m。求P点在3°分带第34带的坐标。

COORD软件按如下步骤操作:

① 计算 P 点在6°带内的中央子午线经度:$L_N = 6N - 3 = 105°$,并如图6-9所示,设定投影带中央子午线经纬为105°;

② 如图6-11所示,输入 P 点的平面坐标(x = 4 273 640.427 m,y = 535 437.233 m),将其转换为大地坐标(B = 38°35′42.496 184″,L = 105°24′24.370 651″);

③ 计算 P 点在3°带内的中央子午线经度:$L_n = 3n = 102°$,如图6-12所示,设定投影带中央子午线经纬为102°;

④ 如图6-13所示,依据计算出的 P 点大地坐标,计算出目标投影带的高斯平面坐标。

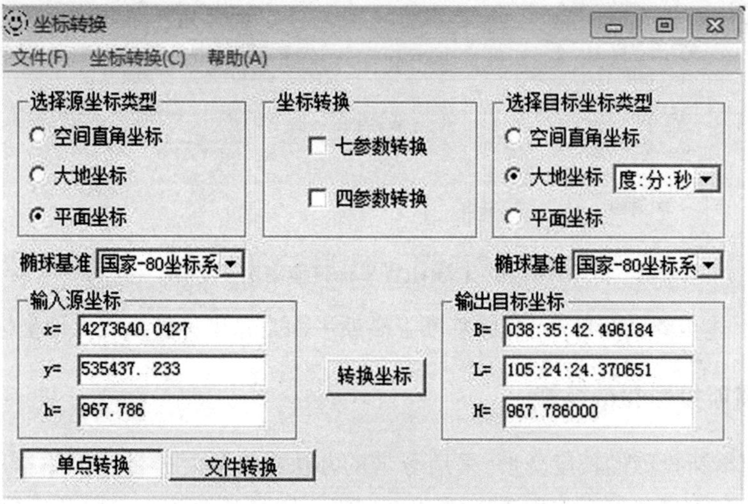

图 **6-11** **COORD** 大地坐标转换为高斯平面坐标

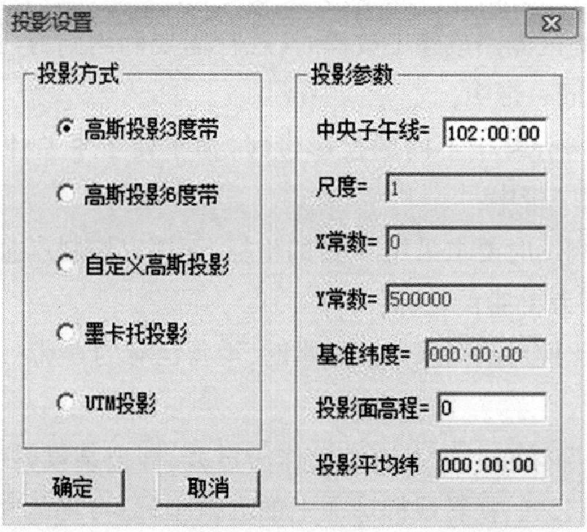

图 **6-12** **COORD** 高斯投影设置(中央子午线 **102**°)

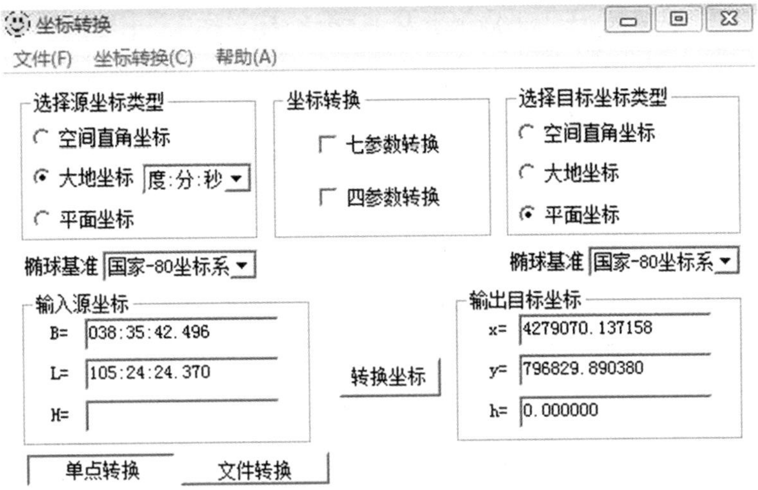

图 **6-13**　计算 ***P*** 点目标投影带的高斯坐标

6.3.4　不同基准(椭球)空间直角坐标系的坐标换算

基于不同基准(椭球)之间坐标系的转换,是在空间直角坐标系框架内实现的,例如 WGS-84 大地坐标转换成 1980 年西安大地坐标,其转换过程如下:

① WGS-84 大地坐标依据 WGS-84 椭球的几何参数,转换成 WGS-84 空间直角坐标;

② 依据转换参数及转换模型,WGS-84 空间直角坐标转换成 1980 年空间直角坐标;

③ 1980 年空间直角坐标依据 1980 年椭球的几何参数,转换成 1980 年大地坐标。

基于两个空间直角坐标转换模型,可以实现卫星网与地面网间的转换,这种转换在 GNSS 测量中,有着很重要的作用。自 20 世纪 60 年代以来,各国大地测量学者对此做了大量的研究,获得了多种转换方法及模型。比较常用的有七参数法和三参数法的转换模型。

(1)七参数法。

如图 6-14 所示,当两个空间直角坐标系坐标原点不重合时,存在三个平移参数$[\Delta X\ \Delta Y\ \Delta T]^{\mathrm{T}}$,各坐标轴间相互不平行,还存在有三个欧勒角,称之为三个旋转参数$[\varepsilon_X\ \varepsilon_Y\ \varepsilon_Z]^{\mathrm{T}}$;在空间直角坐标系下,距离表示的是空间两点的直线距离,从理论上讲,比例因子应等于 1,但由于测量误差的存在,所以各种空间直角坐标系下的尺度通常不等于 1,而是接近于 1,从而还必须加上一个尺度变化参数 m,共计七个参数。七参数坐标转换有多种计算公式,这里介绍布尔沙转换公式。

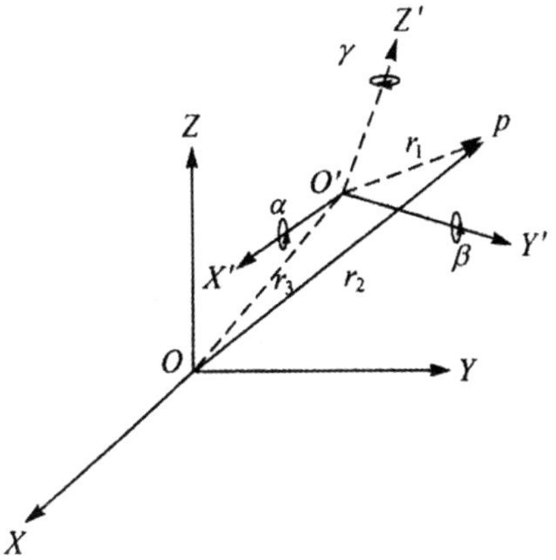

图 **6 -14**　七参数坐标转换

若以$(X_i, Y_i, Z_i)^{\mathrm{T}}$ 和(X_i, Y_i, Z_i)分别表示 P_i 点在空间直角坐标系 $O-XYZ$ 和 $O'-X'Y'Z'$ 中的坐标;$(\Delta X, \Delta Y, \Delta Z)$表示原点坐标平移量,则布尔沙七参数换算公式为

$$\begin{bmatrix} X_T \\ Y_T \\ Z_T \end{bmatrix} = \begin{bmatrix} X_i \\ Y_i \\ Z_i \end{bmatrix} + \begin{bmatrix} \Delta X \\ \Delta Y \\ \Delta Z \end{bmatrix} + \begin{bmatrix} 0 & -Z_i & Y_i \\ Z_S & 0 & -X_i \\ -Y_i & X_i & 0 \end{bmatrix} \begin{bmatrix} \varepsilon_X \\ \varepsilon_Y \\ \varepsilon_Z \end{bmatrix} + m \begin{bmatrix} X_i \\ Y_i \\ Z_i \end{bmatrix} \tag{6-11}$$

如表 6-1 所示,已知 WGS-84 大地坐标,需要将其转换成西安 1980 高斯平面直角坐标,转换参数如表 6-2 所示(已知 WGS-84 空间直角坐标转换成西安 1980 空间直角坐标转换的七个参数和西安 1980 大地坐标转换成高斯平面直角坐标的投影参数)。

表 6-1　已知 WGS-84 大地坐标

点号	B(纬度)	L(经度)	H(大地高)/m
KZD1	38°17′41.120″	104°7′4.120″	1 114.126
KZD2	38°21′11.421″	104°6′38.362″	1 133.989
KZD3	38°20′16.628″	104°2′18.912″	1 127.092
KZD4	38°24′23.122″	104°56′48.502″	1 119.502

表 6-2　七参数转换参数和高斯投影参数

平移	ΔX=92.253 m　ΔY=225.700 m　ΔZ=85.978 m
旋转	ε_X=1.220 3″　ε_Y=2.357 9″　ε_Z=3.316 3″
比例	m=−10.875 10^{-6}D
投影基准	西安-80
投影参数	中央子午线:105°　原点纬度:　原点假东:500 km 原点假北:0 km　尺度:1

COORD 软件按如下步骤操作:

① WGS-84 大地坐标(表 6-1)依据同一椭球基准的坐标转换方法,转换成 WGS-84 空间直角坐标,转换结果见表 6-3。

表 6-3　WGS-84 空间直角坐标

点号	X/m	Y/m	Z/m
KZD1	−1 222 777.024 928	4 861 682.475 026	3 931 866.167 632
KZD2	−1 221 189.386 364	4 857 934.630 581	3 936 954.124 890
KZD3	−1 215 334.670 829	4 860 493.870 881	3 935 636.975 841
KZD4	−1 291 005.829 182	4 836 054.221 511	3 941 592.051 346

② 表 6-3 所示 WGS-84 空间直角坐标依据表 9-2 中的七参数(即 3 个平移、3 个旋转和 1 个比例),转换成 1980 西安空间直角坐标。其方法是:首先输入七参数,如图 6-15 所示,然后如图 6-16 所示,在源坐标输入空间直角坐标,坐标转换类型选择"七参数转换",最

后点击“转换坐标”按钮，即可计算出转换后的 1980 西安空间直角坐标。其转换成果如表 6-4所示。

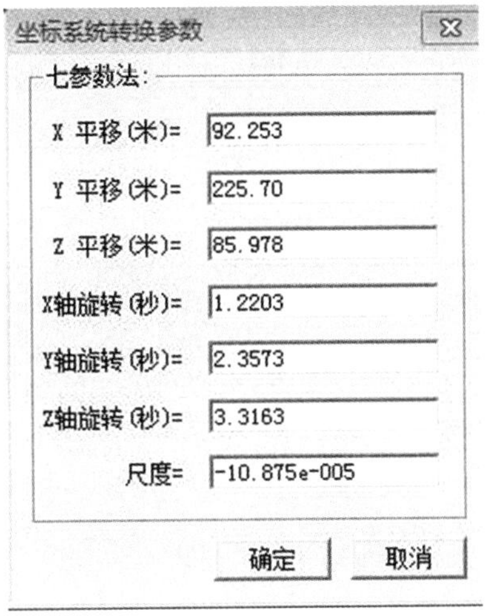

图 **6-15**　转换七参数设置

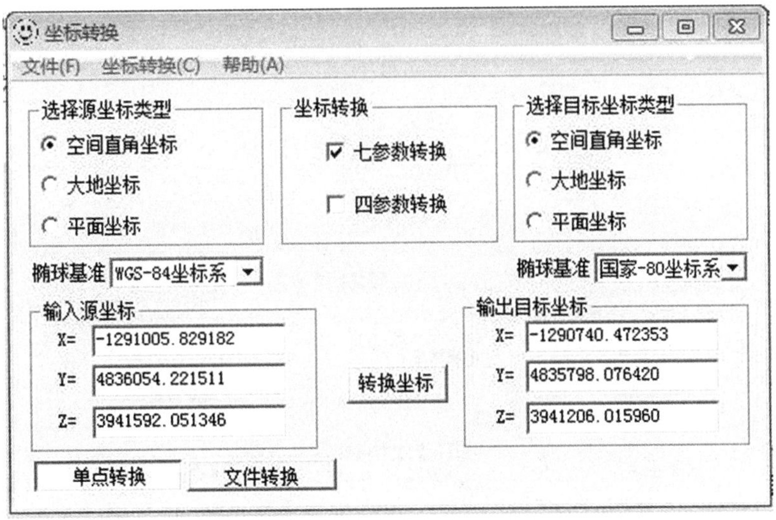

图 **6-16**　**WGS-84** 坐标转换成 **1980** 西安坐标

表 6-4　西安 80 空间直角坐标

点号	X/m	Y/m	Z/m
KZD1	−1 222 518.564 781	4 861 422.388 348	3 931 481.818 068
KZD2	−1 220 931.217 278	4 857 674.956 056	3 936 569.262 328
KZD3	−1 215 077.082 243	4 860 233.816 115	3 935 252.308 289
KZD4	−1 290 740.472 353	4 835 798.076 420	3 941 206.015 960

③ 1980 西安空间直角坐标转换依据表 6-2 中的投影参数，转换成如表 6-5 所示的 1980 西安高斯平面直角坐标，转换参数的设置如图 6-17 所示，转换方法如图 6-18 所示。

表 6-5　西安 1980 高斯平面直角坐标

点号	X/m	Y/m
KZD1	4 240 376.895 895	422 449.154 037
KZD2	4 246 867.115 612	421 885.901 560
KZD3	4 245 241.026 083	415 568.911 611
KZD4	4 252 402.155 210	494 973.032 032

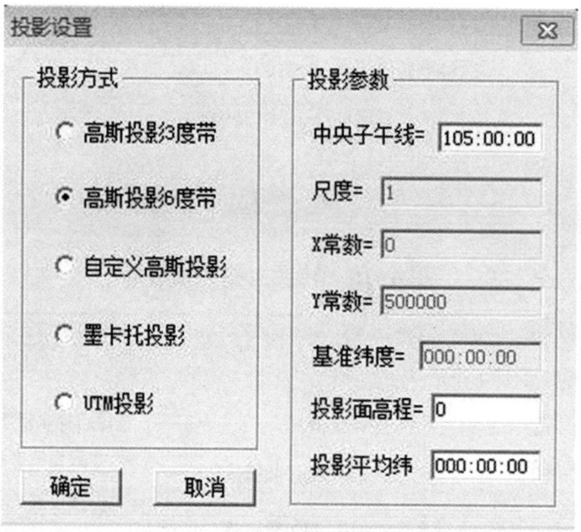

图 **6-17**　高斯投影参数设置

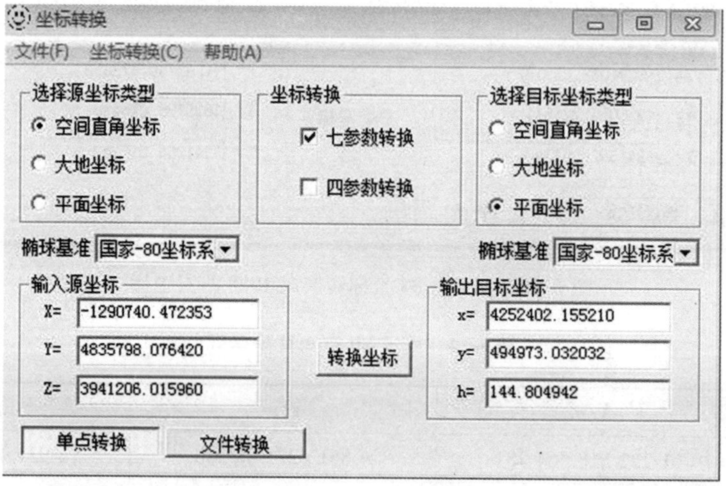

图 **6-18**　西安 **1980** 空间直角坐标系转换为高斯平面直角坐标系

(2)三参数法。

在图 6-14 中,设$(X_i,Y_i,Z_i)^T$ 和(X_i,Y_i,Z_i)分别表示 P_i 点在空间直角坐标系 $O-XYZ$ 和 $O'-X'Y'Z'$中的坐标,设这两个坐标系各对应坐标轴相互平行,坐标系原点不相一致,则不难看出,七个参数中只有三个平移参数不为零,其他四个参数近似为零。两个坐标系中的同一点的坐标具有如下关系:

$$\begin{bmatrix} X_T \\ Y_T \\ Z_T \end{bmatrix} = \begin{bmatrix} X_i \\ Y_i \\ Z_i \end{bmatrix} + \begin{bmatrix} \Delta X \\ \Delta Y \\ \Delta Z \end{bmatrix} \tag{6-2}$$

式(6-12)是在假设两坐标系之间各坐标轴相互平行的条件下导出的,这在实际上往往是不可能的,但由于各种基于椭球的坐标,其椭球都是经过定位的,所以实际上,两个空间直角坐标的 X、Y、Z 三个轴都是基本平行的(即旋转角度接近于零)。在实际工作中,如果测区范围不大,则经常采用三参数法进行坐标转换。

6.3.5　不同参心坐标系间高斯平面直角坐标的换算

当测区范围较大时,应在空间直角坐标系下进行转换,然后对于局部地区不同的参心坐标系间高斯平面直角坐标系的转换采用平面坐标系统相似变换模型会更容易些。研究表明,在局部范围内,例如在每十万分之一图幅内,同一点在 1980 西安坐标系和原 1954 北京坐标系的高斯平面直角坐标,在米级精度上都只相差一个常数。对于米级以下的微小差异,可以看成是由这个局部区域内的两个平面坐标系统之间存在着某种旋转和尺度伸缩造成的。这样,就可以用平面相似变换公式来模拟两个平面坐标系统的转换关系,如图 6-19 所示。

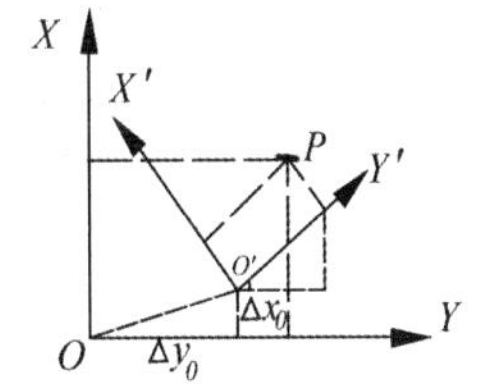

图 **6-19**　平面直角坐标转换示意图

二维平面直角坐标系间的坐标变换参数有 4 个(Δx_0,Δy_0,Δ,ε),即两个平移参数,一个尺度参数,一个旋转参数。当 4 个参数已知时,可直接进行坐标转换;当参数不知,但知道两个以上公共点时,可以求出参数,再进行换算。

案例:已知有一个 1954 北京坐标系下 P 点的平面坐标是(x=2 658 933.324,y=343 212.453),四参数分别为 Δx_0=345.543 m,Δy_0=565.345 m,旋转角 ε=0°01′23.441″,比例因子 k=1.000 021 3,试计算转换后的平面直角坐标。

COORD 软件按如下步骤操作:

① 如图 6-20 所示,输入平面转换的四参数;

图 **6-20**　四参数设置

② 如图 6-21 所示,输入 P 点的源坐标(x=2 658 933.324,y=343 212.453);

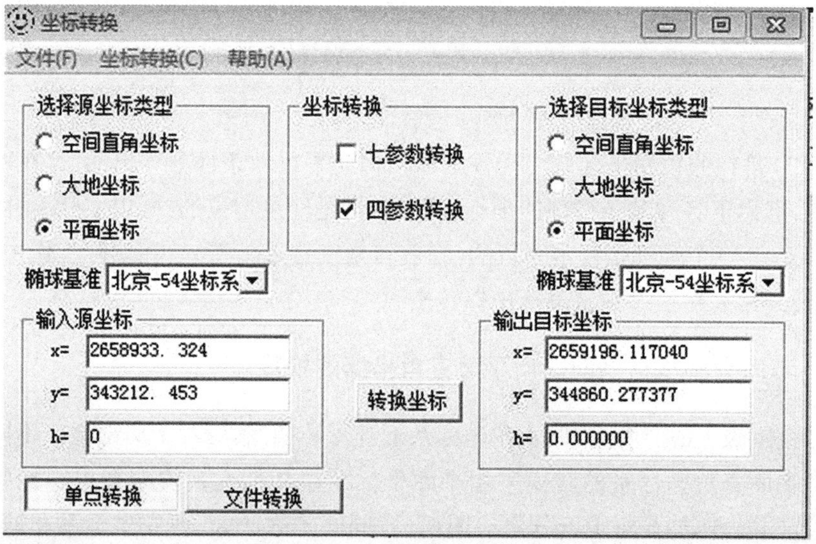

图 **6-21** 平面四参数转换结果

③ 鼠标点击"转换坐标"按钮,得到 P 点的目标坐标为(x = 2 659 196.117 040, y = 344 860.277 377)

任务四 建立工程坐标系统

工程坐标系是为满足某些工程的实际需要而建立的一类坐标系的总称。在许多城市测量和工程测量中,若直接采用国家坐标系,一方面,可能会因为远离中央子午线或测区平均高程较大,从而导致长度投影变形较大,难以满足工程或实用上的精度要求;另一方面,对于一些特殊的工程测量,如大桥、大坝、滑坡监测等,有时采用国家坐标系在使用上很不方便。因此,常常会建立适合本地区或本工程的坐标系统。这些坐标系统称为工程坐标系或地方独立坐标系。

为了实用、科学和方便的目的,工程坐标系或地方独立坐标系是建立在当地的平均高程面上,并以当地测区中心子午线作为中央子午线进行高斯投影计算球的平面坐标的坐标系统。建立工程坐标系主要考虑两个变形,即高程归化变形和高斯投影变形。

6.4.1 长度变形的产生和允许值

国家《城市测量规范》(CJJ/T 8—2011)和《工程测量规范》(GB 50026—2007)均对控制网的长度综合变形的允许值做出了明确规定,应保证长度综合变形不超过 2.5 cm/km,即相对变形不超过 1∶40 000。这样的长度变形,与四等平面控制网边长的必要经度相适应,对于测量精度为 1∶5 000~1∶20 000的施工放样,也能起到良好的控制作用。国家坐标系为了控制投影变形,虽然采用了分带投影以满足测图或其他工程建设需要,但长度变形依然存在，尤其在投影带边缘不能够满足工程需要，所以很多情况下，需要根据工程实际情况选择适当的坐标系统。投影变形主要由实地测量的长度归化到国家统一的椭球面和椭球面上的长度投影至高斯平面引起的。

由前文所学我们知道，实地测量的长度归化到国家统一的椭球面上时，应加入如下改正数：

$$\Delta s=-\frac{H_m}{R_A}s \tag{6-13}$$

式中，R_A 为长度所在的椭球曲率半径；H_m 为长度所在高程面相对于椭球面的高差；s 为实地测量的水平距离。

为了计算方便，又不损失其精度，R_A 取地球平均曲率半径 6 371 km，可由式(6-13)计算得知。要使测距边高程归化引起的长度相对变形小于 1∶40 000，H_m 应小于 159 m。

然后再将椭球面上的长度投影至高斯平面，加入如下改正数：

$$\Delta S=+\frac{y_m^2}{2R^2}S \tag{6-14}$$

同理，要使高斯投影的距离改化引起的长度相对变形小于 1/40 000，依据上面公式可以计算出 y_m 应小于 45 km。

这样，地面上的一段长度，经过(实地到椭球、椭球到高斯平面)2 次改正化算，就被改变了真实长度。这种高斯投影平面上的长度与地面长度之差，称为长度综合变形。其公式为

$$\delta=+\frac{y_m^2}{2R^2}S-\frac{H_m}{R_A}s \tag{6-15}$$

为了方便计算，又不至于损害必要的精度，将椭球视为圆球，取半径 $R\approx R_A\approx 6\ 371$ km，又取椭球面上距离和地面距离近似相等，即 $S\approx s$，将上式写为相对变形的形式，则为

$$\frac{\delta}{s}=(0.001\ 23y^2-15.7H)\times 10^{-5} \tag{6-16}$$

式中，y 为测区中心的横坐标(自然值，km)；H 为测区平均高程(km)。

式(6-16)表明，采用国家统一坐标系统所产生的长度综合变形，与测区所处投影带内的位置和测区平均高程有关。

6.4.2　工程坐标系建立方法

如果说高斯投影分带是限制长度变形的有效措施，那么正确地选择工程控制网的坐标系统，则是抵偿长度综合变形的有效途径。

由于以椭球面作为计算表面、按正形投影 3°带计算的平面坐标称为国家统一坐标系统，那么对于投影面或者投影带做出其他选择，计算出坐标就不再属于国家统一坐标系统，我们称这种坐标系统为局部坐标系统，也称为独立坐标系统。下面讨论几种局部坐标系统可供选择的方案。

1.选择“抵偿高程面”作为投影面，按高斯正形投影 3°带计算平面直角坐标

式(6-13)表明，将距离由较高的高程面化算至较低的椭球面时，长度总是减小的；式

(6-14)又表明,将椭球面上的距离化算至高斯平面时,长度总是增加的。所以两个投影过程对长度综合变形具有抵偿的性质。如果适当选择椭球的半径,使距离化算到这个椭球面上所减小的数值,恰好等于由这个椭球面化算至高斯平面所增加的数值,那么高斯平面上的距离同实地距离就一致了。这个适当半径的椭球面,称为抵偿高程面。

欲使长度综合变形得以抵偿,必须满足:

$$\frac{y_m^2}{2R^2}S=\frac{H_m}{R_A}s$$

将推证式(6-16)时所引用的关系和数据代入,则有

$$H=\frac{y^2}{2\times 6\ 371\ 000}$$

式中,若 y 以百 km 为单位,H 以 m 为单位,则有

$$H=785y^2 \tag{6-17}$$

利用式(6-17)可以确定抵偿高程面的位置。

例如,某地中心在高斯投影 3°带的坐标 $y=102$ km,该地区平均高程为 450 m,按式(6-17)算得:

$$H=785\times 1.02^2=816(\mathrm{m})$$

即抵偿高程面应比平均高程面低 816 m,于是抵偿面的高程为:

$$H_{抵}=450-816=-366(\mathrm{m})$$

抵偿面位置确定后,就可以选择其中一个国家大地点作"原点",保持它在 3°带的国家统一坐标值(x_0,y_0)不变,而将其他大地控制点坐标(x,y)换算到抵偿高程面相应的坐标系中去。换算公式为

$$\left.\begin{aligned} x_{抵}&=x+(x-x_0)\frac{H_{抵}}{R}\\ y_{抵}&=y+(y-y_0)\frac{H_{抵}}{R}\end{aligned}\right\} \tag{6-18}$$

式中,R 为该地平均纬度处的椭球平均曲率半径。

这样,经过式(6-18)换算的大地控制点坐标就可以作为控制测量的起算数据。

2.高斯正形投影任意带平面直角坐标系

不同投影带的出现,是因为选择了不同经度的中央子午线的缘故。如果我们合理选择中央子午线的位置,使长度投影到该投影带所产生的变形,恰好抵偿这一长度投影到椭球面所产生的变形,此时高斯投影平面上的长度仍和实地长度保持一致。我们称这种抵偿长度变形的投影带为"任意投影带"。

为了确定任意投影带的中央子午线位置,需要在式(6-17)中引入经差 l,并取高斯投影坐标正算公式的第一项:

$$y=\frac{l''}{\rho''}N\cos B$$

代人式(6-17)中,略加变换即得:

$$l''=7362''\frac{\sqrt{H}}{N\cos B} \tag{6-19}$$

式中,B、L 为测区中心位置的纬度和经度;N 为椭球在纬度 B 处的卯酉圈曲率半径;H 为测区的平均高程;

l 为经度 L 与任意带的中央子午线经度 L_0 之差。

利用式(6-19)可以便捷地确定任意投影带的中央子午线经度 L_0。任意带确定后,应用高斯投影坐标计算的方法,将国家大地点坐标换算成大地地理坐标(B,L)。再由地理坐标计算这些点在任意带内的平均直角坐标(x,y)。实际上这只是一个换带计算问题。反之,已知某点在任意带内的坐标,也可以方便地求出它在国家统一坐标系统内的坐标值。

3.投影于高程抵偿面的高斯正形投影任意带平面直角坐标系

选择这种局部坐标系统的实质,在于保证测区中心处 $y\approx0$,$H\approx0$,使得按式(6-16)计算的 $\delta\approx0$,做到测区范围内的长度综合变形为最小。为此,应对用作控制测量起算数据的国家大地点坐标进行如下处理:

① 利用高斯投影坐标正反算的方法,将国家点的平面坐标换算成地理坐标(B,L);并由地理坐标计算这些点在选点的中央子午线投影带内的平面直角坐标(x,y)。

② 选择其中一个国家点作为“原点”,保持该点在选点的投影带内的坐标(x_0,y_0)不变,其他国家点按式(6-10)将坐标换算到选定的坐标系中得到:

$$\left.\begin{aligned} x'&=x+(x-x_0)\frac{H}{R}\\ y'&=y+(y-y_0)\frac{H}{R}\end{aligned}\right\} \tag{6-20}$$

式中符号意义同前,按式(6-20)换算的坐标值(x',y'),均可作为控制网的起算数据。

4.假定平面直角坐标系

当测区控制面积小于 100 km^2 时,可不进行方向和距离改正,直接把局部地球表面视为平面,建立独立的平面直角坐标系。这时,起算点坐标和起算方位角,最好能和国家网联系,如果联系有困难,可自行测定边长和方位,而起始点坐标可以假定。这种假定平面直角坐标系仅限于某种工程建筑施工使用。

将上述 4 种选择局部坐标系统的方法加以比较可以看出:第一种方法是通过变更投影面来抵偿长度综合变形的,具有换算简单、概念直观等优点,而且换算坐标系后的新坐标与原国家统一坐标系坐标十分接近,有利于测区内外之间的联系;第二种方法是通过变更中央子午线、选择任意带来抵偿长度综合变形的,同样具有概念清晰、换算简便等优点,但是换算坐标系后的新坐标与原国家统一坐标系坐标差异较大;第三种方法是用既改变投影面,又改变投影带来抵偿长度综合变形的,这种既换面又换带的方法不够简便、不易施行,同时换算坐标系后的新坐标与原国家统一坐标系的坐标差异较大,不利于和国家统一坐标系之间的联系;第四种方法没有考虑到椭球的大小,故只有当测区较小时,才可以使用。

上述内容涵盖了工程坐标系统确立的最常见的4种方法,只要掌握工程所处地理位置、测量区域海拔高度等实际特点,按照本任务中介绍的方法,建立恰当的坐标系统,就能使工程测量工作事半功倍。

[**项目拓展**] COORD 坐标换算软件下载及说明书在线阅读。

COORD 坐标换算软件可扫描下面二维码进行下载,说明书 word 电子版扫二维码或在云班课资源库中进行拓展阅读。

COORD 坐标换算软件下载　　**COORD** 坐标换算软件说明书

[**项目小结**]

项目六的主要内容可总结为以下框架图,请学习者在框架的基础上完成详细的个人学习总结,并参与蓝墨云班课项目六在线学习小结及讨论。

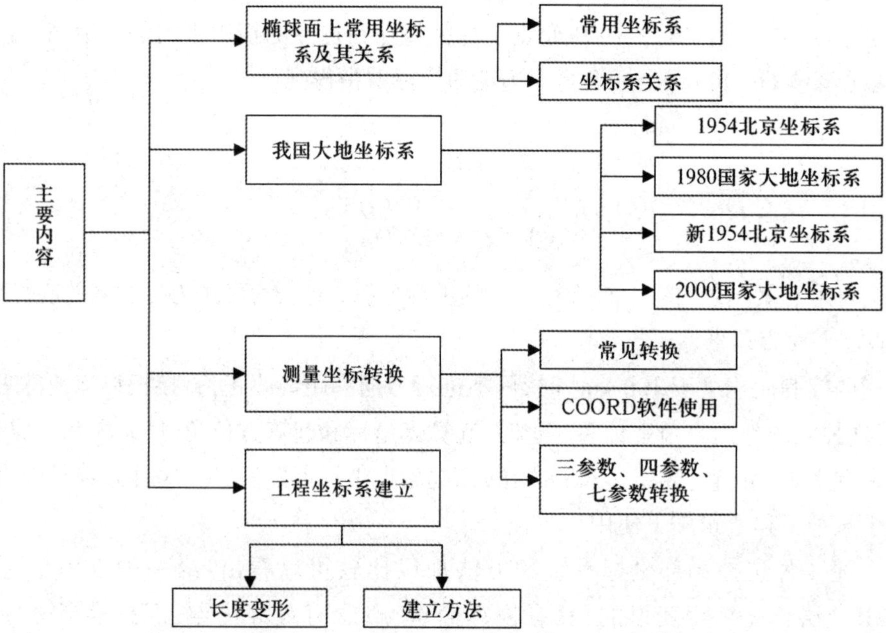

[**项目讨论**]

1.我国目前常用的坐标系有哪几种,各有什么特点?

2.不同空间直角坐标系的转换能解决哪些实际问题?

3.说明坐标四参数转换和七参数转换的区别和应用的场合。

4.为何要建立工程坐标系,建立工程坐标系的实质是什么?

5.建立工程坐标系的方法有哪几种,各适用于什么条件?

6.已知某点在 6°带中的平面直角坐标为($L_0=117°$, $N=20$) $X=1\ 945\ 412.104$, $Y=-280\ 262.425$,利用 COORD 软件将其换算到 3°带。

7.宁夏回族自治区境内某点的大地坐标为 $L=106°03'11.297\ 2''$, $B=34°07'23.878\ 7''$,该点附近的测区要进行大比例尺测图和施工放样,要求布设的控制网的长度变形尽量小,问在此情况下,采用哪一种投影带合适?如果已得到该点在 6°带的坐标,是否还需要进行换带计算?

项目七　控制网数据处理

[项目引入]

控制网数据处理是控制测量内业工作。传统的数据处理方法使用数学模型复杂，计算公式多，随着大数据、云计算等人工智能计算技术的发展，目前测量数据处理大都借助相关软件实现。本项目主要介绍控制网数据处理概算的基本流程和内容，控制网平差模型与计算基本公式，结合现代控制测量技术及实际工程需要，学习 GNSS 静态控制测量数据处理基本思路及使用平差易（Power Adjust 2005，PA2005）软件进行平面控制网数据处理和高程控制网数据处理，以及平差计算成果输出。

[项目教学目标]

领域	目标	权重	自我测评
认知领域	通过本项目学习，学生能够理解控制网概算的目的，可以阐述出控制网间接平差和条件平差的思想及 GNSS 静态测量数据处理思路。	30%	云班课测试
技能领域	通过学习能使用平差软件进行控制网的概算与平差计算。	35%	技能考核
情感领域	通过学习，你可以将掌握的平差数学模型及平差软件，用于实际控制网平差计算项目，设计出计算方案，并给出计算结果指导生产。	35%	小组作业 师生互评

[项目学时]

本项目推荐学时为 6 学时。

[项目分析]

目前，国内常用的平面控制测量主要是 GNSS 控制测量和全站仪导线测量，高程控制测量主要为水准测量。控制测量主要工作分为外业数据采集和内业平差计算。内业平差计算主要包括概算、验算和平差等内容。概算是将方向观测值和距离观测值归算至高斯平面；验算是依据控制网的几何条件观测质量；平差计算是计算出各控制点的最或然坐标值并进行精度评定。本项目需要在完成四个任务基本理论学习的基础上，以情境中的项目平差计算任务为背景，熟悉控制网数据处理概算的基本流程与内容，掌握控制网数据处理平差模型与基本公式,完成平面控制网和高程控制网数据处理。本项目要完成以下四个学习任务。

任务一　熟悉控制网数据处理概算

任务二　掌握控制网数据处理平差模型与基本公式

任务三　完成平面控制网数据处理

任务四　完成高程控制网数据处理

任务一　熟悉控制网数据处理概算

7.1.1　概述

控制测量外业工作结束后,获得大量的外业观测值(如水平方向、边长、方位角),然而,凡是观测量不可避免地带有误差,合理处理观测量误差的工作,称为平差。由于外业观测值是在地球表面上获得的,而平差计算一般在高斯投影平面上进行,为此,需将观测值加入归心改正和方向改正,换算成高斯投影平面上以标石中心为准的直线方向。换算后,还要在高斯投影平面上对观测值进行一系列的检核计算,检查控制网的观测质量,这项工作称为控制网概算。概算的主要目的是:

(1)系统地检查外业成果质量。

(2)将地面上观测成果化算至高斯平面上,为平差计算做好数据准备工作。

(3)计算控制点的资用坐标,为其他急需控制测量提供未经平差的基础数据。

控制测量概算的流程和内容如图 7-1 所示。

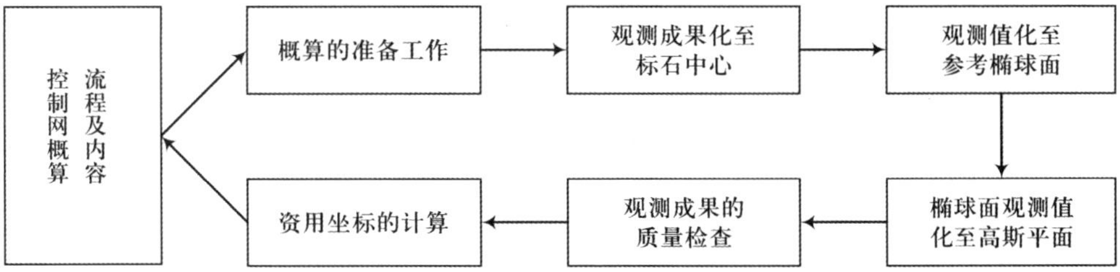

图 7-1　控制测量概算流程及内容

由于各等级控制测量要求的精度不同,概算中计算项目、公式以及做法也略有差别。比如在一、二等三角测量中,要按照上述程序逐一进行,而在三、四等三角测量概算时,在某些情况下(比如,ζ、$\eta<10''$,$H<2\ 000$ m 时)可将大地水准面上的观测值直接看作参考椭球面上的观测值,其计算项目与一、二等三角测量相同,但相应的计算公式可以简略一些。

概算的工作量大,内容也相当多,概算中的差错将直接影响平差结果,且又不易发现,所以应特别注意概算结果的正确性和计算精度。

概算所选用的算式,既要确保精度,又能进行检核,还要结合现代测绘控制测量的实际需要,便于使用平差软件进行计算。传统的平面控制网计算流程可用图 7-2 所示框图说明。

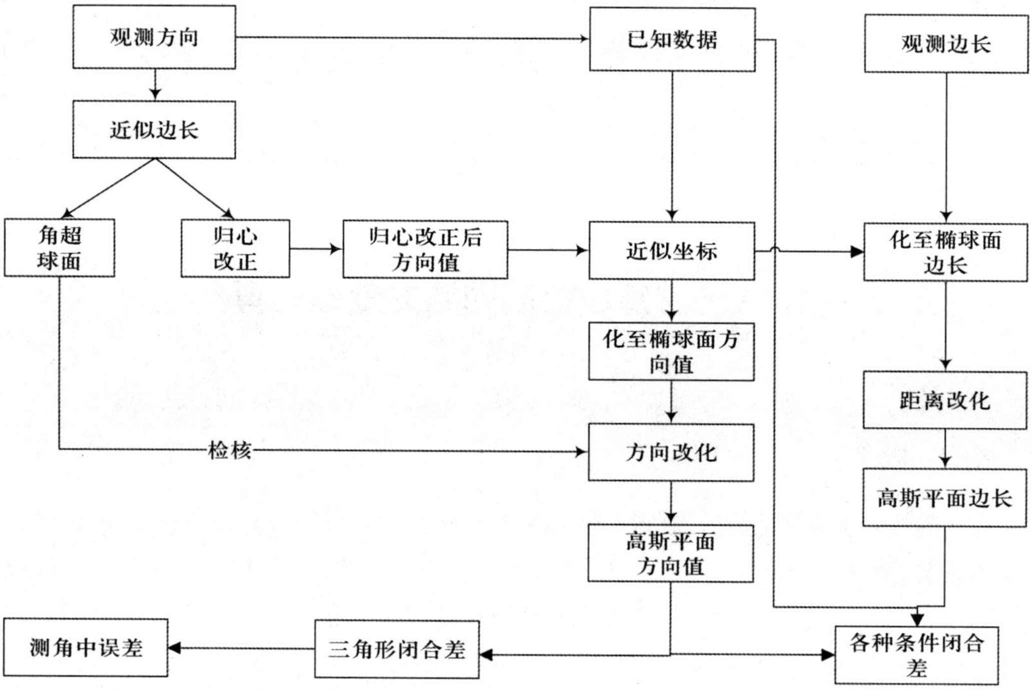

图 7-2　控制测量概算计算流程框图

任务二　掌握控制网数据处理平差模型与基本公式

地面上的观测元素投影到标石中心后,要在高斯平面上进行控制网的平差计算和精度评定。按照城市测量规范的要求,国家三、四等及城市一级导线需按照严密平差理论进行平差进行计算;城市二级、三级及图根导线既可采用严密平差进行计算,也可采用简易平差计算。可以简单理解为:严密平差是带权平差的过程,简易平差是对闭合差进行"平均反向分配"的过程。

平差后的精度评定,应包含有单位权中误差、点位误差椭圆参数或相对点位误差椭圆参数、边长相对中误差或点位中误差等。当采用简易平差时,对平差后的精度评定可作相应简化。

设一平差问题有 n 个误差独立的观测值,t 个函数独立的未知数(必要观测数),$n>t$,多余观测数为:

$$r=n-t \tag{7-1}$$

在下面的叙述中,我们记观测值 L 为:

$$\underset{n\times1}{\boldsymbol{L}}=\begin{bmatrix}L_1\\L_2\\\vdots\\L_n\end{bmatrix}\tag{7-2}$$

相应权阵为:

$$\underset{n\times n}{\boldsymbol{P}}=\begin{bmatrix}P_1&0&\cdots&0\\0&P_2&\cdots&0\\\vdots&\vdots&&\vdots\\0&0&\cdots&P_n\end{bmatrix}\tag{7-3}$$

改正数为:

$$\underset{n\times1}{\boldsymbol{V}}=\begin{bmatrix}v_1\\v_2\\\vdots\\v_n\end{bmatrix}\tag{7-4}$$

平差值为:

$$\underset{n\times1}{\hat{\boldsymbol{L}}}=\begin{bmatrix}\hat{L}_1\\\hat{L}_2\\\vdots\\\hat{L}_n\end{bmatrix}\tag{7-5}$$

当然:

$$\hat{L}=L+V\tag{7-6}$$

下面分别给出条件平差和间接平差(参数平差)的有关数学模型和基本公式。

7.2.1　条件平差的数学模型

在条件观测平差中,以 n 个观测值的平差值 $\underset{n\times1}{\hat{\boldsymbol{L}}}$ 作为未知数,列出 v 个未知数的条件式,在 $V^{\mathrm{T}}PV=\min$ 情况下,用条件极值的方法求出一组 v 值,进而求出平差值。

1.基础方程及其解

设某平差问题,有 n 个带有相互独立的正态随机误差的观测值 $\underset{n\times1}{\boldsymbol{L}}$,其相应的权阵为 $\underset{n\times n}{\boldsymbol{P}}$,它是对角阵,改正数为 $\underset{n\times1}{\hat{\boldsymbol{V}}}$,平差值为 $\underset{n\times1}{\hat{\boldsymbol{L}}}$。有一个多余观测就产生一个条件方程,有 r 个多余观测就会产生 r 个条件方程,即平差值 $\underset{n\times1}{\hat{\boldsymbol{L}}}$ 应满足 r 个平差值的条件方程为

$$\left.\begin{array}{l}a_1\hat{L}_1+a_2\hat{L}_2+\cdots+a_n\hat{L}_n+a_0=0\\b_1\hat{L}_1+b_2\hat{L}_2+\cdots+b_n\hat{L}_n+b_0=0\\\cdots\cdots\\r_1\hat{L}_1+t_2\hat{L}_2+\cdots+r_n\hat{L}_n+r_0=0\end{array}\right\}\tag{7-7}$$

设 $\underset{r\times n}{\boldsymbol{A}}$ 表示条件方程的系数矩阵,$\underset{n\times 1}{\boldsymbol{V}}$ 表示改正数矩阵,$\underset{r\times 1}{\boldsymbol{W}}$ 表示条件方程的闭合差矩阵,$\underset{r\times 1}{\boldsymbol{A}_0}$ 为条件方程的常数矩阵,即

$$\underset{r\times n}{\boldsymbol{A}}=\begin{bmatrix} a_1 & a_1 & \cdots & a_n \\ b_1 & b_2 & \cdots & b_n \\ \vdots & \vdots & & \vdots \\ r_1 & r_2 & \cdots & r_n \end{bmatrix} \quad \underset{r\times 1}{\boldsymbol{A}_0}=\begin{bmatrix} a_0 \\ b_0 \\ \vdots \\ r_0 \end{bmatrix} \quad \underset{r\times 1}{\boldsymbol{W}}=\begin{bmatrix} w_a \\ w_b \\ \vdots \\ w_r \end{bmatrix}$$

则式(7-7)表达为

$$\underset{r\times n}{\boldsymbol{A}}\underset{n\times 1}{\boldsymbol{V}}+\underset{r\times 1}{\boldsymbol{W}}=0 \tag{7-8}$$

观测值权阵 $\boldsymbol{P}$ 为 $n\times n$ 的对角阵,按求函数值极值的拉格朗日乘数法,设乘数为 $\boldsymbol{K}=(K_a,k_b,\cdots,k_r)^{\mathrm{T}}$,组成函数

$$\boldsymbol{\Phi}=\boldsymbol{V}^{\mathrm{T}}\boldsymbol{P}\boldsymbol{V}-2\boldsymbol{K}^{\mathrm{T}}(\boldsymbol{A}\boldsymbol{V}+\boldsymbol{W}) \tag{7-9}$$

为求新函数 $\boldsymbol{\Phi}$ 的极值,对式(7-9)的变量 $\boldsymbol{V}$ 求其一阶偏导数,并令其为零,于是有

$$\frac{\mathrm{d}\boldsymbol{\Phi}}{\mathrm{d}\boldsymbol{V}}=2\boldsymbol{V}^{\mathrm{T}}\boldsymbol{P}-2\boldsymbol{K}^{\mathrm{T}}A=0 \tag{7-10}$$

等式两边同时转置得

$$\boldsymbol{P}\boldsymbol{V}=\boldsymbol{A}^{\mathrm{T}}\boldsymbol{K} \tag{7-11}$$

得改正数 V 的计算公式如下,即改正数方程的矩阵形式。

$$\boldsymbol{V}=\boldsymbol{P}^{-1}\boldsymbol{A}^{\mathrm{T}}\boldsymbol{K} \tag{7-12}$$

将式(7-12)代入式(7-8),可得法方程的系数矩阵表达式为:

$$\boldsymbol{A}\boldsymbol{P}^{-1}\boldsymbol{A}^{\mathrm{T}}\boldsymbol{K}+\boldsymbol{W}=0 \tag{7-13}$$

设 $\boldsymbol{N}_{aa}=\boldsymbol{A}\boldsymbol{P}^{-1}\boldsymbol{A}^{\mathrm{T}}$,则式(7-13)可表示为

$$\boldsymbol{N}_{aa}\boldsymbol{K}+\boldsymbol{W}=0 \tag{7-14}$$

可得

$$\boldsymbol{K}=-\boldsymbol{N}_{aa}^{-1}\boldsymbol{W} \tag{7-15}$$

2.精度评定

(1)单位权中误差。

$$\hat{\sigma}=\pm\sqrt{\frac{\boldsymbol{V}^{\mathrm{T}}\boldsymbol{P}\boldsymbol{V}}{n-t}} \tag{7-16}$$

(2)平差值的协因数阵。

$$\boldsymbol{Q}_{\hat{L}\hat{L}}=\boldsymbol{Q}-\boldsymbol{Q}\boldsymbol{A}^{\mathrm{T}}\boldsymbol{N}_{aa}^{-1}\boldsymbol{A}\boldsymbol{Q} \tag{7-17}$$

(3)平差值函数的协因数阵。

设平差值的函数为

$$\varphi=f(\hat{L}_1,\hat{L}_2,\cdots,\hat{L}_n) \tag{7-18}$$

其全微分形式为

$$\mathrm{d}\varphi=(\frac{\partial f}{\partial \hat{L}_1})_{\hat{L}=L}\mathrm{d}\hat{L}_1+(\frac{\partial f}{\partial \hat{L}_2})_{\hat{L}=l}\mathrm{d}\hat{L}_2+\cdots+(\frac{\partial f}{\partial \hat{L}_n})_{\hat{L}=L}\mathrm{d}\hat{L}_n$$

$$=f_1 d\hat{L}_1+f_2 d\hat{L}_2+\cdots+f_n d\hat{L}_n \tag{7-19}$$

$$\boldsymbol{Q}_{\varphi\varphi}=\boldsymbol{f}^{\mathrm{T}}\boldsymbol{Q}\boldsymbol{f}-(\boldsymbol{A}\boldsymbol{Q}\boldsymbol{f})^{\mathrm{T}}\boldsymbol{N}_{aa}^{-1}\boldsymbol{A}\boldsymbol{Q}\boldsymbol{f} \tag{7-20}$$

7.2.2 间接平差的数学模型

间接平差又称为参数平差。水平控制网按间接平差时,通常选取待定点的坐标平差值作为未知数(按方向平差时还增加测站定向角未知数),平差后直接求得各待定点的坐标平差值,故这种以待定点坐标作为未知数的间接平差法也称为坐标平差法。

1.基础方程和它的解

设平差问题中有 n 个不等精度的独立观测值 $\underset{n\times 1}{L}$,其相应的权为 $\underset{n\times n}{P}$,设需要 t 个必要观测值,用 $\underset{t\times 1}{X}$ 表示选定的未知数,按问题列出 n 个平差值方程式为

$$\left.\begin{aligned}
\hat{L}_1&=L_1+v_1=a_1x_1+b_1x_2+\cdots+t_1x_t+d_1\\
\hat{L}_2&=L_2+v_2=a_2x_1+b_2x_2+\cdots+t_2x_t+d_2\\
&\cdots\quad\cdots\quad\cdots\quad\cdots\quad\cdots\\
\hat{L}_n&=L_n+v_n=a_nx_1+b_nx_2+\cdots+t_nx_t+d_n
\end{aligned}\right\} \tag{7-21}$$

令 $x_i=x_i^0+\delta x_i$,则式(7-21)可表示为

$$\left.\begin{aligned}
v_1&=a_1\delta x_1+b_1\delta x_2+\cdots+t_1\delta x_t+l_1\\
v_2&=a_2\delta x_1+b_2\delta x_2+\cdots+t_2\delta x_t+l_2\\
&\cdots\quad\cdots\quad\cdots\quad\cdots\\
v_n&=a_n\delta x_1+b_n\delta x_2+\cdots+t_n\delta x_t+l_n
\end{aligned}\right\} \tag{7-22}$$

式(7-22)称为误差方程,式中 $a_i,b_i,\cdots,t_i$ 为误差方程系数,l_i 常数项。

$$l_i=a_ix_1^0+b_ix_2^0+\cdots+t_ix_i^0+d_i-L_i(i=1,2,\cdots,n)$$

若取 $\underset{n\times 1}{\boldsymbol{V}}=\begin{bmatrix}v_1\\v_2\\\vdots\\v_n\end{bmatrix},\underset{t\times 1}{\boldsymbol{\delta x}}=\begin{bmatrix}\delta x_1\\\delta x_2\\\vdots\\\delta x_t\end{bmatrix},\underset{n\times 1}{\boldsymbol{l}}=\begin{bmatrix}l_1\\l_2\\\vdots\\l_n\end{bmatrix},\underset{n\times t}{\boldsymbol{B}}=\begin{bmatrix}a_1&b_1&\cdots&t_1\\a_2&b_2&\cdots&t_2\\\vdots&\vdots&&\vdots\\a_n&b_n&\cdots&t_n\end{bmatrix},\underset{n\times n}{\boldsymbol{P}}=\begin{bmatrix}P_1&0&\cdots&0\\0&P_2&\cdots&0\\\vdots&\vdots&&\vdots\\0&0&\cdots&\boldsymbol{P}_n\end{bmatrix}$

则式(7-22)的矩阵形式为:

$$\boldsymbol{V}=\boldsymbol{B}\boldsymbol{\delta x}+\boldsymbol{l} \tag{7-23}$$

根据最小二乘原理,上式 $\boldsymbol{\delta x}$ 必须满足 $\boldsymbol{V}^{\mathrm{T}}\boldsymbol{P}\boldsymbol{V}=\min$,按求函数自由极值的方法得:

$$\frac{\partial\boldsymbol{V}^{\mathrm{T}}\boldsymbol{P}\boldsymbol{V}}{\partial\boldsymbol{\delta x}}=2\boldsymbol{V}^{\mathrm{T}}\boldsymbol{P}\frac{\partial\boldsymbol{V}}{\partial\boldsymbol{\delta x}}=\boldsymbol{V}^{\mathrm{T}}\boldsymbol{P}\boldsymbol{B}=0$$

转置后得

$$\boldsymbol{B}^{\mathrm{T}}\boldsymbol{P}\boldsymbol{V}=0 \tag{7-24}$$

将式(7-23)代入式(7-24)得

$$\boldsymbol{B}^{\mathrm{T}}\boldsymbol{P}\boldsymbol{B}\boldsymbol{\delta x}+\boldsymbol{B}^{\mathrm{T}}\boldsymbol{P}\boldsymbol{l}=0 \tag{7-25}$$

令 $\boldsymbol{N}_{bb}=\boldsymbol{B}^{\mathrm{T}}\boldsymbol{P}\boldsymbol{B},\boldsymbol{W}=\boldsymbol{B}^{\mathrm{T}}\boldsymbol{P}\boldsymbol{l}$,得

$$N_{bb}\delta x+W=0 \tag{7-26}$$

可得

$$\delta x=-N_{bb}^{-1}W \tag{7-27}$$

将式(7-27)算出的 δx 代入式(7-23),求出其改正数向量 V,进而求出观测平差值。

2.精度评定

(1)单位权中误差。

$$\hat{\sigma}_0=\pm\sqrt{\frac{V^{T}PV}{n-t}} \tag{7-28}$$

(2)未知数协因数阵。

$$Q_{xx}=N_{bb}^{-1} \tag{7-29}$$

即法方程系数矩阵的逆阵就是未知数向量的权逆阵。

(3)未知数函数的协因数。

间接平差中,平差后得到了未知数平差值及观测值的平差值,但往往在许多平差问题中,除了得到上述结果,还需根据未知数的平差计算某些量,这些是未知数的函数,故也应作精度评定。

设某平差问题的未知数的函数为

$$\varphi=f(x_1,x_2,\cdots x_n) \tag{7-30}$$

它的权函数式为

$$\begin{aligned}\delta\varphi&=(\frac{\partial f}{\partial x_1})\partial x_1+(\frac{\partial f}{\partial x_2})\delta x_2+\cdots+(\frac{\partial f}{\partial x_t})\delta x_t\\&=f_1\delta x_1+f_2\delta x_2+\cdots+f_t\delta x_t\end{aligned} \tag{7-31}$$

令 $f^{T}=[f_1,f_2,\cdots,f_t]$,$\delta x=[\delta x_1,\delta x_2,\cdots,\delta x_t]^{T}$,则上式的矩阵形式为:

$$\delta\varphi=f^{T}\delta x \tag{7-32}$$

根据权逆阵的传播律,得未知数的权倒数

$$\frac{1}{P_{\varphi}}=f^{T}Q_{xx}f^{T} \tag{7-33}$$

因为

$$Q_{xx}=N^{-1}$$

所以

$$\frac{1}{P_{\varphi}}=f^{T}N^{-1}f^{T} \tag{7-34}$$

任务三　完成平面控制网数据处理

目前,各类平面控制网外业主要以 GNSS 网为主,导线网和三角形网为辅,本任务主要介绍 GNSS 控制网内业数据处理和平差易软件使用步骤与方法。

7.3.1　GNSS 网数据处理

GNSS 外业观测结束之后要进行内业的数据处理工作，而 RTK 和 CORS 模式测量所得的数据基本无须再次进行处理，所以 GNSS 的数据处理主要针对静态数据采集。

GNSS 的数据处理工作量巨大，而且处理过程复杂，所以目前的 GNSS 数据处理一般都是利用 GNSS 接收机自带的数据处理软件或商业软件自动完成。所以本节重点介绍数据处理的步骤与方法，不针对数学模型的解算进行深入研究。

GNSS 数据的处理主要包括数据的预处理、GNSS 测量的重测和补测、基线向量的解算、基线向量网的平差计算、坐标系统的转换等。

1.数据的预处理

GNSS 数据预处理的主要目的是净化观测值，去除无效数据，将各类数据形成标准化格式的平差计算所需要的文件。预处理所采用的模型、方法的好坏将直接影响观测成果的质量，其主要工作内容有以下几方面：

（1）数据的传输。其主要工作是将 GNSS 接收机中的观测数据传输至计算机的磁盘上或者其他储存介质上，以便于数据的处理和保存。

（2）数据的分流。该项工作是从原始记录中，通过解码将各项数据分类整理，剔除无效观测值和冗余信息，形成各种数据文件，如星历文件、观测文件和测站信息文件等。

（3）数据的平滑滤波。该项工作是对观测数据进行平滑滤波检验，根据检验结果剔除粗差，删除无效数据。

（4）统一数据文件格式。该项工作是将不同类型接收机的数据记录格式、项目和采样间隔，统一为标准化的文件格式，以便统一处理。

（5）卫星轨道的标准化。为了统一不同来源卫星轨道信息的表达方式，和平滑 GPS 卫星每小时更新一次的轨道参数，一般采用多项式拟合法，使观测时段的卫星轨道标准化，以简化计算工作，提高定位精度。

（6）探测周跳，确定整周未知数。该项工作主要是采用曲线拟合等数学方法探测并修复整周跳变，同时确定整周未知数。

（7）对观测值进行各项必要的改正。该项工作主要对观测值进行电离层折射改正和对流层折射改正，而且要求改正后的观测值文件必须标准化，包括记录格式标准化、记录类型标准化、记录项目标准化、采样密度标准化、数据单位标准化等，形成标准化的观测值文件后，可直接输入数据处理软件进行平差计算。

2.GNSS 测量的重测和补测

GNSS 观测受到外界因素的影响较大，而且往往在外业观测过程中难以发现超限项目，所以内业数据处理时首先要判断数据的有效性和完整性，如果数据超限或不完整，则需要进行重测或补测。在《全球定位系统（GPS）测量规范》（GB/T 18314—2009）中规定，若发生下列情况，应进行重测或补测。

（1）未按施测方案要求，外业缺测、漏测，或数据处理后，观测数据不满足表 7-1 中的规定时，有关成果应及时补测。

表 7-1 GNSS 网观测的基本技术要求

项目	B 级网	C 级网	D 级网	E 级网
卫星截止高度角/(°)	10	15	15	15
同时观测有效卫星数	≥4	≥4	≥4	≥4
有效观测卫星总数	≥20	≥6	≥4	≥4
观测时段数	≥3	≥2	≥1.6	≥1.6
时间长度	≥23 h	≥4 h	≥1 h	≥40 min
采样间隔/s	30	10~30	5~15	5~15

(2)一个控制点上没有与 2 条合格独立基线相连接,则在该点上应补测或重测不少于 1 条独立基线。

(3)对需补测或重测的观测时段或基线,要具体分析原因,在满足要求的前提下,尽量安排一起进行同步观测。

(4)补测或重测的分析应写入数据处理报告。

(5)一个测站多次重测仍不能满足各项限差规定时,可按技术设计要求另增选新点进行重测。

重测或补测工作完成后需要对观测值重新进行平差计算。

3.基线向量的解算

GNSS 基线解算的过程实质上是一个平差的过程,所采用的观测值一般为双差观测值。基线解算一般分为三个阶段进行,即第一阶段进行初始平差,解算出实数形式的整周未知数参数和基线向量的实数解,即浮动解;第二阶段将实数形式的整周未知数固定成整数;第三阶段将确定了的整周未知数作为已知值,仅将待定的测站坐标作为未知参数,再次进行平差解算,求出基线向量的最终解,即整数解,也就是固定解。

基线向量一般采用接收机和卫星间求二次差的模型进行解算。所以,双差法的基线向量解算其观测量为站、星二次差分观测值,未知量为测站间的基线向量,以此列出误差方程式,并组成法方程式。

假设测站 i,j 的坐标分别为(x_i,y_i,z_i)和(x_j,y_j,z_j),在任意历元 t_1 对测站和卫星 p,q 求解双差,列立线性误差方程。当两个测站同步观测了 s 个卫星,则可列出 $s-1$ 个误差方程,相应要引入 $s-1$ 个初始整周未知数,即 t_1 历元共有$(s-1)+3$ 个未知数。若测站 i,j 对所有卫星进行了 n 次连续观测,则总共有 $m=n(s-1)$个误差方程。

若将所有误差方程写成矩阵形式,则有:

$$\boldsymbol{V}=\boldsymbol{AX}+\boldsymbol{L} \tag{7-35}$$

式中:

$$\left.\begin{aligned} \boldsymbol{V}&=(v_1 \quad v_2 \quad \cdots \quad v_m) \\ \boldsymbol{X}&=(\delta_x \quad \delta_y \quad \delta_z \quad \delta_{N_1} \quad \delta_{N_2} \cdots \quad \delta_{N_{m-1}}) \\ \boldsymbol{L}&=(\omega_1 \quad \omega_2 \quad \cdots \quad \omega_m) \end{aligned}\right\} \tag{7-36}$$

A 为 $m\times[(s-1)+3]$阶的误差方程系数。

设各类双差观测值等权且彼此独立,即权阵 $\boldsymbol{P}$ 为一单位阵,于是可组成法方程:

$$\boldsymbol{NX}+\boldsymbol{B}=O \tag{7-37}$$

式中,$\boldsymbol{N}=\boldsymbol{A}^{\mathrm{T}}\boldsymbol{A}$,$\boldsymbol{B}=\boldsymbol{A}^{\mathrm{T}}\boldsymbol{L}$。

可以解得:

$$\boldsymbol{X}=-\boldsymbol{N}^{-1}\boldsymbol{B}=-(\boldsymbol{A}^{\mathrm{T}}\boldsymbol{A})^{-1}(\boldsymbol{A}^{\mathrm{T}}\boldsymbol{L}) \tag{7-38}$$

基线向量平差值为

$$\left.\begin{aligned}\Delta x_{ij}&=\Delta x_{ij}^{0}+\delta_{x_{ij}}\\\Delta y_{ij}&=\Delta y_{ij}^{0}+\delta_{y_{ij}}\\\Delta z_{ij}&=\Delta z_{ij}^{0}+\delta_{z_{ij}}\end{aligned}\right\} \tag{7-39}$$

同时也可得到基线长度平均值和整周未知数平均值。

为了评定基线向量的精度,可用常规方法计算单位权中误差 m_0,并取协因数阵 N^{-1}的相应对角元素 $Q_{x_iy_i}$,计算任一分量中误差:

$$m_{x_i}=m_0\sqrt{Q_{x_ix_i}} \tag{7-40}$$

4.基线向量网的平差计算

在实际工作中,当 GNSS 接收机的数量为三台或多于三台时,在同一观测时段中,便会在多个测站上产生同步观测网,该网称为 GNSS 基线向量网。GNSS 基线向量网的平差是以 GNSS 基线向量为观测值,以其方差阵的逆阵为权,进行平差计算,消除许多图形闭合条件不符值,求定各 GNSS 网点的坐标并进行精度评定。

GNSS 基线向量网的平差可以分为经典自由网平差、非自由网平差、GNSS 网与地面网的联合平差三类。

(1)经典自由网平差。

经典自由网平差,又称为无约束平差,平差时固定网中某点的坐标,平差的主要目的是检验网本身的内部符合精度以及基线向量之间有无明显的系统误差和粗差,同时为用 GNSS 大地高与公共点正高或正常高联合确定 GNSS 网点的正高或正常高提供平差处理后的大地高程数据。

GNSS 基线向量提供的尺度和定向基准属于 WGS-84 的地心坐标系,进行三维无约束平差时,需要引入位置基准,引入的位置基准不应引起观测值的变形和改正。引入位置基准的方法有三种,一种是网中有高级的 GNSS 点时,将高级 GNSS 点的坐标作为网平差时的位置基准;第二种方法是网中无高级 GNSS 点时,取网中任一点的伪距定位坐标作为固定网点坐标的起算数据;第三种方法是引入合适的近似坐标系统下的亏秩自由网基准。一般 GNSS 自由网平差均采用前两种方法。

(2)非自由网平差。

非自由网平差,又称为约束平差,平差时以国家大地坐标系或地方坐标系的某些点的坐标、边长和方位角为约束条件,顾及 GNSS 网与地面网之间的转换参数进行平差计算,其平差结果属于国家统一坐标系统。

实际应用中以国家坐标系或地方坐标系的一个已知点和一个已知基线的方向作为起算数据,平差时将 GNSS 基线向量观测值及其方差阵转换到国家坐标系或地方坐标系的二维平面或球面上,然后在国家坐标系或地方坐标系中进行二维约束平差。转换后的 GNSS 基线向量网与地面网在一个起算点上位置重合,在一条空间基线方向上重合。这种转换方法避免了三维基线网转换成二维向量时地面网大地高不准确引起的尺度误差和变形,保证 GNSS 网转换后整体及相对几何关系的不变性。转换后,二维基线向量网与地面网之间只存在尺度差和残余的定向差,因而进行二维约束平差时只要考虑两网之间的尺度差参数和残余定向差参数。

(3)联合平差。

当地面网除了已知数据,如已知点坐标、已知边长和已知方位角以外,还有常规观测值,如方向、边长等,则将 GNSS 基线向量观测值与地面网的已知数据和常规观测值一起进行的平差叫作 GNSS 基线向量网与地面网联合平差。

联合平差可以两网的原始观测量为根据,也可以两网单独平差的结果为根据。平差时,引入坐标系统的转换参数,平差的同时完成坐标系统的转换。

5.坐标系统的转换

GNSS 测量直接获得的坐标值为 WGS-84 坐标系统下的坐标,而在工程建设或城市控制网布设过程中往往采用国家大地坐标系或地方坐标系中的坐标,因此,必须明确 GNSS 网平差采用的坐标系统和起算数据,即 GNSS 网的平差基准。根据 GNSS 网的平差基准即可进行相应的坐标转换,GNSS 的平差基准包括位置基准、尺度基准和方位基准。

位置基准一般是由给定的已知点坐标确定。所布设的 GNSS 网的成果与原有成果的吻合程度与起算点个数与起算点的分布有关,起算点越多吻合程度越高,一般情况下,至少需要三个起算点,而且已知点应均匀分布于控制范围内。如果要求所布设的 GNSS 网的成果是独立的,则只要有一个起算点即可。同时,在确定 GNSS 的位置基准时,应注意已知点之间的兼容性。

尺度基准一般由高精度电磁波测距边长确定,数量可视测区大小和网的精度要求而定。电磁波测距边长可设置在网中任何位置,也可由两个以上起算点之间的距离确定,或者由 GNSS 基线向量确定。

方位基准一般以给定的起算方位角确定,起算方位不宜太多,可布置在网中任何位置,也可由 GNSS 向量的方位而定。

[实例训练] 请结合以上内容扫描以下二维码,进一步掌握学习使用有关静态数据处理软件完成数据处理。

7.3.2 平差易平面控制网平差计算

1.软件介绍

平差易(Power Adjust 2005,PA2005)是南方测绘公司在 Windows 系统下用 VC 开发的控制测量数据处理软件。该软件采用了 Windows 风格的数据输入技术和多种数据接口(南方系列产品接

GPS 静态数据处理实例

口、其他软件文件接口)，同时辅以网图动态显示，实现了从数据采集、数据处理和成果打印的一体化。成果输出丰富强大、多种多样，平差报告完整详细，报告内容也可根据用户需要自行定制，另有详细的精度统计和网形分析信息等。其界面友好，功能强大，操作简便，是控制测量理想的数据处理软件之一。

启动后即可进入平差易的主界面。主界面包括测站信息区、观测信息区、图形显示区及顶部下拉菜单和工具条，如图 7-3 所示。

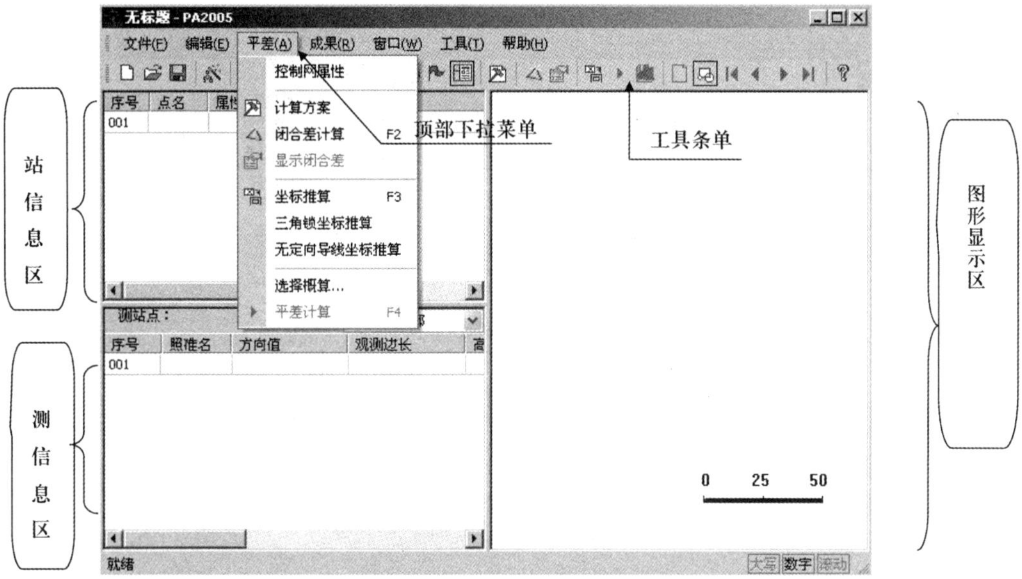

图 **7-3** **PA2005** 主界面

平差易的系统功能菜单与 Windows 系统下的应用软件的菜单基本相似，所有 PA2005 的功能都包含在顶部的下拉菜单中，可以通过操作平差易下拉菜单来完成平差计算的所有工作。例如文件读入和保存、平差计算、成果输出等。下面对各功能菜单及工具条进行简单介绍。

文件菜单：包含文件的新建、打开、保存、导入、平差向导和打印等。

编辑菜单：查找记录、删除记录。

平差菜单：控制网属性、计算方案、闭合差计算、坐标推算、选择概算和平差计算等。

成果菜单：精度统计、图形分析、CASS 输出、WORD 输出、略图输出和闭合差输出等。当没有平差结果时该对话框为灰色。

窗口菜单：平差报告、网图、报表显示比例、平差属性、网图属性等。

工具菜单：坐标换算、解析交会、大地正反算、坐标反算等。

工具条：保存、打印、视图显示、平差和查看平差报告等功能。

2.平差易控制网数据处理过程

使用平差易做控制网平差计算，其操作步骤如下：

第一步：控制网数据录入；

第二步：坐标推算；

第三步：坐标概算；

第四步:选择计算方案;

第五步:闭合差计算与检核;

第六步:平差计算;

第七步:平差报告的生成和输出。

作业流程图 7-4 所示。

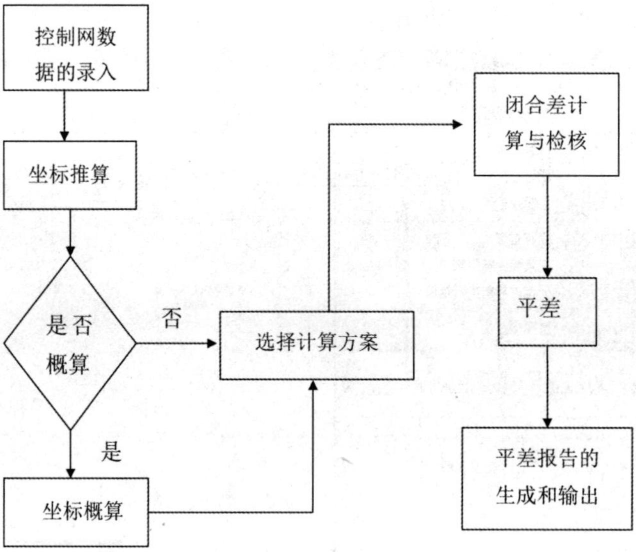

图 7-4 作业流程图

3.平差易平差数据文件组织

平差易平差数据的录入分为数据文件读入和直接键入两种。

(1)平差易平差数据文件的编辑。

平差易软件有其自己的专用平差数据格式,为此,在采用打开方式或向导平差方法进行平差时,必须完成其观测值数据文件的编辑工作。其文件格式是 txt,为纯文本文件,可以用记事本打开编辑此文件。

文件格式具体如下所示:

[NET]——文件头,保存控制网属性

Name——控制网名

Organ——单位名称

Obser——观测者

Computer——计算者

Recorder——记录者

Remark——备注

Software 南方平差易 2005——计算软件

[PARA]——文件头,保存控制网基本参数

MO——验前单位权中误差

MS——测距仪固定误差

MR——测距仪比例误差

Distance Error——边长中误差

Distance Method——边长定权方式

Level Method——水准定权方式

Level Method——水准定权方式

Mothed——平差方法(0 表示单次平差,1 表示迭代平差)

Level Trigon——水准测量或三角高程测量

Trigon Obser——单向或对向观测

Times——平差次数

Level——平面网等级

Level1——水准网等级

Limit——限差倍数

Format——格式(如:1 全部;2 边角;等)

[STATION]——文件头,保存测站点数据

测站点名,点属性,X,Y,H,偏心距,偏心角

[OBSER]——文件头,保存观测数据

照准点,方向值,观测边长,高差,斜距,垂直角,偏心距,偏心角,零方向值

注意:[STATION]中的点属性表示控制点的属性,00 表示高程、坐标都未知的点,01 表示高程已知坐标未知的点,10 表示坐标已知高程未知的点,11 表示高程坐标都已知的点。

在输入测站点数据和观测数据中,中间空的数据用“,”分隔,如果在最后一个数据后面已没有观测数据,可以省略“,”。例如观测数据:A,,100,1.023 表示照准点是 A 点,观测边长为 100 m,观测高差为 1.023 m。可以看出观测高差后的其余观测数据省略,而方向值用“,”分隔。

按此格式完整编辑好的数据文件,读入 PA2005 后,即可直接进行平差。用户也可不编辑[NET],[PARA]的内容,只编辑[STATION]和[OBSER]的内容,将数据读入 PA2005 中后,在 PA2005 中进行诸如网名、平差次数等参数的设置,设置完后再进行平计算。

(2)平差易平差数据的手工输入。

PA2005 为手工数据键入提供了一个电子表格,以“测站”为基本单元进行操作,键入过程中 PA2005 将自动推算其近似坐标和绘制网图,如图 7-5 所示。

输入时,首先,在测站信息区中输入已知点信息(点名、属性、坐标)和测站点信息(点名);然后,在观测信息区中输入每个测站点的观测信息,如图 7-6 所示。

①测站信息数据的录入。

a.“序号”:指已输测站点个数,它会自动叠加。

b.“点名”:指已知点或测站点的名称。

c.“属性”:用以区别已知点与未知点——00 表示该点是未知点,10 表示该点是有平面坐标而无高程的已知点,01 表示该点是无平面坐标而有高程的已知点,11 表示该已知点既有平面坐标也有高程。

d.“X、Y、H”:分别指该点的纵、横坐标及高程。

e.“仪器高”:指该测站点的仪器高度,它只有在三角高程的计算中才使用。

f.“偏心距、偏心角”:指该点测站偏心时的偏心距和偏心角(不需要偏心改正时则可不输入数值)。

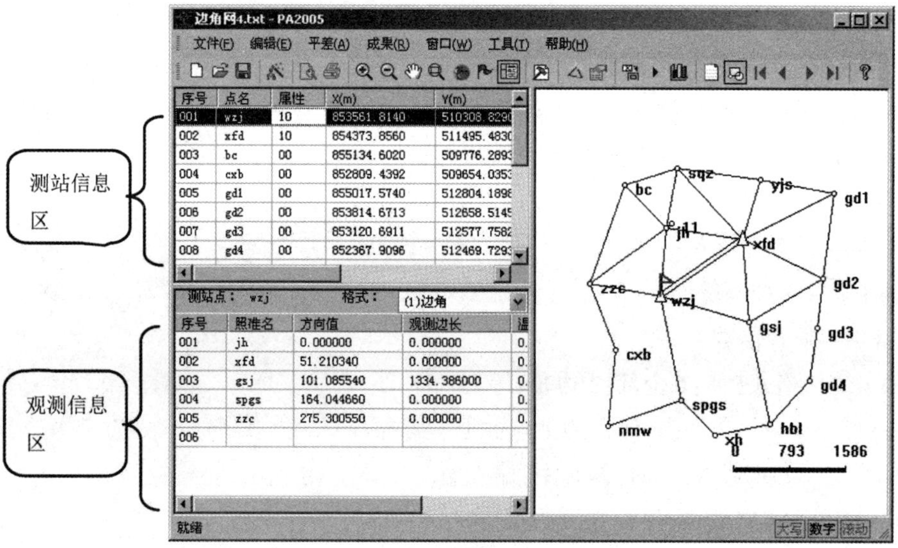

图 7-5　电子输入表格

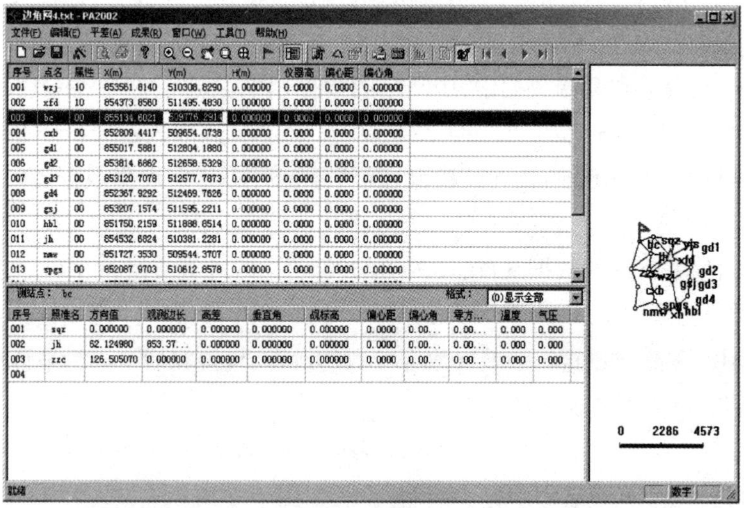

图 7-6　信息输入

②观测信息录入。

观测信息与测站信息是相互对应的,当某测站点被选中时,观测信息区中:中就会显示当该点为测站点时所有的观测数据。故当输入了测站点时需要在观测信息区的电子表格中输入其观测值。第一个照准点即为定向,其方向值必须为0,而且定向点必须是唯一的。

a.“照准名”:指照准点的名称。

b.“方向值”:指观测照准点时的方向观测值。

c.“观测边长”:指测站点到照准点之间的平距(在观测边长中只能输入平距)。

d."高差":指测站点到观测点之间的高差。

e."垂直角":指以水平方向为零度时的仰角或俯角。

f."觇标高":指测站点观测照准点时的棱镜高度。

g."偏心距、偏心角、零方向角":指该点照准偏心时的偏心距和偏心角(不需要偏心改正时可不输入数值)。

h."温度":指测站点观测照准点时的当地实际温度。

i."气压":指测站点观测照准点时的当地实际气压(温度和气压只参入概算中的气象改正计算)。

4.导线网数据输入

有一符合导线的测量数据见表 7-2,导线简图如图 7-7 所示。A、B、C、D 是已知坐标点,2、3、4 是待测的控制点。

表 7-2　导线测量数据

测站点	角度/(°′″)	距离/m	X/m	Y/m
B			8 345.870 9	5 216.602 1
A	85.302 11	1 474.444 0	7 396.252 0	5 530.009 0
2	254.323 22	1 424.717 0		
3	131.043 33	1 749.322 0		
4	272.202 02	1 950.412 0		
C	244.183 00		4 817.605 0	9 341.482 0
D			4 467.524 3	8 404.762 4

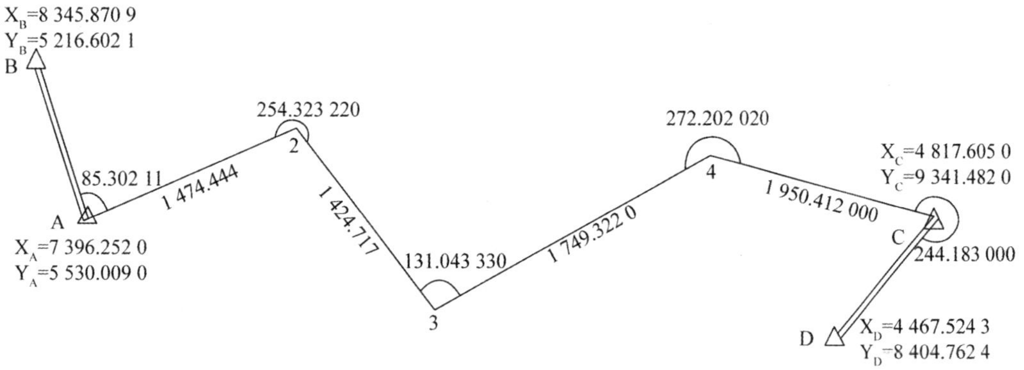

图 7-7　导线简图

在平差易软件中输入以上数据,如图 7-8 所示。

在测站信息区中输入 A、B、C、D、2、3 和 4 号测站点,其中 A、B、C、D 为已知坐标点,其属性为 10,其坐标如"原始数据表";2、3、4 点为待测点,其属性为 00,其他信息为空。如果要考虑温度、气压对边长的影响,就需要在观测信息区中输入每条边的实际温度、气压值,然后通过概算来进行改正。

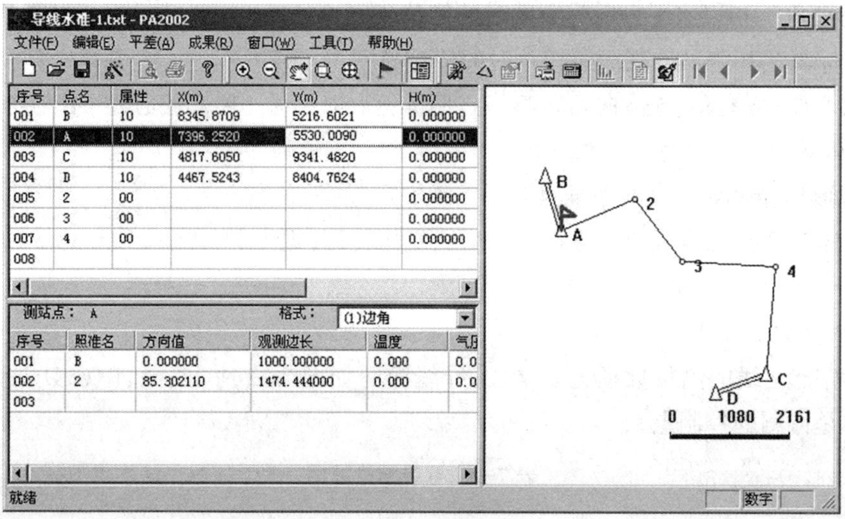

序号	点名	属性	X(m)	Y(m)	H(m)
001	B	10	8345.8709	5216.6021	0.000000
002	A	10	7396.2520	5530.0090	0.000000
003	C	10	4817.6050	9341.4820	0.000000
004	D	10	4467.5243	8404.7624	0.000000
005	2	00			0.000000
006	3	00			0.000000
007	4	00			0.000000
008					

测站点： A　　格式： (1)边角

序号	照准名	方向值	观测边长	温度	气压
001	B	0.000000	1000.000000	0.000	0.0
002	2	85.302110	1474.444000	0.000	0.0
003					

图 **7-8**　数据输入

根据控制网的类型选择数据输入格式,此控制网为边角网,选择边角格式,如图 7-9 所示。

测站点： 4　　格式： (1)边角

图 **7-9**　选择格式

在观测信息区中输入每一个测站点的观测信息,为了节省空间只截取观测信息的部分表格示意图。

B、D 作为定向点,没有设站,所以无观测信息,但在测站信息区中必须输入它们的坐标。

以 A 为测站点,B 为定向点时(定向点的方向值必须为零),照准 2 号点的数据输入如图 7-10 所示。

测站点： A　　格式： (1)边角

序号	照准名	方向值	观测边长	温度	气压
001	B	0.000000	1000.000000	0.000	0.000
002	2	85.302110	1474.444000	0.000	0.000

图 **7-10**　测站 **A** 的观测信息

以 C 为测站点,以 4 号点为定向点时,照准 D 点的数据输入如图 7-11 所示。

测站点： C　　格式： (1)边角

序号	照准名	方向值	观测边长	温度	气压
001	4	0.000000	0.000000	0.000	0.000
002	D	244.183000	1000.000000	0.000	0.000

图 **7-11**　测站 **C** 的观测信息

2 号点作为测站点时,以 A 为定向点,照准 3 号点,如图 7-12 所示。

测站点： 2　　格式： (1)边角

序号	照准名	方向值	观测边长	温度	气压
001	A	0.000000	0.000000	0.000	0.000
002	3	254.323220	1424.717000	0.000	0.000

图 **7-12**　测站 **2** 的观测信息

以 3 号点为测站点，以 2 号点为定向点时，照准 4 号点的数据输入如图 7-13 所示。

测站点： 3　　格式：(1)边角

序号	照准名	方向值	观测边长	温度	气压
001	2	0.000000	0.000000	0.000	0.000
002	4	131.043330	1749.322000	0.000	0.000

图 **7-13**　测站 **3** 的观测信息

以 4 号点为测站点，以 3 号点为定向点时，照准 C 点的数据输入如图 7-14 所示。

测站点： 4　　格式：(1)边角

序号	照准名	方向值	观测边长	温度	气压
001	3	0.000000	0.000000	0.000	0.000
002	C	272.202020	1950.412000	0.000	0.000

图 **7-14**　测站 **4** 的观测信息

说明：①数据为空或前面已输入过时可以不输入（对向观测例外）；②在电子表格中输入数据时，所有零值可以省略不输。

以上数据输入完后，点击菜单“文件\另存为”，将输入的数据保存为平差易数据格式文件：

[STATION]（测站信息）

B,10,8345.870900,5216.602100

A,10,7396.252000,5530.009000

C,10,4817.605000,9341.482000

D,10,4467.524300,8404.762400

2,00

3,00

4,00

[OBSER]（观测信息）

A,B,,1000.0000

A,2,85.302110,1474.4440

C,4

C,D,244.183000,1000.0000

2,A

2,3,254.323220,1424.7170

3,2

3,4,131.043330,1749.3220

4,3

4,C,272.202020,1950.4120

上面[STATION]（测站点）是测站信息区中的数据，[OBSER]（照准点）是观测信息区中的数据。

5.导线网平差计算

数据输入完成后，用鼠标点击菜单“平差\平差计算”即可进行控制网的平差计算。如图

7-15 所示。

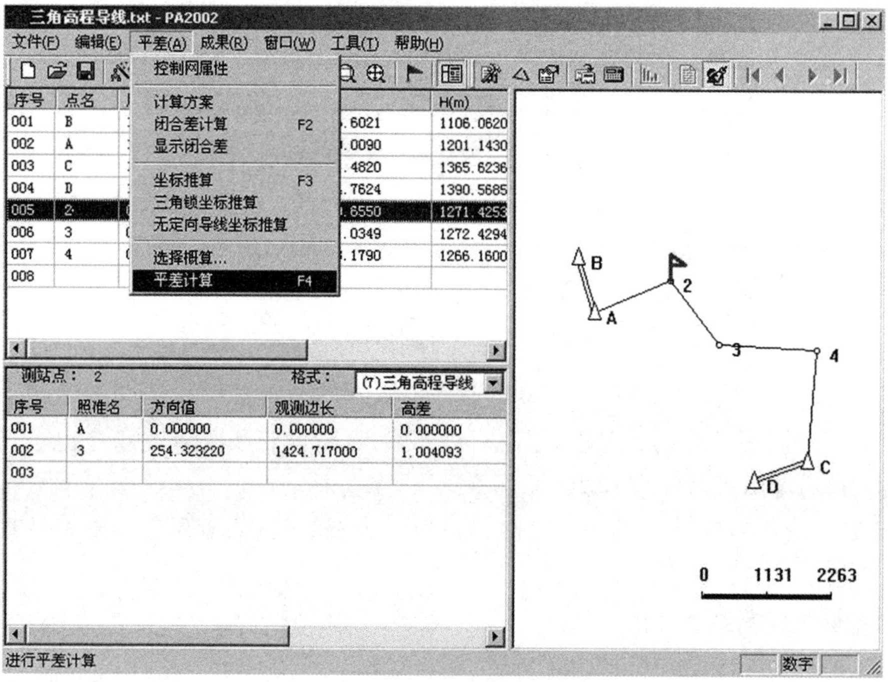

图 **7-15** 平差计算

平面网可按“方向”或“角度”进行平差,它根据验前单位权中误差及比例误差来计算。

6.平差报告的生成与输出

(1)精度统计表。

点击菜单“成果\精度统计”即可进行该数据的精度分析,如图 7-16 所示。

精度统计结果如图 7-17 所示。

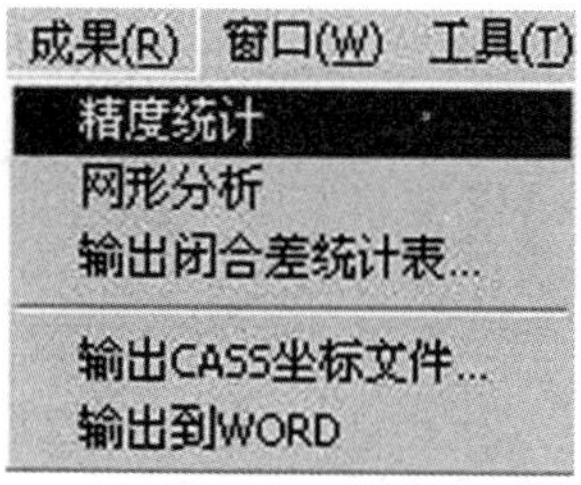

图 **7-16** 精度统计菜单

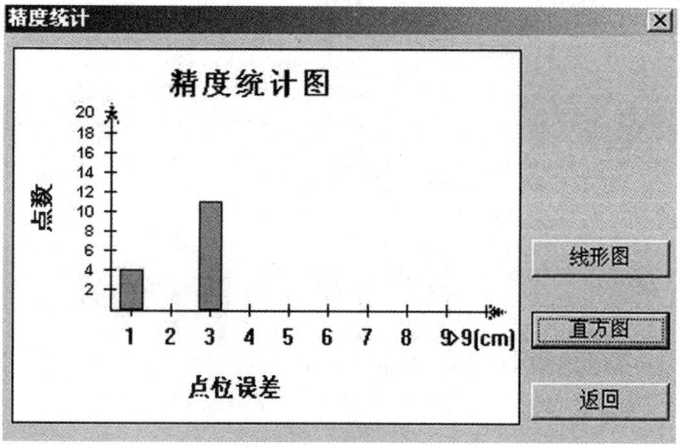

图 **7-17** 精度统计

精度统计主要统计在某一误差分配的范围内点的个数。在此直方图统计表中可以看出在误差 2~3 cm 区分配的点最多为 11 个,在 0~1 cm 区分配的点有 3 个。线形图统计表中有误差点的线性变化,如图 7-18 所示。

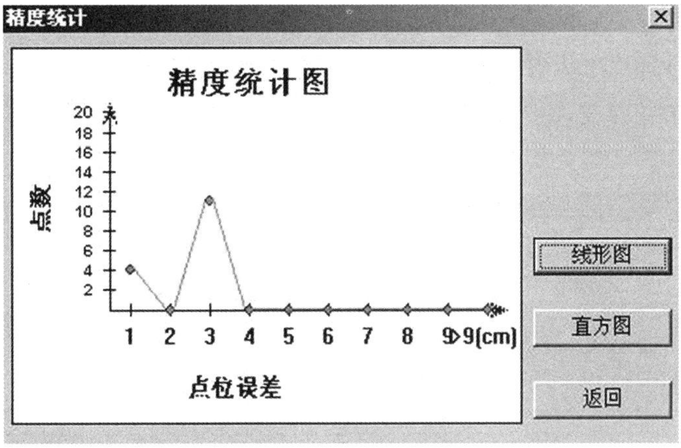

图 7-18　精度统计图

(2)网形分析。

点击菜单“成果\网形分析”即可进行网形分析,如图 7-19 所示。

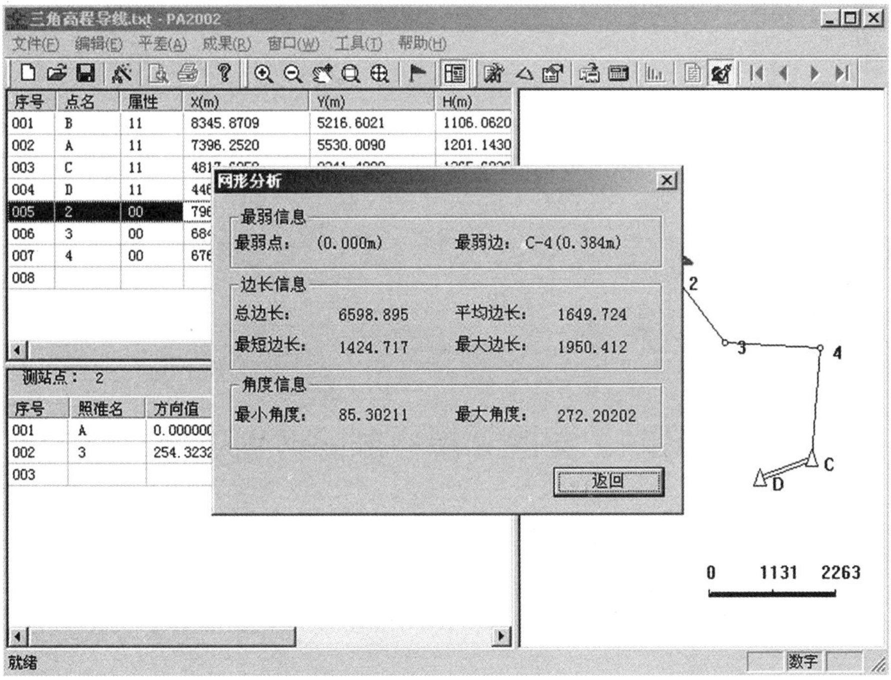

图 7-19　网图信息分析

最弱信息:最弱点(离已知点最远的点),最弱边(离起算数据最远的边)。

边长信息:总边长,平均边长,最短边长,最大边长。

角度信息:最小角度,最大角度。(测量的最小或最大夹角。)

(3)平差报告。

平差报告包括控制网属性、控制网概况、闭合差统计表、方向观测成果表、距离观测成果表、高差观测成果表、平面点位误差表、点间误差表、控制点成果表等。也可根据自己的需要选择显示或打印其中某一项,成果表打印时其页面也可自由设置。它不仅能在 PA2005 中浏览和打印,还可输入到 Word 中进行保存和管理。

输出平差报告之前可进行报告属性的设置。设置内容包括成果输出:统计页、观测值、精度表、坐标表、闭合差等,需要打印某种成果表时就在相应的成果表前打"√"即可。如图 7-20所示。

图 **7-20**　平差报告属性

任务四　完成高程控制网数据处理

目前,无论是水准网还是三角高程控制网的平差计算都采用专用的测绘数据处理软件完成,下面以 PA2005 软件为例,分别介绍水准网与三角高程控制网的数据处理方法。

7.4.1　水准网平差数据输入

表 7-3 和图 7-21 为一条附合水准的测量数据和简图,A 和 B 是已知高程点,2、3 和 4 是待测的高程点。图 7-21 中 h 为高差。

表 7-3　水准测量原始数据

测站点	高差/m	距离/m	高程/m
A	-50.440	1 474.444 0	96.062 0
2	3.252	1 424.717 0	

续表

测站点	高差/m	距离/m	高程/m
3	-0.908	1 749.322 0	
4	40.218	1 950.412 0	
B			88.183 0

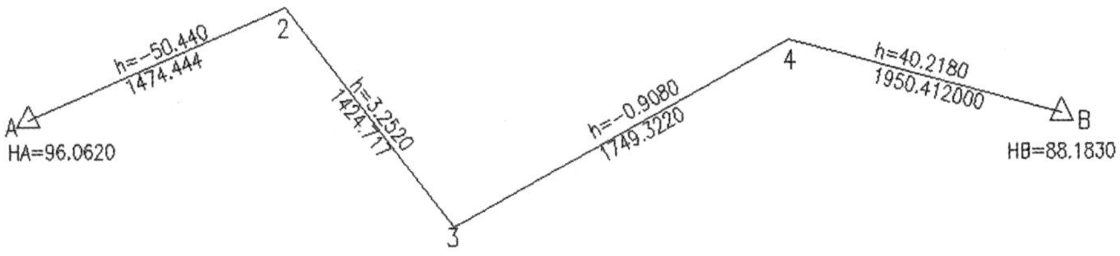

图 **7-21**　附合水准路线图

在平差易中输入以上数据,如图 7-22 所示。

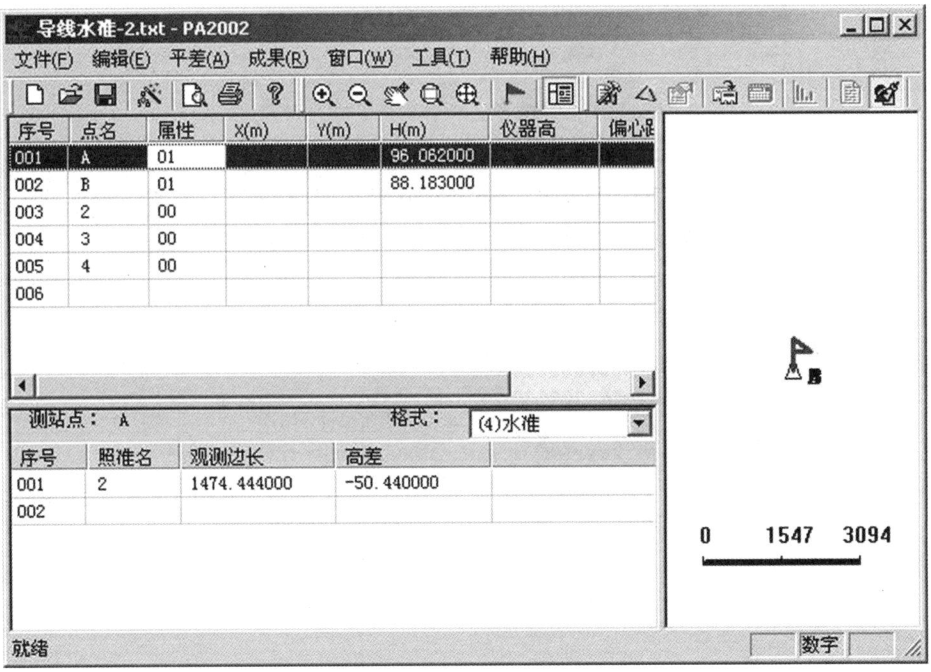

图 **7-22**　水准数据输入

在测站信息区中输入 A、B、2、3 和 4 号测站点,其中 A、B 为已知高程点,其属性为 01,其高程如“水准原始数据表”;2、3、4 点为待测高程点,其属性为 00,其他信息为空。因为没有平面坐标数据,故在平差易软件中没有网图显示。

根据控制网的类型选择数据输入格式,此控制网为水准网,选择水准格式,如图 7-23 所示。

图 **7-23**　选择格式

注意:

① 在“计算方案”中要选择“一般水准”,而不是“三角高程”。

“一般水准”所需要输入的观测数据为:观测边长和高差。

“三角高程”所需要输入的观测数据为:观测边长、垂直角、站标高、仪器高。

② 在一般水准的观测数据中输入了测段高差就必须要输入相对应的观测边长,否则平差计算时该测段的权为零,因此导致计算结果错误。

在观测信息区中输入每一组水准观测数据。

测段 A 点至 2 号点的观测数据输入(观测边长为平距)如图 7-24 所示。

测站点: A　　格式: (4)水准

序号	照准名	观测边长	高差	
001	2	1474.444000	-50.440000	

图 **7-24**　测段 **A** 点到 **2** 号点观测数据

测段 2 号点至 3 号点的观测数据输入如图 7-25 所示。

测站点: 2　　格式: (4)水准

序号	照准名	观测边长	高差	
001	3	1424.717000	3.252000	

图 **7-25**　测段 **2** 号点到 **3** 号点观测数据

测段 3 号点至 4 号点的观测数据输入如图 7-26 所示。

测站点: 3　　格式: (4)水准

序号	照准名	观测边长	高差	
001	4	1749.322000	-0.908000	

图 **7-26**　测段 **3** 号点到 **4** 号点观测数据

测段 4 号点至 B 点的观测数据输入如图 7-27 所示。

测站点: 4　　格式: (4)水准

序号	照准名	观测边长	高差	
001	B	1950.412000	40.218000	

图 **7-27**　测段 **4** 号点到 **B** 点观测数据

以上数据输入完后,点击菜单“文件\另存为”,将输入的数据保存为平差易数据格式文件:

[STATION]

A,01,,,96.062000

B,01,,,88.183000

2,00

3,00

4,00

[OBSER]

A,2,,1474.444000,-50.4400

2,3,,1424.717000,3.2520

3,4,,1749.322000,-0.9080
4,B,,1950.412000,40.2180

7.4.2　三角高程控制网数据输入

表 7-4 和图 7-28 是三角高程测量数据和简图,A 和 B 是已知高程点,2、3 和 4 是待测高程点。图 7-28 中 r 为垂直角。

表 7-4　三角高程测量原始数据

测站点	距离/m	垂直角/(°′″)	仪器高/m	觇标高/m	高程/m
A	1 474.444 0	1.044 0	1.30		96.062 0
2	1 424.717 0	3.252 1	1.30	1.34	
3	1 749.322 0	-0.380 8	1.35	1.35	
4	1 950.412 0	-2.453 7	1.45	1.50	
B				1.52	95.971 6

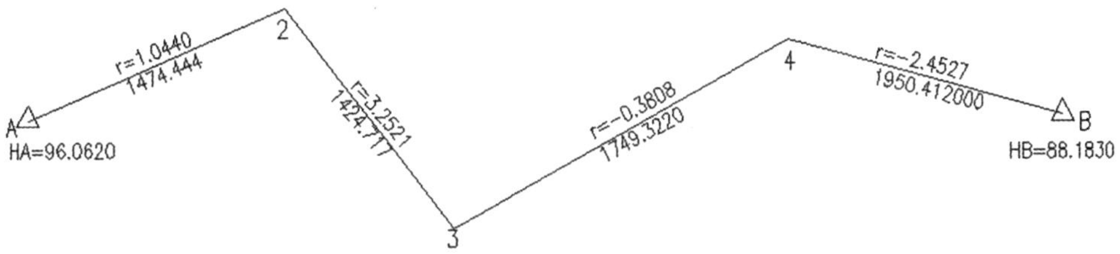

图 7-28　三角高程路线图

在平差易中输入以上数据,如图 7-29 所示。

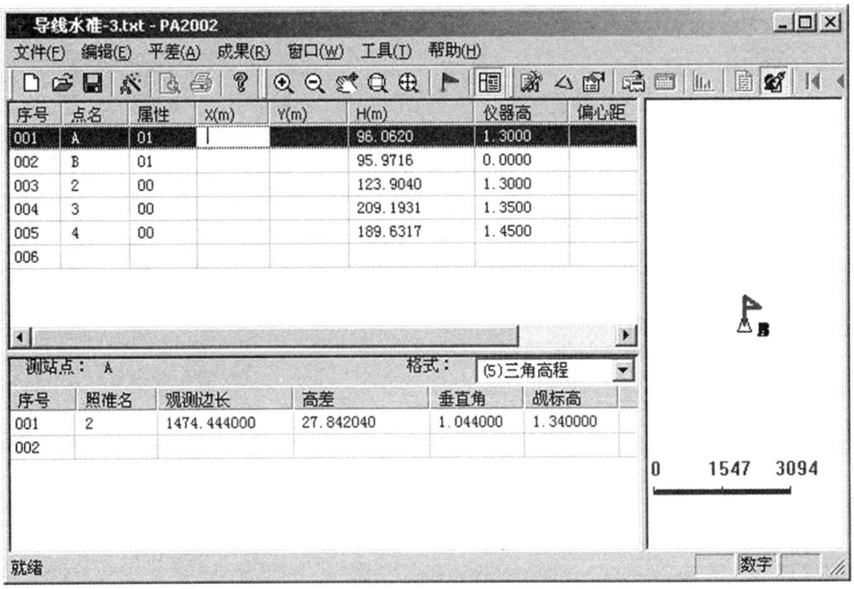

图 7-29　三角高程数据输入

在测站信息区中输入 A、B、2、3 和 4 号测站点,其中 A、B 为已知高程点,其属性为 01,其高程如“三角高程原始数据表”;2、3、4 点为待测高程点,其属性为 00,其他信息为空。因为没有平面坐标数据,故在平差易软件中也没有网图显示。

此控制网为三角高程,选择三角高程格式,如图 7-30 所示。

图 **7-30**　选择格式

注意:在“计算方案”中要选择“三角高程”,而不是“一般水准”。

在观测信息区中输入每一个测站的三角高程观测数据。

测段 A 点至 2 号点的观测数据输入如图 7-31 所示。

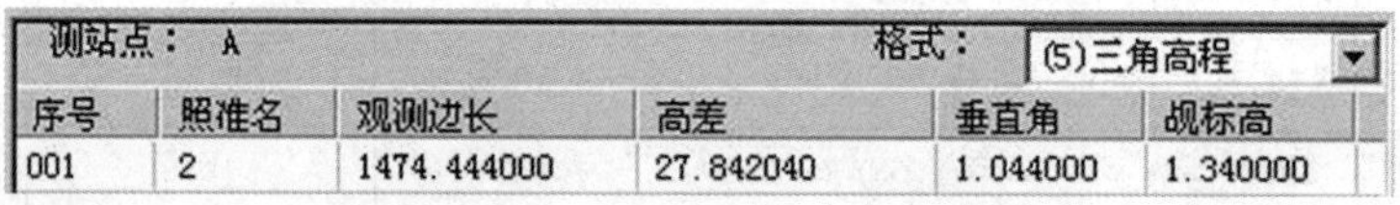

测站点： A　　格式：(5)三角高程

序号	照准名	观测边长	高差	垂直角	觇标高
001	2	1474.444000	27.842040	1.044000	1.340000

图 **7-31**　测段 **A** 点到 **2** 号点观测数据

测段 2 号点至 3 号点的观测数据输入如图 7-32 所示。

测站点： 2　　格式：(5)三角高程

序号	照准名	观测边长	高差	垂直角	觇标高
001	3	1424.717000	85.289093	3.252100	1.350000

图 **7-32**　测段 **2** 号点到 **3** 号点观测数据

测段 3 号点至 4 号点的观测数据输入如图 7-33 所示。

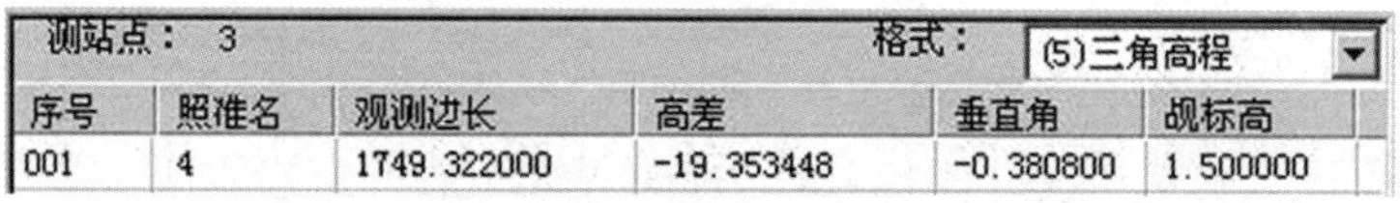

测站点： 3　　格式：(5)三角高程

序号	照准名	观测边长	高差	垂直角	觇标高
001	4	1749.322000	-19.353448	-0.380800	1.500000

图 **7-33**　测段 **3** 号点到 **4** 号点观测数据

测段 4 号点至 B 点的观测数据输入如图 7-34 所示.

测站点： 4　　格式：(5)三角高程

序号	照准名	观测边长	高差	垂直角	觇标高
001	B	1950.412000	-93.760085	-2.452700	1.520000

图 **7-34**　测段 **4** 号点到 **B** 点观测数据

以上数据输入完后,点击“文件\另存为”,将输入的数据保存为平差易格式文件:

[STATION]

A,01,,,96.062000,1.30

B,01,,,95.97160,

2,00,,,,1.30

3,00,,,,1.35

4,00,,,,1.45

[OBSER]

A,2,,1474.444000,27.842040,,1.044000,1.340

2,3,,1424.717000,85.289093,,3.252100,1.350

3,4,,1749.322000,-19.353448,,-0.380800,1.500

4,B,,1950.412000,-93.760085,,-2.452700,1.520

PA2005 软件中也可进行导线水准和三角高程导线的平差计算,数据输入的方法与上述的几乎一样,但要注意将控制网的类型格式选择为"(6)导线水准"或"(7)三角高程导线"。

7.4.3　平差计算

以上介绍了电子表格的数据录入方法,为了便于讲解 PA2005 的平差操作全过程,这里我们以 Demo 下的"三角高程导线.txt"文件为例讲解平差操作过程。

1.打开数据文件

点击菜单"文件\打开",在图 7-35 对话框中找到三角高程导线.txt。

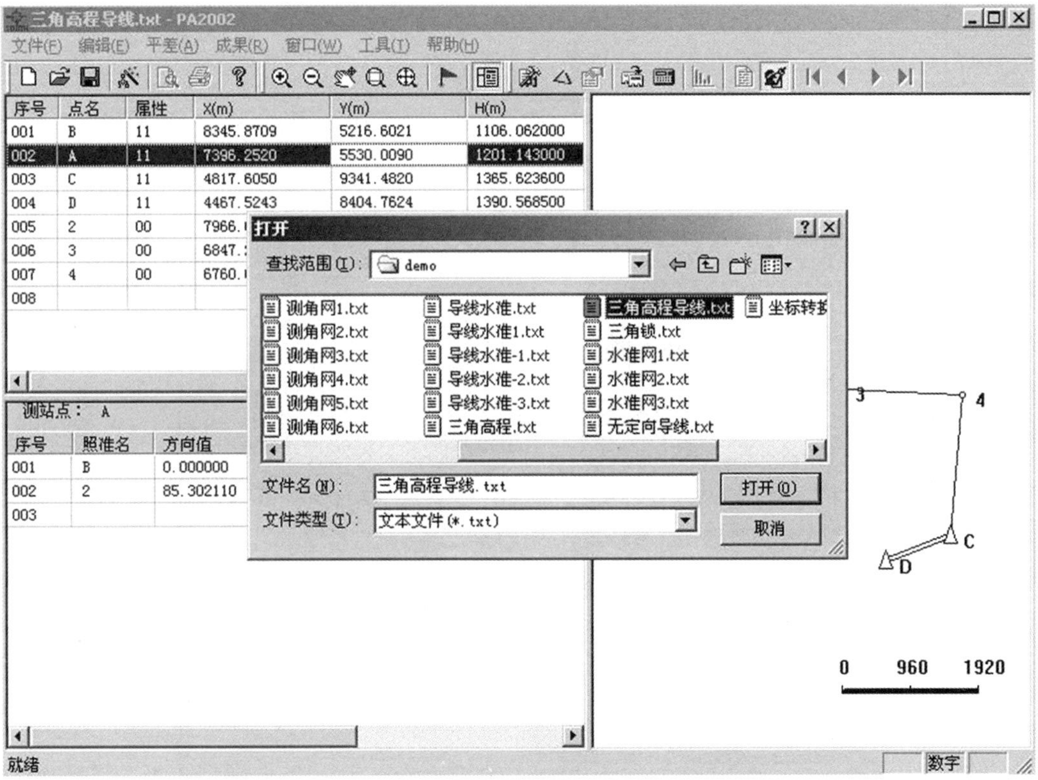

图 7-35　打开文件

2.近似坐标推算

根据已知条件(测站点信息和观测信息)推算出待测点的近似坐标,作为构成动态网图和导线平差的基础。

用鼠标点击菜单"平差\推算坐标"即可进行坐标的推算,如图 7-36 所示。

注意:每次打开一个已有数据文件时,PA2005 会自动推算各个待测点的近似坐标,并把近似坐标显示在测站信息区内。当数据输入或修改原始数据时则需要用此功能重新进行坐标推算。

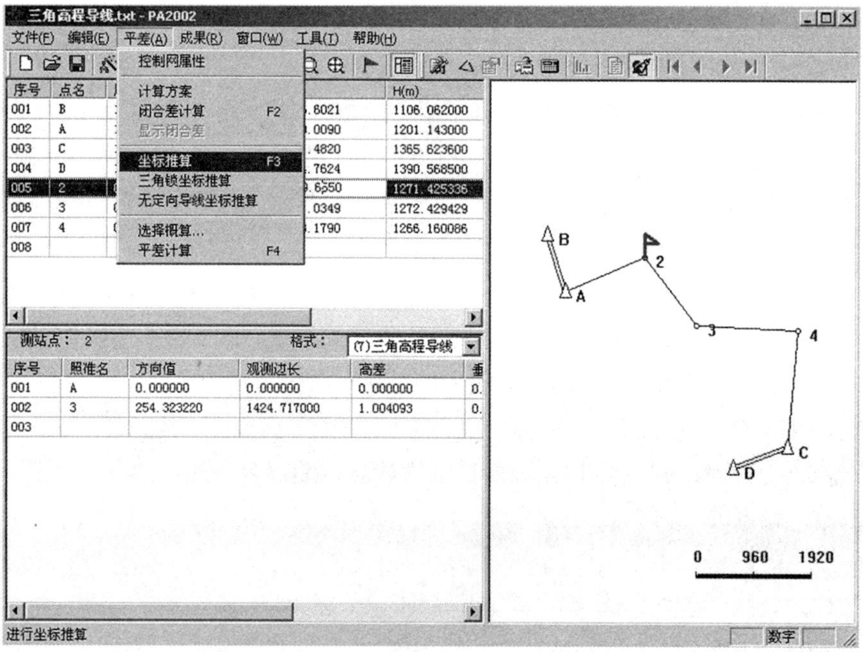

图 **7-36** 坐标推算

3.选择概算

主要对观测数据进行一系列的改化,根据实际的需要来选择其概算的内容并进行坐标的概算,如图 7-37 所示。

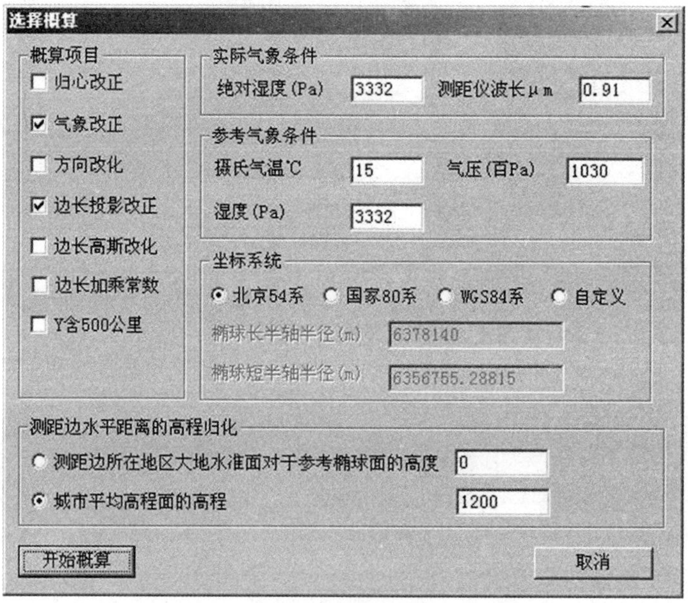

图 **7-37** 选择概算

选择概算的项目有:归心改正、气象改正、方向改化、边长投影改正、边长高斯改化、边长加乘常数改正和 *Y* 含 500 公里。需要参入概算时就在项目前打"√"即可。

(1)归心改正。

归心改正根据归心元素对控制网中的相应方向做归心计算。在平差易软件中只有在输入了测站偏心或照准偏心的偏心角和偏心距等信息时才能够进行此项改正。如没有进行偏心测量,则概算时就不进行此项改正。此实例数据中没有输入偏心信息所以不用选择此概算项目。

(2)气象改正。

气象改正就是改正测量时温度、气压和湿度等因素对测距边的影响。

①实际气象条件(外业控制测量时的气象条件):

每条边的温度和气压在测站的观测信息区中输入。

a.绝对湿度:控制测量时的当地湿度,单位为 Pa。此项改正值非常小,一般不参入改正。

b.测距仪波长:测距仪发射的电子波波长,单位为 μm。此实例数据中的电子波波长为 0.91μm

②参考气象条件(在此条件下测距仪所测的距离为真值,没有误差,也是标定的气象条件)。

a.摄氏温度:测距仪的标定温度,单位为℃。此实例数据中的标定温度为 15 ℃。

b.湿度:测距仪的标定湿度,单位为 Pa。此实例数据中的标定湿度为 3 332 Pa。

c.大气压强:测距仪的标定气压。单位为百 Pa。此实例数据中的标定气压为 1 030 百 Pa。

注意:如果外业作业时已经对边长进行了气象改正或忽略气象条件对测距边的影响,那么就不用选择此项改正。如果选择了气象改正就必须输入每条观测边的温度和气压值,否则将每条边的温度和气压分别当作零来处理。

(3)方向改化。

方向改化:将椭球面上方向值归算到高斯平面上。

(4)边长投影改正。

边长投影改正的方法有两种:一种为已知测距边所在地区大地水准面对于参考椭球面的高度而对测距边进行投影改正;另一种为将测距边投影到城市平均高程面的高程上。

(5)边长高斯改化。

边长高斯改化也有两种方法,它是根据“测距边水平距离的高程归化”的选择不同而不同。

(6)边长加乘常数改正。

利用测距仪的加乘常数对测边进行改正。

(7)*Y* 含 500 公里。

若 *Y* 坐标包含了 500 公里常数,则在高斯改化时,软件将 *Y* 坐标减去 500 公里后再进行相关的改化和平差。

(8)坐标系:北京 54 系;国家 80 系;WGS84 系。

概算结束后提示如图 7-38 所示。

点击“是”后,可将概算结果保存为 txt 文本。

图 7-38　概算后提示

4.计算方案的选择

选择控制网的等级、参数和平差方法。

注意:对于同时包含了平面数据和高程数据的控制网,如三角网和三角高程控制网并存的控制网,一般处理过程应为:先进行平面网处理,然后在高程控制网处理时 PA2005 会使用已经较为准确的平面数据，如距离等，来处理高程数据。对精度要求很高的平面高程混合网，也可以在平面和高程处理间多次切换，迭代出精确的结果。

用鼠标点击菜单“平差\平差方案”即可进行参数的设置,如图 7-39 所示。

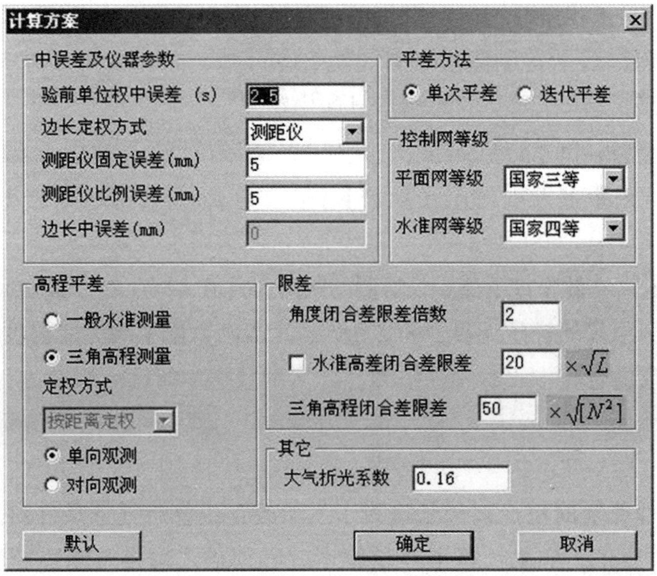

图 **7-39**　参数设置

(1)选择平面控制网的等级。

PA2005 提供的平面控制网等级有:国家二等、三等、四等,城市一级、二级,图根及自定义。此等级与它的验前单位权中误差是一一对应的。如平面控制网等级为城市二级时它的验前单位权中误差为 8″,当选择自定义时验前单位权中误差可任意输入。

(2)边长定权方式。

边长定权方式包括测距仪、等精度观测和自定义。根据实际情况选择定权方式。

① 测距仪定权:

测距仪定权是指通过测距仪的固定误差和比例误差计算出边长的权。

“测距仪固定误差”和“测距仪比例误差”是测距仪的检测常数,它是根据测距仪的实际检测数值(单位为 mm)来输入的(此值不能为零或空)。

② 等精度观测:各条边的观测精度相同,权也相同。

③ 自定义:自定义边长中误差。此中误差为整个网的边长中误差,它可以通过每条边的中误差来计算。

(3)平差方法选择。

平差方法有单次平差和迭代平差两种。

单次平差:进行一次普通平差，不进行粗差分析。

迭代平差:不修改权而仅由新坐标修正误差方程。

(4)高程平差。

包括一般水准测量平差和三角高程测量平差。当选择水准测量时其定权方式有按距离定权和按测站数定权两种。

①按距离定权:按照测段的距离来定权。

②按测站定权:按照测段内的测站数(即设站数)来定权,在观测信息区的"观测边长"框中输入测站数。注意:软件中观测边长和测站数不能同时存在。

单向观测:每一条边只测一次。一般只有直觇没有反觇。

对向观测:每一条边都要往返测。既有直觇又有反觇。

(单向观测和对象观测只在高程平差时有效)

③闭合差计算限差倍数:闭合导线的闭合差容许超过限差($M\times\sqrt{N}$)的最大倍数。

④水准高差闭合差限差:规范容许的最大水准高差闭合差。其计算公式:$n\times\sqrt{L}$,其中 n 为可变的系数,L 为闭合路线总长,以公里为单位。如果在"水准高差闭合差限差"前打"√"可输入一个高程固定值作为水准高差闭合差。

⑤三角高程闭合差限差:规范容许的最大三角高程闭合差。其计算公式:$n\times\sqrt{[N^2]}$,其中 n 为可变的系数,N 为测段长,以公里为单位,$[N^2]$ 为测段距离平方和。

⑥大气折光系数:改正大气折光对三角高程的影响,其计算公式为 $\Delta H=\frac{1-K}{2R}S^2$,其中 K 为大气垂直折光系数(一般为 0.10~0.14),S 为两点之间的水平距离,R 为地球曲率半径。此项改正只对三角高程起作用。

(5)闭合差计算与检核。

根据观测值和"计算方案"中的设定参数来计算控制网的闭合差和限差,从而来检查控制网的角度闭合差或高差闭合差是否超限,同时检查分析观测粗差或误差。点击"平差\闭合差计算",如图 7-40 所示。

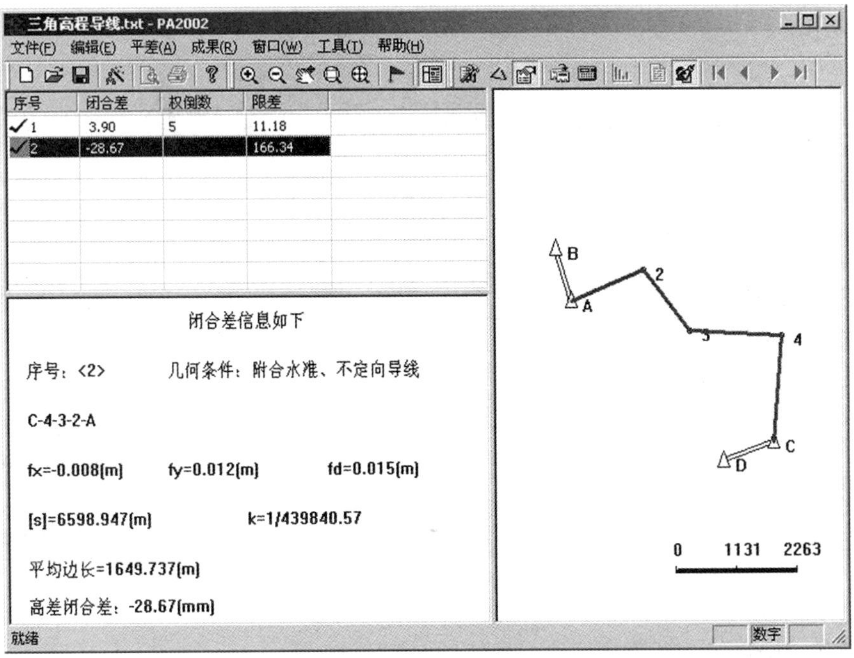

图 7-40 闭合差计算

左边的闭合差计算结果与右边的控制网图是动态相连的,它将数和图有机地结合在一起,使计算更加直观、检测更加方便。

“闭合差”:“闭合差”表示该导线或导线网的观测角度闭合差。

“权倒数”:“权倒数”即是导线测角的个数。

“限差”:其值为权倒数开方×限差倍数×单位权中误差(平面网为测角中误差)。

对导线网,闭合差信息区包括f_x、f_y、f_d、k、最大边长,平均边长以及角度闭合差等信息。若为无定向导线则无f_x、f_y、f_d、k 等项。闭合导线中若边长或角度输入不全,也没有f_x、f_y、f_d、k 等项。

在闭合差计算过程中“序号”前面的“!”表示该导线或网的闭合差超限,“√” 表示该导线或网的闭合差合格。“×”则表示该导线没有闭合差。

注意:闭合导线中没有f_x、f_y、f_d、$[s]$、k 和平均边长的原因为该闭合导线数据输入中边长或角度输入不全(要输入所有的边长和角度)。

通过闭合差可以检核闭合导线是否超限,甚至可检查到某个点的角度输入是否有错。

在平差易的闭合差计算中还可提供粗差检测报告,如图 7-41 所示,具体操作如下:

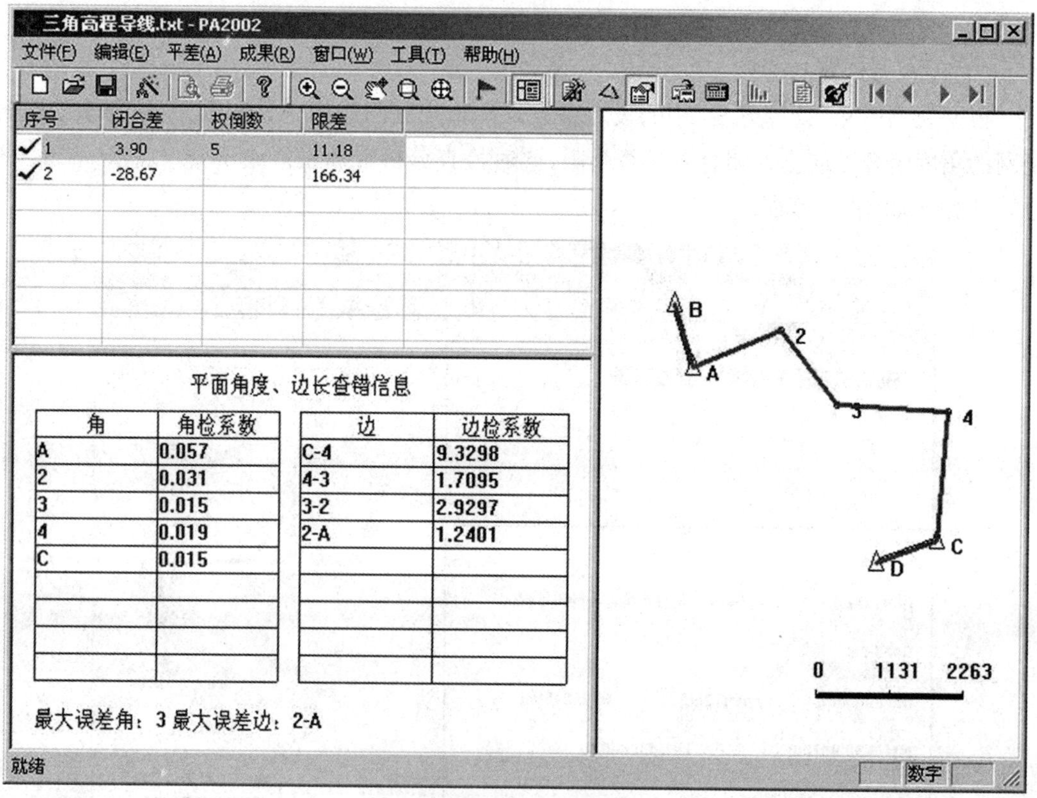

图 7-41 粗差检测

① 打开数据文件并计算该导线或导线网的闭合差。

② 点击某条闭合差的计算记录,显示出该闭合差的详细信息。(该粗差检测只针对导

线或导线网而言,并且必须有该闭合差的详细信息。)

③ 在闭合差信息区内点击鼠标的右键,即可显示“平面查错”和“闭合差信息”两个选项。

④ 点击“平面查错”项即可显示“平面角度、边长查错信息”。

角检系数:指闭合导线或附合导线在往返推算时点位的偏移量。偏移量越小该点的粗差越大,偏移量越大该点的粗差越小。

边检系数:指闭合导线或附合导线的全长闭合差的坐标方位角与各条导线方位角的差值。差值越小该点的粗差越大,差值越大该点的粗差越小。

注意:

① 在角度闭合差没有超限时才进行边长检查。

② 当只存在一个角度或一条边长粗差时才能进行平面查错,当存在两个或两个以上的粗差时它的检测结果就不十分准确。

③ 如各检测系数相同或相差不大时闭合导线或附合导线就没有粗差。

[**任务训练**] PA2005 平差易软件训练

扫描下列二维码,学习平差易操作视频教程,动手操作 PA2005 平差易软件,完成平面控制网和高程控制网数据处理任务。

平差易操作教程

[**项目拓展**] 常用 GPS 静态处理软件使用介绍及 Trimble 公司的 TGO 静态 GPS 平差软件说明书在线阅读。

常用 GPS 静态处理软件使用介绍可扫描下面二维码进行下载,TGO 说明书 word 电子版扫二维码或在云班课资源库中进行拓展阅读。

常用 **GPS** 静态处理软件介绍　　**TGO** 静态 **GPS** 平差软件说明书

[**项目小结**]

项目七的主要内容如以下框架图所示,请学习者在框架的基础上完成详细的个人学习总结,并参与蓝墨云班课项目七在线学习小结及讨论。

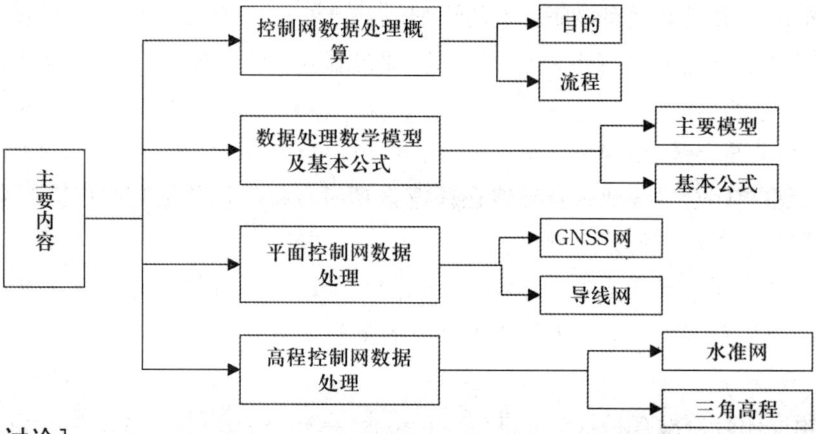

[项目讨论]

1.控制网概算的目的是什么?

2.控制网平差计算的数学模型有哪些?

3.使用PA2005平差易软件处理控制网时,用以区别已知点(有平面坐标而无高程的已知点,无平面坐标而有高程的已知点,既有平面坐标也有高程的已知点)与未知点的属性应当如何设置?

4.使用PA2005平差易软件处理闭合导线时,起算方位角通过何种方式录入?

5.使用PA2005平差易软件处理控制网数据的流程是什么?如何控制导线精度?结合学习任务进行上机训练。

项目八　控制测量技术总结

[项目引入]

本项目主要教学内容为控制测量技术总结的编写和技术总结实例分析；通过本项目的学习，学生能够编写控制测量技术总结报告。

[项目教学目标]

领域	目标	权重	自我测评
认知领域	通过本项目学习，能够领会控制测量技术总结的意义，能阐述技术总结编写的主要内容，归纳技术总结编写原则。	30%	云班课测评
技能领域	掌握控制测量技术总结编写的要领，会编写控制测量技术总结。	35%	头脑风暴小组讨论
情感领域	通过学习，可以对控制测量技术总结报告进行评判，知道控制测量技术总结应包含的内容，熟悉测绘技术总结中有关控制测量技术总结部分的内容。	35%	教师或学生互评

[项目学时]

本项目推荐学时为2学时。

[项目分析]

控制测量技术总结是控制测量项目必不可少的技术文件，是对已完成的控制测量工程情况、测绘设计文件，以及技术标准、规范等的执行情况，技术设计方案实施中出现的主要技术问题和处理方法，成果质量、新技术的应用等进行分析研究、总结以及评价。

编写技术总结为测绘单位不断改正、调整测量方法、手段从而不断提高测量质量提供充分的依据，同时也是为测绘技术设计、相关技术标准、规定的制定提供参考和资料；测绘技术人员应熟悉《测绘技术总结编写规定》(CH/T 1001—2005)有关内容，能结合具体工程项目编写技术总结。本项目需要在完成三个任务基本理论学习基础上，以情境中的控制测量技术总结编写任务为背景，掌握技术总结编写的要领。本项目具体有以下三个任务。

任务一　认识测绘技术总结

任务二　编写控制测量技术总结

任务三　分析某县城市控制测量及1∶500地形图测绘项目技术总结

任务一　认识测绘技术总结

测绘技术总结编写的依据是什么呢？在浏览器输入“http://std.samr.gov.cn/”网址，登录“全国标准信息公共服务平台”，在首页标准检索栏输入“测绘技术总结编写规定”关键词，出现图 8-1 所示内容。

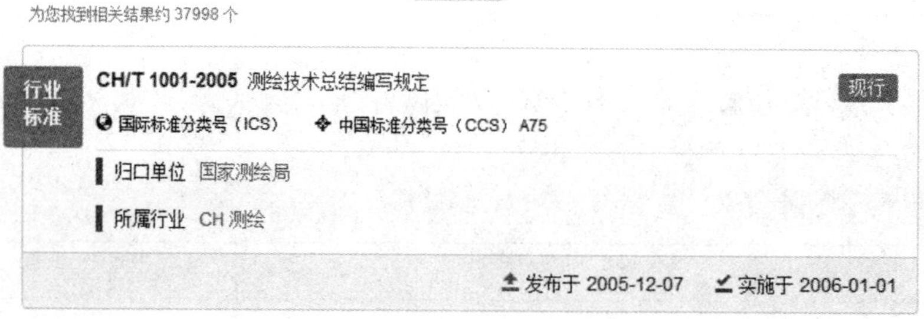

标准信息查询

图 **8-1**　全国标准信息公共服务平台查询结果图

从图 8-1 可以看出《测绘技术总结编写规定》属于测绘行业现行标准，标准标号是 CH/T 1001—2005，于 2005 年 12 月 7 日发布，2006 年 1 月 1 日实施，归口单位是国家测绘局。这是我们编写工作中应当遵照执行的依据，当然，还需要若干相关的测绘标准、规程、规范来支撑，更离不开对本测绘项目工作重点、难点的全面了解和综合把握。

测绘技术总结分为项目总结和专业技术总结。

项目总结是一个测绘项目在其最终成果（或产品）检查合格后，在各专业技术总结的基础上，对整个项目所做的技术总结。

专业技术总结是测绘项目中所包含的各测绘专业活动在其成果（或产品）检查合格后，分别总结撰写的技术文档。

对于工作量较小的项目，可根据需要将项目总结和专业技术总结合并为项目总结。

8.1.1　测绘技术总结的组成

测绘技术总结（包括项目总结和专业技术总结）通常由概述、技术设计执行情况、成果（或产品）质量说明和评价、上交和归档的成果（或产品）及其资料清单四部分组成。

（1）概述。应概要说明测绘任务总的情况，如任务来源、目标、工作量、任务的安排与完成情况，以及作业区概况和已有资料利用情况等。

（2）技术设计执行情况。需主要说明、评价测绘技术设计文件和有关的技术标准、规范的执行情况。内容主要包括：生产所依据的测绘技术设计文件和有关的技术标准、规范，设计书执行情况及执行过程中技术更改情况，生产过程中出现的主要技术问题及其处理方法，特殊情况的处理及其达到的效果，新技术、新方法、新材料等应用情况，经验、教训、遗留问题、改进意见和建议等。

(3)成果(或产品)质量说明和评价。需简要说明、评价测绘成果(或产品)的质量情况(包括必要的精度统计)、产品达到的技术质量指标,并说明其质量检查报告的名称及编号。

(4)上交和归档的成果(或产品)及其资料清单。需分别说明上交和归档成果(或产品)的形式、数量等,以及一并上交和归档的资料文档清单。

8.1.2　项目总结编写依据

测绘技术总结编写的主要依据包括:

(1)测绘任务书或合同的有关要求,顾客书面要求或口头要求的记录,市场的需求或期望。

(2)测绘技术设计文件,相关的法律、法规、技术标准和规范。

(3)测绘成果(或产品)的质量检查报告。

(4)以往测绘技术设计、测绘技术总结提供的信息,以及现有生产过程和产品的质量记录和有关数据。

(5)其他有关文件和资料。

8.1.3　项目总结编写要求

(1) 项目总结由承担项目的法人单位负责编写或组织编写;专业技术总结由具体承担相应测绘专业任务的法人单位负责编写。具体的编写工作通常由单位的技术人员承担。

(2)内容真实、全面,重点突出。在说明和评价技术要求的执行情况时,不应简单抄录设计书的有关技术要求,应重点说明作业过程中出现的主要技术问题及其处理方法、特殊情况的处理及其达到的效果、经验、教训和遗留问题等。

(3)文字应简明扼要,公式、数据和图表应准确,名词、术语、符号和计量单位等均应与有关法规和标准一致。

(4)测绘技术总结的幅面、封面格式、字体与字号等应符合相关要求。

技术总结编写完成后,单位总工程师或技术负责人应对技术总结编写的客观性、完整性等进行审查并签字,并对技术总结编写的质量负责。技术总结经审核、签字后,随测绘成果(或产品)、测绘技术设计文件和成果(或产品)检查报告一并上交和归档。

任务二　编写控制测量专业技术总结

8.2.1　控制测量技术总结的意义

控制测量技术总结是对已完成的控制测量工程情况、测绘设计文件,以及技术标准、规范等的执行情况,技术设计方案实施中出现的主要技术问题和处理方法,成果质量、新技术的应用等进行分析研究、总结以及评价。

控制测量技术总结是控制测量项目必不可少的技术文件,也为测绘单位不断改正、调整测量方法、手段从而不断提高测量质量提供充分的依据,同时也是为测绘技术设计、相关技术标准、规定的制定提供参考和资料。

控制测量技术总结编写完成后,单位总工程师或技术负责人应对技术总结编写的客观性、完成性等进行审核,签字,并对技术总结的质量负责。技术总结经审核、签字后,和测绘成果、技术设计书和产品检查报告一同上交并归档。

8.2.2 控制测量技术总结的主要内容

专业技术总结是测绘项目中所包含的各测绘专业活动在其成果(或产品)检查合格后,分别总结撰写的技术文档,由概述、技术设计执行情况、成果(或产品)质量说明和评价、上交和归档的成果(或产品)及其资料清单等部分组成。

1.任务概述

说明任务来源、测区范围、地理位置、行政隶属、测绘工程规模、意义及其工程性质。一般结合技术设计书的相应部分,并在实施完成的基础上编写。

2.测区自然地理概况和已有资料情况

(1)测区自然地理概况。根据需要说明作业有关的测区自然地理概况,内容包括测区地理特征、居民地、交通、气候情况和困难类别等。

(2)已有资料情况。包括建设方提供的图纸、设计文件、修改通知;收集的控制点成果、控制网资料、地形图资料等以及类似测绘项目可利用的相关参考资料等。

对已用成果及资料的检核结果,一般应列出比较数据。

3.主要作业依据和要求

主要作业依据和要求是指进行专业测绘所依据的技术行文件、施工规范、甲方单位的具体要求等。主要包括:专业技术设计书以及有关的测绘和施工技术设计更改文件,相关的测绘技术标准和规范,相关施工技术要求,甲方单位的具体技术要求等。

4.组织实施情况

组织实施情况包括具体描述相关测绘任务作业程序安排、作业方法的选择、作业仪器设备的选用以及作业时间和人员的安排、配置等。

(1)技术人力资源。技术人力资源是指针对控制测量技术这一测绘工程工种,按技术人员的技术特长进行的分工情况。各类职称技术人员数量及岗位应进行详细说明,对于大型工程可列表说明。

(2)实施组织。按分部、分项实施的,需分别说明。按实施时的分工,将各工种承担的情况、实施过程中的提高质量和功效的方法做简要介绍。

(3)仪器配置。在控制测量整个过程中使用的主要仪器设备,按重要程度、不同的用途、数量及使用情况分别说明,也可列表说明。另外,对使用的其他设备(如计算机、打印机、对讲机等)进行简要说明。

对所投入的仪器设备是否已按规范要求送省部级以上国家法定检定部门检定，并按相应规范规定对测绘工程实施期间应自检的项目进行了检验，是否符合规范要求等，并根据《仪器检定检验资料》列表说明。

(4)进度实现情况。根据实施的进度实现情况及分项工作完成的具体时间，对照测绘工程任务书或计划书，对进度控制进行分段列举(可列表对照)，并对是否满足工期及进度要求进行评价。若遇到甲方修改主体工程设计导致测绘工程延期，或遇天气原因等自然条件限制，则应进行详细说明、分析。

(5)完成的主要工作量。按照实施实际完成的工作量，列表对照表示。

5.质量管理、控制及评定

对于不同的测绘工程，要求有不同的质量控制重点、检查及质量统计方式。主要内容包括：质量策划情况、质量控制措施、质量保证体系的实施情况、现场质量控制方式、检查人员及形式，过程检查时间、内容、存在的问题及纠正情况验证，测量(绘)成果质量统计及评定等。

6.安全管理

根据实施情况主要介绍或总结安全管理责任体系的构架、安全生产责任制建立及岗位职责设置情况、现场对安全进行的督促和检查内容、是否达到安全生产目标等。

7.技术设计实施与问题处理

主要描述：工程实施过程中存在的不足，如出现的超限、影响进度等一般问题，或出现严重缺陷造成返工、影响成果质量、工期等，纠正的方法及提出今后工作的合理化建议等；在本测绘工程中所使用的测绘新技术，包括新工艺、新方法及其在提高成果质量、精度、工作效率、社会及经济效益等方面所取得的效果；总结测绘生产中的经验、教训和遗留问题，并对今后生产提出的改进意见和建议。

8.技术结论(或项目评价)

按测绘工程技术设计书、计划书、《测绘产品检查验收规定》、《测绘产品质量评定标准》等进行检查验收。

技术结论的主要内容包括：实施方案的合理性，所使用的仪器设备的性能是否满足要求，作业过程中操作、记录计算、程序使用情况，观测精度、各项限差是否满足要求及执行技术规范的情况，资料整理及上交是否美观齐全，成果质量最终结论等。

9.上交成果资料和资料清单

说明上交测绘成果(或产品)和资料的主要内容和形式主要包括：

(1)测绘成果(或产品)。说明其名称、数量、类型等，当上交成果的数量或范围有变化时需附上交成果分布图。

(2)文档资料。专业技术设计文件、专业技术总结、检查报告，必要的文档簿(图历簿)，以及其他作业过程中形成的重要记录。

(3)其他需上交和归档的资料。

任务三　分析某县城市控制测量及 1∶500 地形图测绘项目技术总结

8.3.1　概述

1.任务来源

受××县国土资源局委托,×××测绘院承担“××县城市控制测量及 1∶500 地形图测绘”项目。

2.项目区概况

××县位于××省南部,地理位置处于东经××°××′—××°××′,北纬××°××′—××°××′之间。属黄土高原干旱丘陵区,地势南低北高,海拔 1 588~2 833 m。东西长 67 km,南北宽 74 m。总面积 3 000 平方千米。属于温带大陆性气候,气候温和,四季分明。境内交通条件便利,实现了乡乡通公路,村村通油路。

测绘区域是××县城市建成区,该区域内有党政机关、商贸中心、居住小区及工业园区等,是××县的政治、经济和文化中心。近年来市区不断向西侧扩大。按照××县国土资源局的要求,平面基准控制范围 33 平方公里,其中 1∶500 地形图测量范围为 15.5 平方公里。

3.数学基础

(1)坐标系统。

控制网提供 CGCS2000 国家大地坐标系坐标,3°分带,中央经线 105°。同时提供××县城市坐标系统坐标;1∶500 地形图采用××县城市坐标系统。

(2)高程系统。

采用 1985 国家高程基准,基本等高距 0.5 m。

(3)1∶500 地形图。

地形图采用 1∶500 比例尺,图幅整饰采用国家标准地形图图式(2007 年版),图幅规格为 50 cm×50 cm。地形图取图内较大单位或小区名作为图名,编号采用图幅左下角纵、横坐标公里数表示(保留两位整数和两位小数),中间用“-”连接,纵坐标在前,横坐标在后,如:34.00-28.00。

4.测区已有成果资料的分析与利用

(1)控制资料。

①调查区内收集到 C0001、C0002、C0003 三个 GPS C 级点作为城市四等控制网的起算点,这三个控制点标石保存完好,可以直接利用。

②收集到测区内及周边的国家二等水准点Ⅱ0012 和Ⅱ0013,经实地勘察,点位保存完好,可以使用。

(2)图件资料。

①1∶10 000 数字线划图。覆盖全县域 1∶10 000 数字线划图是按国家相关技术标准生产的基础测绘数据,质量满足要求,生产时间 2009—2010 年。

②××县 1∶500 城镇地籍图。

现有的 1∶500 地籍图为数字化地籍图,生产日期为 2011 年,没有高程数据,只能作为平面参考使用。

③2015 年正射卫星影像,分辨率 0.6 m,覆盖整个××县域。该数据可作为野外踏勘和控制网选点布设工作参考。

5.项目工期及完成情况

(1)工期安排。

①2014 年 10 月 30 日—11 月 10 日,收集资料、图上选点、野外实地踏勘。

②2014 年 11 月 11 日—12 月 30 日,实地选点并埋设标石。

③2015 年 1 月 3 日—2015 年 1 月 15 日,完成平面控制及水准控制测量工作。

④2015 年 1 月 16 日—4 月 5 日,完成 1∶500 地形图测量。

⑤2015 年 4 月 6 日—4 月 20 日,地形图检查及修改。

6.实际完成工作量

(1)建立了××县城市坐标系平面控制网,同时提供 CGCS2000 国家大地坐标系坐标。建立城市四等控制点 11 个,其中埋设双层标石 9 个,单层标石 2 个。建立城市一级控制点 55 个,其中埋设单层标石 1 个,钢钉 54 个。

(2)对所有城市四等控制点均进行了四等水准联测,联测路线总长 106.85 km,联测城市四等控制点 11 个,联测城市一级控制点 55 个。

(3)1:500 全野外数字化地形图 15.5 平方千米,共计 336 幅。

8.3.2　技术设计执行情况

1.作业依据

①《城市测量规范》(CJJ/T 8—2011);

②《卫星定位城市测量技术标准》(CJJ/T 73—2019);

③《国家三、四等水准测量规范》(GB/T 12898—2009);

④《全球定位系统实时动态测量(RTK)技术规范》(CH/T2009—2010);

⑤《1∶500 1∶1000 1∶2000 外业数字测图技术规程》(GB/T 14912—2005);

⑥国家基本比例尺地形图图式《第 1 部分:1∶500 1∶1000 1∶2000 地形图图式》(GB/T 20257.1—2007);

⑦《测绘技术设计规定》(CH/T 1004—2005);

⑧《测绘技术总结编写规定》(CH1001—2005);

⑨《数字测绘成果质量检查与验收》(GB/T 18316—2008);

⑩《测绘成果质量检查与验收》(GB/T 24356—2009);

⑪本项目技术设计书。

2.人员组织、仪器设备及软件

(1) 人员组织。

根据工作内容及工作量,本项目设项目负责人 1 人,质量检查组 1 个,测绘组 10 个,司机5人,共投入技术人员25人。

(2)仪器设备。

作业前所有仪器都已通过国家质检部门鉴定,性能稳定、运行良好,其他设备也应做相应的检查,符合规范要求。

项目投入的设备情况详见表8-1。

表8-1　投入设备一览表

仪器名称	型号	数量(台/套)	精度与指标
南方GPS RTK	S86T	3	±5 mm+0.5 10^{-6}mm
南方GPS RTK	S86	3	±5 mm+1 10^{-6}mm
天宝电子水准仪	DINI03	2	每公里来回测中误差0.3 mm
徕卡全站仪	TS09	3	±2(1 mm+1.5 10^{-6}mm.D)
尼康全站仪	Nivo2.m	2	±2″(2 mm+2 10^{-6}mm.D)
拓普康全站仪	GPT-3002N	3	±2″(2 mm+2 10^{-6}mm.D)
南方全站仪	NTS-962R	2	±2″(2 mm+2 10^{-6}mm.D)
笔记本电脑	DELL	10	
地形地籍成图软件	南方CASS9.2	10	
平差软件	科傻系统软件	1	
打印机	惠普	1	
车辆		5	

(3)工作程序及技术路线。

本项目的生产流程是:技术设计⟶踏勘、选点、埋石⟶仪器检校⟶控制测量⟶阶段质检⟶地形测图⟶技术总结报告⟶资料整理⟶作业单位最终检查⟶修改完善⟶提交测绘产品质量监督检查站检验⟶成果提交。

(4)首级控制测量。

①控制网布设。

根据《卫星定位城市测量技术规程》有关规定,项目区共布设城市四等GPS控制点11个,标石类型采用普通基本标石,其中9个双层标石,2个单层标石,分布在县城周边山坡开阔的平地，且埋点位置坚实可靠，不易被损坏，避免了地质环境、观测条件、交通不便、多路径效应等各种不利条件的影响。在埋石工作完成后按《全球定位系统城市测量技术规程》附录B格式，用“AutoCAD 2007”对城市四等GPS控制点绘制点之记。城市四等控制点编号采用大写英文字母“D” 加阿拉伯数字，编号由“D01” 开始。

②外业观测。

城市四等GPS点外业观测过程中，使用3台灵锐S86-2013、2台灵锐S86接收机以混连式组网进行作业，同时在5个GPS控制点上进行观测，有效观测卫星数≥7颗，时段长度≥110 min，采样间隔10 s，每时段移动两台或三台GPS接收机，保证了平均设站大于1.6/站 。

丈量天线高度，均从天线的三面丈量三次，在三次较差不大于3 mm时，取平均值为最后结果。结束观测时，再丈量一次天线高，以作校核。

在观测过程中，严格遵守调度命令，在规定的时间进行作业，自始至终有人值守，并经常检查有效卫星的历元数是否符合要求，否则及时通知其他两台仪器，延长时段时间，以保证观测精度。

在观测过程中，南方测绘仪器有限公司的灵锐S86-2013、灵锐S86接收机电量充足，接收信号稳定，卫星数大都保持在7~8颗，有时高达10颗以上，数据采集质量良好。

城市四等控制测量记录手簿采用统一印制的观测手簿，观测手簿统一用碳素笔填写。

③内业数据处理及检核。

将外业观测的数据及时导入计算机中，然后采用南方测绘数据处理软件进行结算。

根据基线解算结果，检查基线向量方差比和中误差，对于方差比大于3或中误差大于10 mm的基线进行人工干预处理，仍不满足要求的则进行剔除，重新补测。

经过检核，控制网中最小同步环38个，异步环61个，独立基线78条，重复基线18条，平均边长1.911 km，平均重复设站数为1.7/站，满足规范要求。

《卫星定位城市测量技术规程》规定各级GPS基线的标准差计算公式为

$$\sigma=\sqrt{a^2+(b\cdot D)^2} \tag{8-1}$$

式中，σ 为基线长度中误差，mm；a 为固定误差，mm；b 为比例误差，mm/km；D 为相邻点间距离，km

按照城市四等GPS控制网的要求，取 $a\leqslant 10$，$b\leqslant 5\ 10^{-6}$mm，$D=1.911$ km。

计算得到 $\sigma=13.83$ mm。

a.同步环检核。

根据《卫星定位城市测量技术规程》城市四等GPS的精度要求，坐标分量闭合差 $w_x=w_y=w_z\leqslant\frac{\sqrt{3}}{5}\sigma=5.79$ mm，全长闭合差 $w_s\leqslant\frac{3}{5}\sigma=8.30$ mm。

经检核，分量闭合差最大为4.20 mm，最小为0.005 mm。全长坐标闭合差最大为7.99 mm，最小为0.26 mm，均小于规程的要求。

b.异步环检核。

根据《城市测量规范》的要求，异步环坐标分量闭合差为：

分量闭合差 $W_x = W_y = W_z \leqslant 2\sqrt{3}\sigma = 47.91$ mm

全长坐标闭合差 $W_s \leqslant 6\sigma = 82.98$ mm

提取独立异步环进行检核,坐标分量闭合差最大为 36.30 mm,全长坐标闭合差最大为 45.17 mm,均满足要求。

④平差计算。

a.三维无约束平差。

三维无约束平差主要进行了内部精度分析、粗差分析、单位权方差因子估算,提取纯净基线构网。在基线向量检核合格后,全部基线参与进行了自由网平差。无约束平差中各基线分量的改正数绝对值均满足以下公式:

$$V_{\Delta X} = V_{\Delta Y} = V_{\Delta Z} \leqslant 3\sigma = 41.49 \text{ mm}$$

经过检核,基线向量改正数最大为 23.08 mm,单位权中误差为 0.045 2 m,点位误差最大为 6.0 mm,最小为 1.1 mm,最弱基线边长相对误差为 1/1 261 404,最高为 1/104 577,满足规定限差。

b.二维约束平差。

无约束平差结束后,利用可靠的基线观测量,在 CGCS2000 国家大地坐标系下采用国家三个 C 级 GPS 点 C0001、C0002、C0003 进行二维约束平差。二维约束平差中各基线分量的改正数绝对值均满足以下公式:

$$\mathrm{d}V_{\Delta X} = \mathrm{d}V_{\Delta X} = \mathrm{d}V_{\Delta Z} \leqslant 2\sigma = 27.66 \text{ mm}$$

经过检核,基线向量改正数最大为 4.24 mm,单位权中误差为 0.007 9 m,点位误差最大为 1.81 mm,最小为 0.0 mm,最弱基线边长相对误差为为 1/5 227 602,最高为 1/407 298,小于规定限差。

⑤CGCS2000 国家大地坐标系平差结果精度分析与检核。

a.控制网在 CGCS2000 国家大地坐标系平差结果精度分析。

控制网最弱边相对中误差 1/372 817,优于规程最弱边相对误差 1/45 000的要求。最弱点点位中误差为 2.3 mm,满足最弱点中误差小于 5 cm 的要求。

b.精度检核。

本控制网以 C0001、C0003 为起算点,C0002 为检核点,对原坐标与此次平差出的坐标差进行了比较,Δ_X 误差为 1.19 cm,Δ_Y 误差为 1.39 cm,误差结果表明,控制网精度可靠。

(5)城市一级控制测量。

(略)

①城市坐标系的建立基本情况。

城市坐标系的参数如下:

a."××县城市坐标系"是以"C0001"为坐标原点,中央子午线为东经 105°31′12″任意带高斯正形投影平面直角坐标系,假定原点坐标为 $X = 50\ 000$ m,$Y = 50\ 000$ m。

b.以 1 900 m 平均高程面为高程抵偿面;高程基准采用 1985 国家高程基准,选择与西安 1980 坐标系一致的参考椭球体。

c.以 C0001 至 C0002 的坐标方位角为坐标系的起算方位角,C0001 至 C0002 两点的平均高程的边长为坐标系基线边长，由此算出点 C0002 的城市坐标。以 C0001 和 C0002 为城市坐标系的起算点建立城市坐标系。

②城市坐标系精度检核。

为了检核××县城市坐标的精度，在控制网中均匀分布地选取了 8 条基线，采用高精度全站仪测量了其边长，并进行了倾斜改正、温度改正、气压改正和高差改正，采用改正后边长与坐标反算的对应边长进行了相对误差计算，其相对误差均远远小于 1/45 000。

精度检验表明，城市坐标系精度满足规范要求。

(6)高程控制测量。

①水准网的布设。

经过实地踏勘，收集到测区内及周边的国家二等水准联测点：Ⅱ0012、Ⅱ0013，经实地勘察，点位保存完好，可以作为本项目高程控制点的起算点使用。根据《国家三、四等水准测量规范》和本项目设计书，对城市四等 GPS 点、城市一级控制点进行四等水准测量，水准路线主要沿市区的街道及市区以外的公路布设，形成水准网。

②外业观测。

本次四等水准测量采用天宝 DINI03 电子水准仪和 3 m 铟瓦水准尺，自动观测记录，观测通视良好，望远镜成像清晰，作业之前均预热及进行 i 角检查，观测时前后视距差不超过 3 m，视距累计差不超过 10 m，各测站的视线长度均小于 100 m，视线高度在 0.55～2.8 m 之间，并且严格按照《国家三、四等水准测量规范》要求进行观测，观测方法正确，记录资料正规、齐全，观测成果可靠。

③内业计算和精度分析。

通过水准网平差计算后统计结果如下：

水准路线总长：116.85 km。

高差观测值总数：88。

多余观测数(自由度)：16。

每公里高程测量高差中误差：3.60 mm。符合技术设计与规范要求。

(7)地形图测量。

(略)

(8)存在问题和建议。

①存在问题。

a.由于县城内部高楼林立、电力线错综复杂、基线边长要求等限制性因素影响，GPS 选点有一定难度。

b.由于县城内车流量大、人流量大的影响，GPS 测量和水准测量需选择早晨或周末车流量小的时候测量，影响了项目的进度。

c.由于部分居民区房屋密集，只能测量外围地物点，然后进行钢尺量测，影响测量精度。

d.不同作业组之间的图幅内业整饰有差别，测绘内容表示不一致。有个别作业组没有采用现行的地形图图示。

对于出现的问题,作业组按照最终检查意见进行了认真的修改,质量检查人员对修改问题进行了复查。

②建议。

在项目开工前对规范及设计书进行集中学习,对测绘内容和作业方法有统一认识,以避免作业时理解不统一,测绘的内容表示不一样。并且经常组织测量组长和技术员进行交流,解决测量过程中出现的问题,掌握各测量组的进度和测绘范围,保证按期完工。

8.3.3 测绘成果质量情况

1.质量控制依据

质量控制是保证产品质量的重要环节和技术保障。质量控制的依据是《测绘成果质量检查与验收》,本项成果采用二级检查一级验收的方式进行控制。测绘单位实施成果质量的过程检查和最终检查,过程检查采用全数检查,在最终检查作业时,内业部分采用全数检查,涉及野外检查项采用按批次抽样的方法检查。

2.质量检查

(1)作业员自检。在作业过程中组织作业员进行全面检查,在作业过程中,对控制网、地形图进行检查和巡视,对出现的问题及时进行解决,努力将问题解决到作业一线。

(2)各作业组间互查。互查由各作业小组的骨干完成。先进行内业检查,后进行外业检查。内业检查出的问题应做好记录,待外业检查时重点核对。对基准控制网进行全覆盖检查,1∶500 地形图进行 100% 检查巡视。对于检查出的问题进行改正,并对检查后的成果进行复核。需修改的问题由检查人员会同作业人员确认后实施。

(3)过程检查。过程检查是对经过作业员自查和各作业组间互查的成果进行的内业检查和外业抽查。由作业项目部负责实施。

过程检查采用全数检查,内业检查包括对 GPS 平差计算资料、水准平差资料、数字化测图图面、各种原始记录等进行 100% 检查,外业检查对控制点的选埋以及图面进行巡视检查和实地设站测量检查。外业检查全部 1∶500 地形图,并进行精度统计。对于检查出的问题现场监督作业人员改正错误。

(4)最终检查。最终检查是对经过过程检查后的成果进行的内业检查和外业抽查。最终检查时对不符合质量要求的产品无条件返工。

内业检查包括对 GPS 平差计算资料、水准平差资料、数字化测图图面、各种原始记录等进行 100% 检查,外业检查对控制点的选埋以及图面进行巡视检查和实地设站散点检查,统计数学精度。

外业检查 1∶500 地形图抽图 27 幅,野外设站检查平面检测点 674 个,点位中误差 13 cm;高程检测点 352 个,高程中误差 13.8 cm。

检查中所发现的问题都已写成书面意见,责成作业人员做了认真的修改,经复查,类似问题已经得到解决。

3.成果质量说明和评价

通过对本项目基准控制网和 1∶500 地形图成果进行全面检查及修改完善,形成最终检查结论:本项目测绘产品质量为“合格”,可以提交测绘产品质量监督检查站检验。

8.3.4　提交资料

1.文字报告

(1)本项目设计书,电子版一份,纸质版 2 份;

(2)本项目工作报告,电子版一份,纸质版 2 份;

(3)本项目技术总结,电子版一份,纸质版 2 份;

(4)本项目质量检查报告,电子版一份,纸质版 2 份。

2.控制测量成果

(1)四等 GPS 点外业观测记录手簿、平差计算资料,电子版一份,纸质版 1 份;

(2)四等 GPS 控制点测量成果表,电子版一份,纸质版 1 份;

(3)四等 GPS 点点之记,电子版一份,纸质版 1 份;

(4)一级 GPS 点外业观测记录手簿、平差计算资料,电子版一份,纸质版 1 份;

(5)一级 GPS 控制点测量成果表,电子版一份,纸质版 1 份;

(6)一级 GPS 点点之记,电子版一份,纸质版 1 份;

(7)四等水准测量电子记录手簿,电子版一份,纸质版 1 份;

(8)四等水准测量平差报告、水准测量路线图,电子版一份,纸质版 1 份;

(9)测量仪器鉴定证书(复印件一份)。

3.图形资料

(1)1∶500 地形图图幅结合表,电子版一份,纸质版 1 份;

(2)1∶500 地形图分幅图纸质图,电子版一份,纸质版 1 份;

(3)地形图总图与分幅图,电子版 1 份。

[项目拓展]《测绘技术总结编写规定》及项目八任务三案例电子版报告在线阅读。

由国家测绘局颁布的《测绘技术总结编写规定》(CH/T 1001—2005)以及项目八任务三案例电子版可扫以下二维码或在云班课资源库中进行拓展阅读。

技术总结编写规定　　　　技术总结案例

[项目小结]

项目八的主要内容可总结为以下框架图,请学习者在框架的基础上完成详细的个人学习总结,并参与蓝墨云班课项目八在线学习小结及讨论。

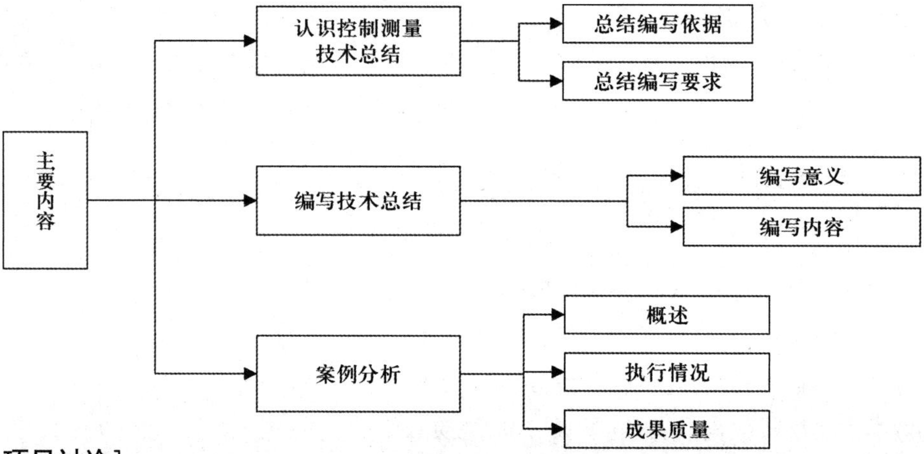

[项目讨论]

1.请仔细阅读《卫星定位城市测量技术规程》CJJ/T 73—2010,分别写出D、E级GPS网最简异步观测环或符合路线的边数,写出D、E级GPS网观测的基本技术规定。

2.列举测绘技术总结编写的主要依据。

项目九　控制测量成果检查与验收

[项目引入]

为了评定测绘成果质量，须严格按照技术设计、相关技术细则或技术标准，通过观察、分析、判断和比较，适当结合测量、试验等方法对测绘成果进行符合性评价。测绘成果的检查验收依据测绘任务书、合同书中有关产品质量元素技术要求或委托检查验收文件、有关法规和技术标准，以及技术设计书等。

[项目教学目标]

领域	目标	权重	评价方式
认知领域	了解测绘产品检查验收制度；理解平面控制和高程控制测量成果的质量元素和检查项。	30%	云班课测评
技能领域	掌握控制测量成果的质量元素包括数据质量、点位质量和资料质量；能够根据控制测量质量元素对平面控制测量成果、高程控制测量成果进行质量评价。	35%	头脑风暴 小组讨论
情感领域	通过本项目学习，熟悉测绘产品检查验收工作的组织实施过程；在控制测量施测过程中能够贯彻执行检查验收制度。	35%	教师或 学生互评

[项目学时]

本项目推荐学时为 2 学时。

[项目分析]

如同其他工程项目，控制测量项目在完成后，应依据相关法律法规、合同对项目成果和之前的全部活动过程进行检验和接收。本项目需要在完成三个任务基本理论学习的基础上，以情境中的项目检查验收任务为背景，熟悉测绘产品检查验收制度，掌握控制测量成果检查验收内容和工作流程，分析具体案例，能结合具体工程项目完成其成果的检查和验收，并撰写报告。本项目要完成以下三个任务。

任务一　熟悉测绘产品检查验收制度

任务二　掌握控制测量成果检查验收

任务三　分析测绘成果质量检查报告实例

任务一　熟悉测绘产品检查验收制度

9.1.1　“二级检查,一级验收”制度

测绘产品实行“二级检查、一级验收”制,即过程检查、最终检查和验收制度。过程检查由测绘单位的作业部门(中队、室)检查人员承担;最终检查由测绘单位的质量管理部门负责实施;验收工作由项目的管理单位组织实施,或由该单位委托具有检验资格的检验机构验收。各级检查、验收工作必须独立进行,不得省略或代替。具体如下:

(1)过程检查采用全数检查。

(2)最终检查一般采用全数检查,涉及野外检查项的可采用抽样检查,样本以外的应实施内业全数检查。

(3)验收一般采用抽样检查。质量检验机构应对样本进行详查,必要时可对样本以外的单位成果的重要检查项进行概查。

1.测绘成果检查验收工作的组织实施

测绘单位实施成果质量的过程检查和最终检查。项目管理单位组织测绘成果的验收或委托具有资质的质量检验机构进行质量验收。

(1)过程检查。

通过自查、互查的成果,才能进行过程检查。过程检查一般采用全数检查。检查出的问题、错误,复查的结果应在检查记录中记录。对于检查出的错误修改后应复查,直至检查无误为止,方可提交最终检查。

(2)最终检查。

通过过程检查的测绘成果,才能进行最终检查。最终检查一般采用全数检查,涉及野外检查项的可抽样采用抽样检查(样本量不应低于表 9-1 的规定),样本以外的应实施内业全数检查。检查出的问题、错误、复查的结果应在检查记录中记录。最终检查应审核过程检查记录,审核中发现的问题作为资料质量错漏处理。最终检查不合格的成果应退回处理,处理后再进行最终检查,直至检查合格为止。最终检查合格的单位成果,对于检查出的错误修改后经复查无误,方可提交验收。最终检查完成后,应编写检查报告,随成果一并提交验收,应书面申请验收。

(3)验收。

测绘成果最终检查全部合格后,才能验收。验收一般采用抽样检查,样本量按表 8-1 执行。样本内的单位成果应逐一详查,样本外的单位成果根据需要对重要检查项进行概查。检查出的问题、错误,复查的结果应在检查记录中记录。验收应审核最终检查记录,审核中发现的问题作为资料质量错漏处理。验收不合格的批成果要全部退回测绘单位重新处理,然后再次提交验收。再次验收时,应重新抽样。验收合格的批成果,应对检查出的错误进行修改,并通过复查核实。验收工作完成后,应编写检验报告。

表 9-1　样本量

批量	样本量
≤20[a]	3
21～40	5
41～60	7
61～80	9
81～100	10
101～120	11
121～140	12
141～160	13
161～180	14
181～200	15
≥201	分批次提交,批次数应最小,各批次的批量应均匀

注:a 表示当样本量等于或大于批量时,则全数检查。

任务二　掌握控制测量成果检查验收

控制测量成果主要包括平面控制测量成果、高程控制测量成果。控制测量成果的质量元素包括数据质量、点位质量、资料质量。

1.平面控制测量成果的质量元素和检查项(GNNS 测量为例)

控制测量成果的质量元素包括数据质量、点位质量、资料质量。

(1)数据质量。

数据质量包括数学精度、观测质量和计算质量三个质量子元素。

①数学精度。

数学精度主要检查点位中误差与规范及设计书的符合情况,边长相对中误差与规范及设计书的符合情况。

②观测质量。

观测质量主要检查内容包括:仪器检验项目的齐全性和检验方法的正确性;观测方法的正确性、观测条件的合理性;GNSS 点水准联测的合理性和正确性;归心元素、天线高测定方法的正确性;卫星高度角、有效观测卫星总数、时段中任一卫星有效观测时间、观测时段数、时段长度、数据采样间隔、PDOP 值、钟漂、多路径影响等参数的规范性和正确性;观测手簿记录和注记的完整性及数字记录、划改的规范性;数据质量检验的符合性;水平角和导线测距的观测方法,成果取舍和重测的合理性和正确性;天顶距(或垂直角)的观测方法、时间选择,成果取舍和重测的合理性和正确性;规范和设计方案的执行情况等。

③计算质量。

计算质量主要检查内容包括:起算点选取的合理性和起始数据的正确性;起算点的兼容

性及分布的合理性;坐标改算方法的正确性;数据使用的正确性和合理性;各项外业验算项目的完整性,验算方法的正确性,各项指标的符合性。

(2)点位质量。

点位质量包括选点质量和埋石质量两个质量子元素。

①选点质量。

选点质量主要检查内容包括:点位布设及点位密度的合理性;点位满足观测条件的符合情况;点位其他测绘手段的可拓展性;点位选择的合理性;点之记内容的齐全、正确性。

②埋石质量。

埋石质量主要检查内容包括:埋石坑位的规范性和尺寸的符合性;标石类型和标石埋设规格的规范性;标志类型、规格的正确性;托管手续内容的齐全、正确性。

(3)资料质量。

资料质量包括整饰质量和资料完整性两个质量子元素。

①整饰质量。

整饰质量主要检查内容包括:点之记和托管手续、观测手簿、计算成果等资料的规整性;技术总结整饰的规整性;检查报告整饰的规整性。

②资料完整性。

资料完整性主要检查内容包括:技术总结编写的齐全性和完整情况;检查报告编写的齐全性和完整情况;按规范或设计书上交资料的齐全性和完整情况。

2.高程控制测量成果的质量元素和检查项(水准测量为例)

(1)数据质量。

数据质量包括数学精度、观测质量和计算质量三个质量子元素。

①数学精度。

数学精度主要检查内容包括:每千米高差中数偶然中误差的符合性;每千米高差中数全中误差的符合性;相对于起算点的最弱点高程中误差的符合性。

②观测质量。

观测质量主要检查内容包括:仪器检验项目的齐全性,检验方法的正确性;测站观测误差的符合性;测段、区段、路线闭合差的符合性;对已有水准点和水准路线联测和接测方法的正确性;观测和检测方法的正确性;观测条件选择的正确性和合理性;成果取舍和重测的正确性和合理性;观测手簿计算正确性、注记的完整性和数字记录、划改的规范性。

③计算质量。

计算质量主要检查内容包括:外业验算项目的齐全性,验算方法的正确性;已知水准点选取的合理性和起始数据的正确性;环闭合差的符合性。

(2)点位质量。

点位质量包括选点质量和埋石质量两个质量子元素。

①选点质量。

选点质量主要检查内容包括:水准路线布设、点位选择及点位密度的合理性;水准路线图绘制的正确性;点之记内容的齐全性和正确性。

②埋石质量。

埋石质量主要检查内容包括:标石类型的规范性和标石质量情况;标石埋设规格的规范性;托管手续内容齐全性。

(3)资料质量。

资料质量包括整饰质量和资料完整性两个质量子元素。

①整饰质量。

整饰质量主要检查内容包括:观测计算资料整饰的规整性;各类报告、总结、附图、附表、簿册整饰的完整性;成果资料整饰的规整性;技术总结整饰的规整性;检查报告整饰的规整性。

②资料完整性。

资料完整性主要检查内容包括:技术总结、检查报告编写内容的全面性及正确性;提供成果资料项目的齐全性。

任务三　分析测绘成果质量检查报告实例

本报告注意事项:

(1)本报告无“单位公章”及“骑缝章”无效。

(2)本报告复印件未加盖“单位公章”无效。

(3)报告无编制人、审核人、批准人签字无效。

(4)报告涂改无效。

(5)若对质检报告内容有异议,应于收到报告起七日内向质检部门提出,逾期不予受理。

9.3.1　某市消防设施测绘成果质量检查表

<table>
<tr><td>成果名称</td><td>某市消防设施普查</td><td>生产日期</td><td colspan="2">2018 年 1 月 10 日—2018 年 2 月 5 日</td></tr>
<tr><td>项目编号</td><td>(2017)LX95-1</td><td>抽 样 者</td><td colspan="2">至少两人</td></tr>
<tr><td>批　　量</td><td>消防站 19 个
消火栓 1372 个</td><td>样 本 量</td><td colspan="2">消防站 3 个
消火栓 109 个</td></tr>
<tr><td>样本状态</td><td>完好</td><td>抽样日期</td><td colspan="2">2018 年 2 月 3 日</td></tr>
<tr><td>检查依据</td><td colspan="4">《某市第一次地理国情普查-消防设施普查技术规程》
《某市地理国情普查成果检查验收与质量评价规定》
《某市地理国情普查质量管理规定》
《某市消防设施普查项目技术设计》</td></tr>
<tr><td>检查参数</td><td colspan="4">空间参考系、时间精度、逻辑一致性、属性精度、完整性、表征质量、位置精度</td></tr>
<tr><td>检查结论</td><td colspan="4">某市规划测绘设计院测绘室完成了某市消防设施普查工作。
按检查结果质量情况评定该产品质量等级为优。</td></tr>
<tr><td>备　　注</td><td colspan="4"></td></tr>
<tr><td>编　　制</td><td>质检员</td><td colspan="2">审　核</td><td>测绘室</td></tr>
<tr><td>批　　准</td><td></td><td colspan="2">批准人
职　务</td><td>总工</td></tr>
</table>

9.3.2 检查工作概况

(1)检查时间:2018 年 2 月 4 日

(2)检查方式:总体概查、详查、抽样检查

(3)检查人员:

检 查 者:

审　　核:

批　　准:

(4)检查设备:

硬件设备:GPS 接收机 1 台,全站仪 1 台,计算机 1 台。

软件系统:余姚前端数据采集系统 2012,ArcGIS10.1,NBCORS 在线坐标转换系统。

9.3.3 受检成果概况

(1)任务来源:某市规划局下发指令性项目

(2)测区位置:某市

(3)生产部门:某市规划测绘设计院测绘室

(4)资质等级:乙级

(5)生产日期:2018 年 1 月 10 日至 2018 年 2 月 5 日

(6)生产方式:数据采集、属性录入

(7)成果形式:消防站、消火栓分布图;成果统计表;元数据库等

(8)批量:消防站 19 个;消火栓 1 372 个

9.3.4 检查依据

检查依据见表 9-2。

表 9-2　检查标准及技术文件

序号	标准及技术文件名称	标准代号	标准级别
1	《数字测绘成果质量检查与验收》	GB/T 18316—2008	国家标准
2	《全球定位系统实时动态测量(RTK)技术规范》	CH/T 2009—2010	行业标准
3	《城市市政综合监管信息系统管理部件和事件分类、编码及数据要求》	CJ/T 214—2007	行业标准
4	《城市基础地理信息系统技术规范》	CJJ 100—2004	行业标准
5	《城市测量规范》	CJJ/T 8—2011	行业标准
6	《某市 1∶500 1∶1000 1∶2000 基础地理信息数字产品测量技术规程》	DB3302/T 1004—2010	地方标准
7	《某市 1∶500 1∶1000 1∶2000 基础地理信息数据规程》	DB3302/T 1005—2010	地方标准

续表

序号	标准及技术文件名称	标准代号	标准级别
8	《某市第一次地理国情普查-消防设施普查技术规程》	NBGP J03—2014	地方标准
9	《某市第一次地理国情普查总体设计方案》		地方标准
10	《某市第一次地理国情普查实施方案》		地方标准
11	《某市地理国情普查项目实施管理办法》		地方标准
12	《某市地理国情普查质量管理规定》		地方标准
13	《某市地理国情普查成果审查与发布规定》		地方标准
14	《某市地理国情普查数据汇交与归档基本要求》		地方标准
15	《某市地理国情普查成果检查验收和质量评价规定》		地方标准
16	《某市消防设施普查项目技术设计》		地方标准

9.3.5　抽样情况

(1)抽样依据:按《某市地理国情普查成果检查验收与质量评价规定》要求进行抽样。

(2)抽样方法:随机抽样。

(3)样本数量:消防站 3 个;消火栓 109 个。

9.3.6　检查内容及方法

对某市消防设施普查项目空间参考系、时间精度、逻辑一致性进行了总体概查;对属性精度、完整性、表征质量进行了详查;对位置精度进行了抽样检查。

9.3.7　主要质量问题及处理

(1)主要质量问题:2 个消火栓的位置精度超出最大限差,XF20 点位误差 1.871 m,XF42 点位误差 1.669 m,超出限差(限差为 1.0 m);技术设计、技术总结内容存在较轻的错漏情况。

(2)处理结果:已进行补测和修改。

9.3.8　质量统计和质量综述

(1)质量综述:空间参考系、时间精度、逻辑一致性、属性精度、完整性、表征质量、位置精度都符合要求。

(2)样本质量统计:空间参考系、时间精度、逻辑一致性、属性精度、完整性、表征质量没有错漏,位置精度有 2 处错误,错误率为 1.8%。根据成果质量检查情况进行评分:

$S=100\times0.05+100\times0.05+100\times0.1+86.6\times0.25+100\times0.2+100\times0.3+100\times0.05=96.6$(分)

评定《某市消防设施普查》成果质量等级为优级。

9.3.9 附件

质量元素	代码	权	质量子元素	检查项	检查内容	检查结果	技术要求	合格条件	合格后计分方法	质量元素分值 S_i	备注
空间参考系	01	0.05	平面坐标系	坐标系统	检查坐标系是否符合要求	符合	按技术设计执行	符合	$S=100$	100	总体概查
时间精度	02	0.05	现势性	原始资料	检查影像数据、基础地理信息数据、行业专题资料等数据源的现势性	符合	按技术设计执行	符合	$S=100$	100	总体概查
				成果数据	检查成果数据的现势性						
逻辑一致性	03	0.1	概念一致性	属性项	检查属性项定义是否符合要求(如名称、类型、长度、顺序数等)	符合	按技术设计执行	符合	$S=100$	100	总体概查
				数据集	检查数据集(层)定义是否符合要求						
			格式一致性	数据格式	检查数据格式是否符合要求	符合	按技术设计执行	符合	$S=100$	100	总体概查
				数据文件	检查数据文件是否缺失、数据无法读取						
				文件命名	检查数据文件名称是否符合要求						
			拓扑一致性	要素重叠	检查是否存在要素重叠	符合	按技术设计执行	符合	$S=100$	100	总体概查

续表

质量元素	代码	权	质量子元素	检查项	检查内容	检查结果	技术要求	合格条件	合格后计分方法	质量元素分值 S_i	备注
位置精度	04	0.25	平面精度	几何位移	检查普查要素与正射影像、地形图套合超限个数	$r=2/1\ 372\times100\%=0.1\%$	$r_0=0.3\%$	$r\leq r_0$	$S=60+40/r_0*(r_0-r)$	86.6	批成果1 372个，出现2个错误
属性精度	05	0.2	属性正确性	属性值	检查属性值错漏的个数	$r=0/1\ 372\times100\%=0$	$r_0=1.2\%$	$r\leq r_0$	$S=60+40/r_0*(r_0-r)$	100	无错漏
完整性	06	0.3	冗余	要素冗余	检查要素冗余的个数	$r=0/1\ 372\times100\%=0$	$r_0=0.5\%$	$r\leq r_0$	$S=60+40/r_0*(r_0-r)$	100	无错漏
			遗漏	要素遗漏	检查要素遗漏的个数						
表征质量	07	0.05	几何表达	几何类型	检查要素几何类型点、线、面表达错误的个数	$r=0/1\ 372\times100\%=0$	$r_0=0.8\%$	$r\leq r_0$	$S=60+40/r_0*(r_0-r)$	100	无错漏
			地理表达	要素取舍	检查要素取舍错误的个数						
				要素关系	检查要素关系错误的个数						

[项目拓展]《测绘成果质量检查验收规范》及项目九任务三案例电子版报告在线阅读。

由中华人民共和国国家质量监督检疫检验总局和国家标准化管理委员会共同颁布的《测绘成果质量检查验收规范》(GBT 24356—2009)以及项目九任务三案例电子版可扫以下二维码或在云班课资源库中进行拓展阅读。

检查验收规范　　检验验收案例

[项目小结]

项目九的主要内容可总结为以下框架图,请学习者在框架的基础上完成详细的个人学习总结,并参与蓝墨云班课项目九在线学习小结及讨论。

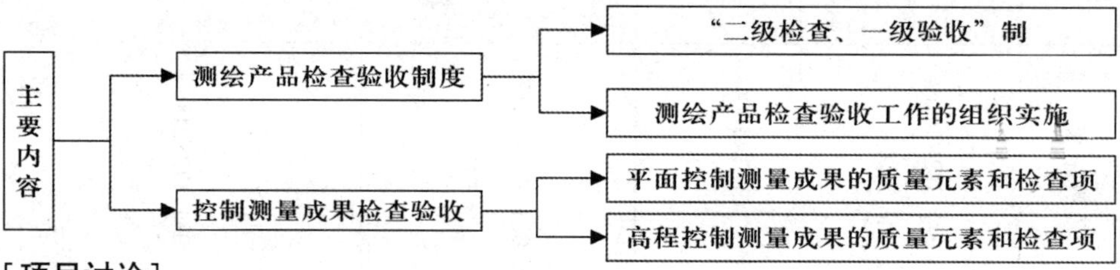

[项目讨论]

1.请阐述目前我国测绘产品检查验收制度的意义和内容?

2.控制测量成果的质量元素包含哪些,如何检查和验收?

附录　控制测量英文术语词汇

Vocabulary in Geomatics

A

1.abscissa　n.　横坐标

2.abstraction　n.　提取

3.accessory　n.　附件

4.accuracy　n.　准(确)度

5.adaptor　n.　适配器

6.adjust　v.　平差,调整

7.algebraic sum 代数和

8.alidade　n.　照准部,照准仪

9.aligningn.　准直

10.allowable error　允许误差,限差

11.All-round direction method　全圆方向(观测)法

12.altimeter　n.　高度计

13.ambiguity　n.　不确定(性)

14. American Congress on Surveying and Mapping (ACSM)

15.ammonia　n.　氨,氨水

16.angle of elevation　仰角

17.angle of depression　俯角

18.anti-spoofing　反电子欺骗(技术)

19.aperture n.　光圈

20.apple talk　通信规约

21.approximation　n.　近似值

22.archeologist　n.　考古学家

23.arithmetic mean　算术中数,算术平均值

24.artificial feature　人工地物

25.'as built' survey　修测

26.Ascension Island　(南大西洋)阿森松岛

27.atlasn.　地图集,(A～)阿特拉斯(希腊神话中的擎天神)

28.attachment　n.　附件

29.automatic compensator　自动补偿器

30.automatic level　自动安平水准仪

31.auxiliary contour　半距等高线,间曲线

32.azimuth　n.　方位角,方向角

B

33.back azimuth　反方位角

34.backsight　n.　后视

35.ball-socket arrangement　球窝装置

36.barometer　n.　气压计

37.baseline　n.　基线

38.baud rate　波特率

39.bearing　n.　象限角

40.Beijing Coordinate System of 1954　1954 年北京坐标系

41.benchmark(BM)　水准点

42.blunder　n.　错误,粗差

43.bird's-eye view　鸟瞰
44.bisect　v.　对开,处于中间
45.bitn.　比特,(数)位
46.blueprint　n.　蓝图,设计图;v.计划
47.blunder　n.　粗差,错误
48.borrow pit　取土坑,采料坑
49.bubble　n.　(气)泡
50.built-in　内置的
51.bull's-eye level　圆水准器

C

52.CAD(Computer Aided Design)　计算机辅助设计
53.cadastral surveying/cadastration　地籍测量学
54.calculus　n.　微积分学
55.calibration　n.　校准,检校
56.carrier phase　载波相位
57.carrier signal　载波信号
58.Cartesian coordinate system　笛卡尔坐标系
59.cartography　n.　地图制图学
60.cartology　n.　地图学
61.catchment　n.　集水(处)
62.catenary　n.　悬链线
63.celestial body　天体
64.celestial sphere　天球
65.centering　n.　对中,归心
66.chain　n.　测链,三角锁
67.chorobates　n.　一种简易的水准仪
68.choropleth　n.　等值线图,区域分布图
69.circle　n.　圆,度盘
70.circumference　n.　圆周
71.clamp　v.　制动;　n.　制动(螺旋)
72.cliff　n.　绝壁
73.clinometer　n.　测角仪,测斜仪
74.clockwise　adj.　顺时针方向的;　adv.　顺时针方向地
75.closed　adj.　闭合的
76.closed-loop traverse　闭合导线
77.cloth tape　皮尺
78.collection　n.　采集
79.collimation error　视准轴误差
80.Colorado Springs　美国科罗拉多州斯普林斯市
81.configuration matrix　配置矩阵
82.conformal cylindrical projection　等角圆柱投影
83.conic projection　圆锥投影
84.connecting traverse　附合导线
85.constellation　n.　星座
86.contour　n.　等高线
87.contour interval　等高距
88.control segment　地面监控部分
89.coordinate　n.　坐标
90.correction　n.　改正数
91.coseismic　adj.　同震的,同一个的.
92.Cotangent Formula　余切公式
93.counterclockwise　adj.　反时针的;　adv.　反时针方向地
94.crack　n.　裂缝
95.crest　n.　顶部
96.cross hairs　十字丝
97.cross-profile　横断面,剖面
98.cross-section　(横)断面
99.cumulative　adj.　累积的
100.curvature　n.　曲率
101.curve　n.　曲线
102.cut off　切断,截止
103.cylindrical projection　圆柱投影

D

104.damping　n.　阻尼
105.datum (data 的单数形式)　n.　基准

106.Dayu 大禹(姓姒名文命,号禹,黄帝轩辕氏第九玄孙)
107.declination n. 偏差
108.deformation n. 变形
109.delineation n. 描绘
110.Delta GraphPro 一种图形软件名称
111.density curve 密度曲线
112.departure n. 纵坐标增量
113.depression n. 洼地,俯角
114.design matrix 设计矩阵,决策矩阵
115.detail n. 碎部(点)
116.descriptionof point 点之记
117.detection n. 探测
118.determination n. 测定,确定
119.dial n. 刻度盘
120.diameter n. 直径
121.diazo adj. 重氯基,二氯化合物的
122.Diego Garcia (印度洋)迪戈加西亚岛
123.difference in elevation 高差
124.differencing n. 差分
125.differential leveling 微差水准测量
126.differential positioning 差分定位
127.digital mapping 数字测图
128.dioptra n. 测高仪
129.dioptric ring 折光度调节环
130.direct leveling 几何水准测量
131.direction method 方向(观测)法
132.discrepancy n. 不符值,差异
133.discrete adj. 不连续的,离散的
134.distal adj. 远处的,末端的
135.distortion n. 扭曲,变形.
136.distribution n. 分布
137.diurnal range 日较差
138.diverge vi. 收敛
139.double-faces method 双面尺法
140.DTM(Digital Terrain Models) 数字地面模型
141.dumpy level 定镜水准仪

E

142.earthwork n. 土方(工程)
143.easting n. 纵轴(X)坐标增量
144.ecology n. 生态学
145.EDMelectronic distance measurement 光电测距
146.electromagnetic adj. 电磁的
147.electronic distance measurement (EDM) 光电测距
148.electronic total station 全站仪
149.elevation n. 高程,海拔,标高,仰角
150.elevation datum 高程基准
151.ellipsoid n. 椭球体
152.engineering surveying 工程测量学
153.Eratosthenes 埃拉托色尼(公元前三世纪的希腊天文学家、数学家和地理学家)
154.ergonomics n. 人类工程学,生物工程学
155.Erik Bergstrand 埃里克·伯格斯特兰(瑞典著名物理学家和大地测量学家)
156.error n. 误差
157.external focusing 外对光
158.extra contour 辅助等高线,助曲线
159.eyepiece n. 目镜

F

160.face left 盘左,正镜
161.face right 盘右,倒镜
162.face of the instrument 仪器镜位
163.fault n. 断层,断裂带
164.feature n. 地物,特征点
165.fencepost n. 栅栏柱
166.field note 外业手簿
167.field sketching 野外草图
168.field work 外业

169.field to-finish systems
170.fissure n. 裂缝
171.flattening n. 扁率
172.fluvial adj. 河流的,河流冲刷形成的
173.focal length 焦距
174.focusing knob 对光螺旋;调焦螺旋
175.foot screw 脚螺旋
176.forced centering 强制对中;强制归心
177.foresight n. 前视
178.forward adj. 前进的,往侧的
179.forward intersection 前方交会
180.Frontinus 弗龙蒂努斯(公元约35—约103,古罗马政治家和军事理论家)
181.fulcrum n. 支点

G

182.Garmin (GPS 商品名称)
183.gauge n. 标准,量规; v. 测量
184.Gauss Distribution 高斯分布(曲线)
185.Gauss-Kruger planar coordinate system 高斯-克吕格平面坐标系
186.geodesy/geodecy/geodetics n. 大地测量学
187.geodetic height n. 大地高
188.geodetic latitude 大地纬度
189.geodetic longitude 大地经度
190.geodetic origin 大地测量原点
191.geodimeter n 光电测距仪[商标名]
192.Geographic Information Systems (GIS) 地理信息系统
193.geoid n. 大地水准面,大地体
194.geology n. 地质学
195.Geomaticsn. 测绘学(原译 surveying and mapping,现在泛指包括地理信息系统、遥感等分支学科在内的研究领域)
196.geometry n. 几何学
197.geospatial technology 地理空间技术
198.Global Positioning System (GPS) 全球(卫星导航)定位系统
199.Gerbert n. 格伯特(德国本笃会会士、曾任隐修院院长,致力于革新教会的神学研究、圣乐及教育)
200.glass-bloc 玻璃板
201.gradient n. 坡度,梯度; adj. 倾斜的
202.graduated rod (有)刻划的(水准)尺
203.graduation n. 刻划
204.graticule n. 十字丝,标线,地理格网
205.gravity field 重力场
206.grid n. 格网,栅格
207.grid azimuth 坐标方位角
208.groma n. 一种测设直线和直角的简易测量仪器
209.Guanxiang Mount (青岛)观象山

H

210.hachure n. (地图)晕滃表示法; vt. 用晕滃线表示
211.hand level 手持水准仪
212.Hawaii (太平洋)夏威夷岛
213.height of instrument (HI) 仪器高
214.Herodotus 希罗多德(希腊历史学家)
215.Heron 海伦(公元10年—公元75年希腊数学家、力学家和机械学家)
216.hierarchy n. 层次(结构),等级
217.Himalayas n. 喜马拉雅山脉
218.histogram n. 柱状图,直方图
219.horizon misclosure 归零差
220.horizontal angle 水平角
221.horizontal plane 平面
222.hub n. (测量)标志点
223.hydrographic surveying/ hydrography 水道测量学,水文地理学
224.hypsometric adj. 高程的,地势的

I

225.increment n. 增量
226.index (or thickened) contour 加粗等高线,计曲线
227.index error (竖盘)指标差
228.intentional degradation 人为降解
229.inertial position fixing 惯性定位
230.infrared n. 红外光; adj. 红外光的
231.instrumentn. 仪器
232.integrated circuit 集成电路
233.intermediate contour 基本等高线,首曲线
234.internal focusing 内对光
235.International Federation of Surveying 国际测量协会
236. International Organization for Standardization 国际标准化组织(或机构)
237.interpolation n. 内插(法)
238.interrelated adj. 相关的
239.interval n. 间隔,间距
240.intervisible adj. 通视的
241.invar staff 因瓦尺,殷钢尺
242.intersection n. 交叉点,交会测量
243.ionosphere n. 电离层

K

244.kinematic positioning 动态定位
245.Kwajalein (西太平洋)夸贾林环礁

L

246.latitude n. 横坐标增量
247.law of error propagation 误差传播定律
248.layout n. 测设,放线,标定
249.LC 液晶(即 liquid crystal)
250.least squares method 最小二乘法
251.legend n. 图例
252.Leica Co. 徕卡测绘仪器公司
253.lettering n. 注记
254.level n. 水准仪,水准器
255.level vial (or tube) 水准管
256.leveling n. 高程测量,(仪器)整平
257.leveling base 基座
258.libella n. 一种测设水平线的简易测量工具
259.Liber Quadratorum (德文,即:The Book of Squares)象限仪书
260.lidar n. 激光雷达
261.linear triangulation chain 线形三角锁
262.log n. 记录,测程仪
263.lunar eclipses 月蚀

M

264.Magnetic Resonance Imaging(MRI) 磁共振成像(技术)
265.magnification n. 放大倍率
266.map element 地图要素
267.map generalization 地图概括,地图综合
268.mapping control survey 图根控制测量
269.Mariana Trench 马里亚纳海沟
270.matrix n. 矩阵
271.measurement n. 观测,观测值
272.mechanical adj. 机械的
273.mean n. (平)均值,中数
274.mean square error 中误差,均方差
275.meridian n. 子午线,经线
276.mesh n. 网格
277.MHz 兆赫(megahertz)
278.micrometer n. 测微器
279.microscope n. 显微镜
280.minus angle 俯角
281.minus sight 前视
282.misclosure n. 闭合差

283.modem　n.　调制解调器

284.modulate　vi.　(信号)调制

285.monument　n.　标石

286.most probable value　(最)或然值

287.Mt.Everest　珠穆朗玛峰(Mt 即 Mount 的缩写)

288.multipath　n.　多路径

289.multispectral scanner　多谱段扫描仪

N

290.nadir　n.　天底角

291.National Elevation Datum of 1985(中国)　1985 年国家高程基准

292.National Geodetic Reference of 1980(中国)　1980 年国家大地测量基准

293.natural feature　自然地物

294.nautical charts　海图

295.NAVSTAR (NAVigation Satellite Timing And Range)　导航卫星授时与测距

296.negative lens　负透镜;调焦透镜

297.nickel-cadmium battery　镍镉电池

298.Nikon Co.　(日本)尼康公司

299.node　n.　节点

300.normal distribution curve　正态分布曲线

301.normal equation system　法方程组

302.northing　n.　横轴(Y)坐标增量

303.notebook　n.　手簿

304.numerator　n.　分子

305.nut　n.　螺旋

O

306.objective lens　物镜

307.observation　n.　观测,观测资料

308.occupy　v.　设站

309.odometer　n.　里程计

310.office work　内业

311.offset　n.　支距,偏移量,胶印

312.Open Geospatial Consortium (OGC)　开放地理信息系统协会

313.optical　adj.　光学的,眼睛的,视觉的

314.ordinate　n.　纵坐标

315.orient　v.　定向

316.orientation　n.　定向

317.outcrop　n.　突出物,(露出地面的)突岩

P

318.pacing　n.　步测

319.parallax　n.　视差

320.parallel　n.　平行线,纬圈,纬线

321.parallel-plate micrometer　平行玻璃板测微器

322.parity　n.　奇偶性

323.partial derivative　偏微分

324.perimeter　n.　周长

325.perpendicular　adj.　垂直的,正交的; n.　垂线

326.phase shift　相位差

327.photogrammetry　n.　摄影测量学

328.photolithography　n.　光刻术,影印石板术

329.pin　n.　测钎,(转点)尺桩

330.plann.　平面图,规划图

331.plane-table　(大)平板(仪)

332.planimeter　n.　求积仪

333.planimetric　adj.　平面的

334.plat　n.　一块地,地图

335.plate level　(照准部)水准器

336.plot　v.　绘图;　n.　小块土地,地区图

337.plotter　n.　绘图仪

338.plumb　n.　铅锤;　adj.　垂直的;　vt.　使垂直,用铅增加重量,探测;　vi.　垂直

339.plumb bob 垂球

340.plummet　n.　垂球(装置)

341.plus angle 仰角
342.plus sight 后视
343.Polaris n. 北极星
344.pole n. 花杆
345.polygon n. 闭合导线,多边形
346.polygon with a central-point 中点多边形
347.portray v. 描绘
348.position method 测回(观测)法
349.Positron Emission Tomography (PET) 阳电子发射体层摄影术
350.ppm 百万分之一(Part Per Million)
351.Practica Geometria (德文,即 Practical Geometry)实用几何学
352.precision n. 精(确)度
353.prism n. 棱镜,棱柱
354.probabilityn. 或然率,概率
355.probable value 或然值
356.projection n. 投影
357.property n. 房地产
358.protractor n. 测角器,分度规
359.pseudorange n. 伪距
360.Pythagorean Theorem 毕达哥拉斯法则

Q

361.quadrant n. 象限
362.quadrilateral with diagonals 大地四边形

R

363.radial grid 径向格网
364.radii n. 半径
365.radius n. 半径
366.range n. 距离
367.raster n. 栅格
368.reciprocal n. 倒数 adj. 倒数的
369.reading n. 读数
370.real-time positioning 实时定位
371.reconnaissance n. 踏勘,选点
372.Records of The Historian 史记
373.rectilinear grid coordinate system 直角坐标系
374.redundancy n 冗余度,多余观测数.
375.redundant observations 多余观测
376.reduction n. 归算,归化,减少
377.reference ellipsoids 参考椭球体
378.reference station 基准站,参考站
379.relief n. 地貌,地势,地形
380.reflector n. 反射棱镜
381.refraction n. 折射,折光
382.relative error 相对误差
383.reliability n. 可靠性
384.remote sensing 遥感
385.representation n. (地图)表示法
386.resection n. 后方交会
387.residual n. 残差
388.reticle n. 十字丝(板)
389.retro-reflector 回光反射镜
390.reverse azimuth 反方位角
391.ridge n. 山脊
392.rifle n. 来复线,来复枪
393.rod n. 水准尺,标尺,标杆
394.rodman n. 司尺员
395.rough error 粗差
396.rough leveling 粗略整平,概略水准测量
397.route survey 线路测量
398.rover n. 流动站
399. Royal Institution of Chartered Surveyors (英国) 皇家特许测绘员学会
400.run v. 敷设; n. 行程,布设

S

401.San Andreas Fault 圣安德烈斯大断裂
402.scanner n. 扫描仪
403.scarp n. 悬崖
404.scribing n. 刻图

405.seismology n. 地震学
406.selective availability 选择可用性(技术)
407.semi-major axis 长半轴
408.semi-minor axis 短半轴
409.sensitize v. 激活,敏化
410.serial port 串行端口
411.Sesostris(古埃及) 塞索斯特雷斯(王朝)
412.setting out 测设,标定,放样
413.setup n. 测站
414.sextant n. 六分仪
415.shading n. (地图)晕渲表示法
416.Shanggao Theorem 商高定理
417.shoe n. 尺垫,脚
418.side n. 边
419.side intersection 侧方交会
420.sine law 正弦定理
421.single-face method 单面尺法
422.sketch n. 草图; v. 画草图,素描
423.slow-motion 微动(螺旋)
424.Smart-Station 超站仪
425.Sokkia Corp (日本)索佳集团公司
426.space segment 空间星座部分
427.specification n. 规格,规范,说明书
428.spheroid n. 椭球体
429.spike n. 尺桩
430.spur line 支线
431.stadia n. 视距
432.standard contour 基本等高线,首曲线
433.staff n. 尺,杆
434.stake n. 桩
435.standard n. (横轴)支架
436.standard deviation 标准偏差
437.State Bureau of Surveying and Mapping (中国)国家测绘局
438.State Plane Coordinate system (中国)国家平面坐标系
439.static positioning 静态定位
440.stop-and-go 停停走走
441.stratigraphic adj. 地层学的
442.string n. (测)绳
443.stub n. 木桩,树桩
444.summit n. (山)顶(点)
445.subsidence n. 沉陷
446.subtense bar 横测尺
447.superposition n. 重叠
448.supplementarycontour 半距等高线,间曲线
449.survey n. 测量, 调查; vt. .调查, 测量, 勘定; vi. 测量土地
450.surveying n. 测量学
451.surveying and mapping 测绘学
452.surveyor n. 测量员
453.swapn. v. 交换
454.sway v. 摇摆
455.symbolize v. 用符号表示
456.symbology n. 符号(学)
457.synchronization n. 同步
458.systematic error 系统误差

T

459.tacheometer n. 速测仪
460.tacheometry n. 视距测量
461.tangent adj. 相切的; n. 切线, 正切
462.tapeperson 司尺员
463.taping n. 钢尺测距
464.target n. 觇标
465.terrace n. 梯田,阶地
466.terrain n. 地势,地形
467.tension handle 拉力计,弹簧秤
468.thematic map 专题地图
469.theodolite n. 经纬仪
470.thickened contour 加粗等高线,计曲线

471.thermometer n. 温度计
472.three-tripods method 三架法
473.tilting level 微倾水准仪
474.tied-in 联测
475.tinting n. 着色,分层设色
476.tip n. (脚架)尖
477.tolerance n. 限差,允许误差
478.topographic science 地形(或地志)测量学
479.topographic surveying 地形测量学
480.topos n. 拓扑斯,主题,普通概念
481.transect n. 横断面
482.transit n. 中星仪,(美语)经纬仪
483.Transverse Mercator Projection 横轴墨卡托投影
484.trapezoid n. 梯形,不等边四边形
485.traverse n. 导线
486.trench wall 沟壁,槽壁
487.triangle n. 三角形
488.triangulation n. 三角测量
489.trilateration n. 三边测量
490.tribrach n. 三角基座
491.trigonometry n. 三角学
492.trigonometric leveling 三角高程测量
493.tripod n. 三脚架
494.troposphere n. 对流层
495.turning point 转点
496.turnpike n. 收费公路

U

497.UHF 超高频(ultrahigh frequency)
498.unit weight 单位权
499. Universal Polar Stereographic coordinate system 通用极球面投影坐标系统
500. USB 通用串行总线(Universal Serial Bus)
501. U.S.Department of Defense 美国国防部
502.user segment 用户接受设备部分

V

503.valley n. 山谷
504.variance n. 方差
505.variation n. 差异,偏差
506.variable n. 变量,变数; adj. 变量的
507.vegetation n. 植被
508.vernier n. 游标(尺)
509.vertical angle 垂直角,竖直角,倾角
510.vertical control 高程控制
511.vertical datum 高程基准
512.visual hierarchy 视觉层次
513.Von Piso 冯·彼索(德国科学家)

W

514.watershed n. 分水岭
515.weight n. 权(重)
516.weighted mean 加权平均值
517.weight reciprocal 权倒数
518.wharf n. 码头
519.whiteprint n. 白色图,白色背景图

Y

520.yardstick n. 测绳,尺
521. Yellow Sea Elevation Reference of 1956 (中国) 1956年黄海高程系统

Z

522.zenith n. 天顶距,天顶角

参考文献

[1] 中华人民共和国住房和城乡建设部.城市测量规范: CJJ/T 8—2011[S].北京:中国建筑工业出版社,2012.

[2] 中华人民共和国住房和城乡建设部,中华人民共和国国家质量监督检验检疫总局.工程测量规范:GB 50026—2007[S].北京:中国计划出版社,2008.

[3] 中华人民共和国国家标准.国家三、四等水准测量规范:GB/T 12898—2009[S].北京:中国标准出版社,2009.

[4] 国家测绘局.测绘技术设计规定:CH/T1004—2005[S].北京:测绘出版社,2006.

[5] 国家测绘局.测绘技术总结编写规定:CH/T 1001—2005[S].北京:测绘出版社,2006.

[6] 孔祥元.控制测量学[M].第 4 版.武汉:武汉大学出版社,2015.

[7] 张华海.应用大地测量学[M].第 4 版.徐州:中国矿业大学出版社,2016.

[8] 沙从术.现代测量学[M].北京: 化学工业出版社,2012.

[9] 李天文.现代测量学[M].北京:科学出版社,2007.

[10] 拓万兵.实用工程测量[M].北京:清华大学出版社,2015.

[11] 张凤举.控制测量学[M].北京:煤炭工业出版社,1999.

[12] 中华人民共和国国家质量监督检验检疫总局,中国国家标准化管理委员会.全球定位系统(GPS)测量规范:GB/T 18314—2009[S].北京:中国标准出版社,2009.

[13] 王岩.控制测量学[M].北京:清华大学出版社,2015.

[14] 王依,过静珺.现代普通测量学[M].第 2 版.北京:清华大学出版社,2009.

[15] 周秋生.测量控制网优化设计[M].北京:测绘出版社,1992.

[16] 徐绍铨,张华海,杨志强. GPS 测量原理及应用(第 3 版)[M].武汉:武汉大学出版社,2008.

[17] 李玉宝,沈学标,吴向阳,控制测量学[M].南京:东南大学出版社,2013.

[18] 施一民.现代大地控制测量[M].北京:测绘出版社,2008.

[19] 杨国清,控制测量学[M].郑州:黄河水利出版社,2005.

[20] 许加东.控制测量[M].北京:中国电力出版社,2012.

[21] 刘岩.控制测量[M].北京:科学技术文献出版社,2015.